7つの人類化石の物語

古人類界のスターが生まれるまで

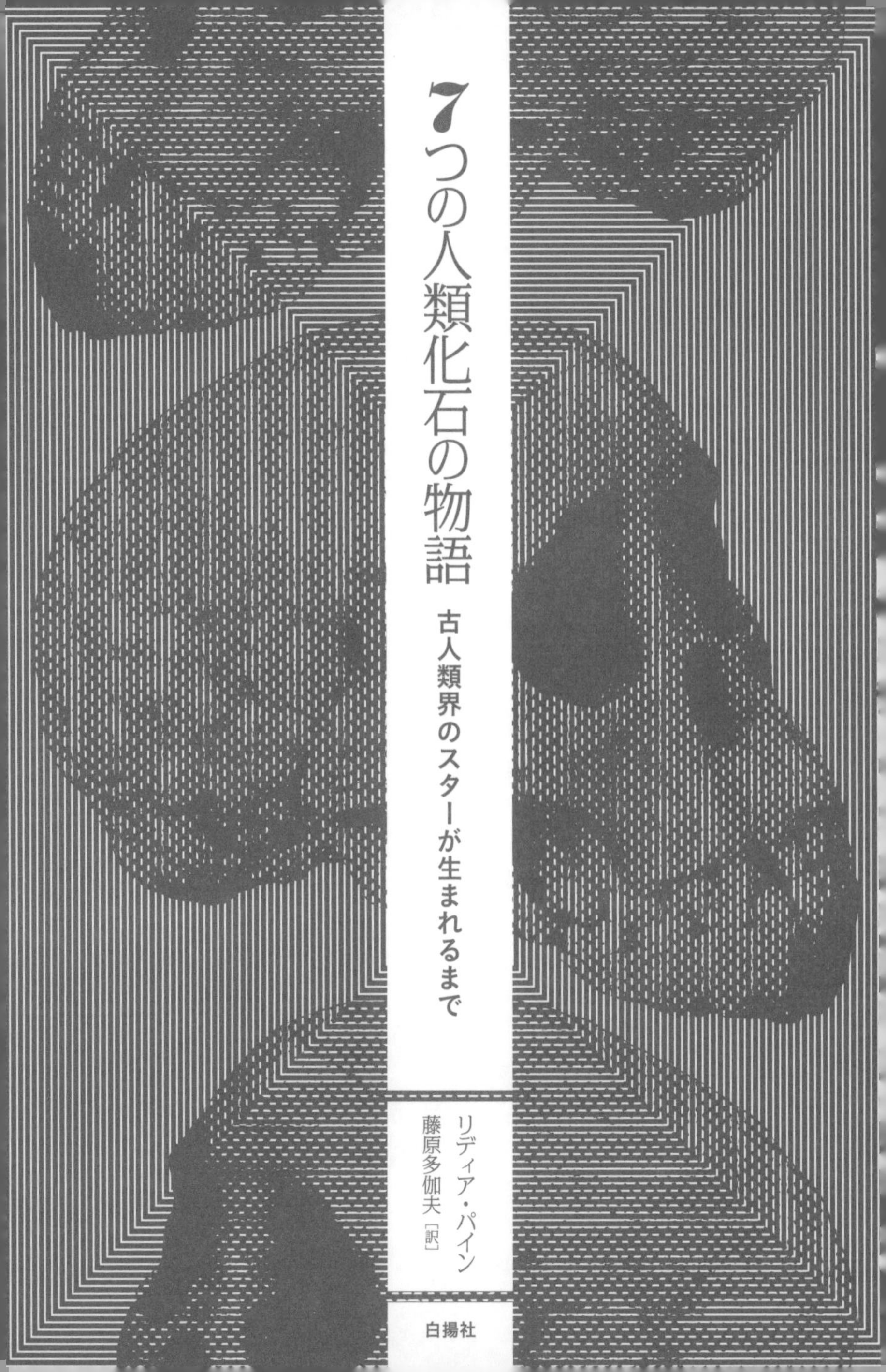

リディア・パイン
藤原多伽夫［訳］

白揚社

スタンへ

7つの人類化石の物語　目次

本文中の［　］は著者による補足、〔　〕は訳者による注です。

7つの人類化石の物語

はじめに　有名な化石、隠された歴史

私が初めて「有名人」に会ったのは南アフリカのヨハネスブルク、南半球の冬にあたる六月のことだった。

当時私は学部生で、南アフリカで古人類学の課外授業を受講していた。古人類学の夏のカリキュラムの一環として、ウィットウォーターズランド大学の著名な科学者フィリップ・トバイアス教授が同大学で開いた講義に参加していたのだ。トバイアス教授は大学の化石保管庫からよく知られた化石標本をいくつか出してきて、それらを赤いベルベットで覆った木製のトレイの上に載せて披露してくれた。私たち学生が部屋に入り、席につこうとしているあいだ、化石はまるで私たちの査定を待つ希少な宝石のようなたたずまいを見せていた。それらの化石の模型は見たことがあったが、目の前にあったのは正真正銘の本物だった。

トバイアス教授は小柄で痩せた男性で、白髪はていねいに櫛で整えられ、ネクタイもまた注意深く結ばれていた（私は身長一六三センチほどだが、それでも教授を見下ろしているように感じた）。糊のきいた白衣に身を包んだ教授は、部屋に到着すると、手に持っていた小さな木箱を作業台の端のほうに置いた。講義の序盤は、南アフリカで発見されたいくつかの有名な化石人類（つまりヒトの祖先）の説明だった。前に置かれた人類化石を手にとり、ひっくり返しながら、その解剖学的な特徴を解説する。それを終えると化石を再び慎重にトレイに置いた。生真面目な教授の性格と、科学者としての威厳が醸し出された所作だ。目の前で披露されている化石は何十年もの研究の成果であり、人類進化の謎を解き明かすうえで南アフリカが果たしてきた重要な役割を示すものでもある。それぞれ異なる化石に関するストーリーが、一つになってよどみなく流れる。トバイアス教授がこの講義をそれまで何度もしてきたのは明らかだったが、学生たちにとっては初めて聞く話だ。話に引き込まれた。

　化石のなかでもとりわけ全員の目を釘づけにしたのが「タウング・チャイルド」だ。古人類学界での来歴よりも、発見にまつわる歴史のほうがよく知られている化石である。一九二四年に発見されて以来、タウング・チャイルドのストーリーには数々の英雄や悪党、仮説、つまらない争い、そして「科学的真実」の探求が盛り込まれてきた。化石を発見したレイモンド・ダート博士の粘り強さは以前から認められている。この化石がヒトの祖先のものであり、化石類人猿の異常な個体ではないというダートの主張は、二〇世紀初めの科学界の常識と相反するものだった。その主張がようやく科学界で認められると、化石の解釈に対する彼のかたくなな態度は、優れた科学研究が懐疑派の厳しい批判にさらされても最後には立証されることを示す好例として、古人類学界で語り継がれるようになった。

　話を化石の披露の場面に戻そう。トバイアス教授はテーブルの隅に置かれた木箱に近づき、目を輝かせながら、それを自分のほうへ引き寄せた。ゆっくりした動作で学生をじらし、期待をふくらませたところで、教授はようやく大げさなしぐさで木箱を開けた。そして、うやうやしく取り出したのは、ちっぽけな頭骨と下顎骨だ。骨は小さくて優美な曲線を描き、教授のごつごつした手の中にすっぽりと収まっていた。この木箱はレイモンド・ダートがウィットウォーターズランド大学で何十年もこの化石の保管に使っていたのとまさに同じものなのだと、教授は説明した。トバイアスの指導教官だったダートがバクストン石灰岩採掘場から届いた角礫岩が入った箱の中から化石を発見したことを語り終えると、教授は二つの化石を組み合わせて、タウング・チャイルドの小さな顔に下顎を収めてみせた。

　化石は私たち学生を見定めるように見つめている。するとトバイアス教授は、化石の小さな顎を上下に動かし、前歯をカチカチ鳴らしながら、コメディーのような芸を披露してくれた。事前にみっちり練習したのだろう。タウング・チャイルドがいくつかジョークを放ち、天気について話し、よき友であるレイモンド・ダートと過ごした古人類学の黎明期についていくつか知見を語るというものだ。腹話術のようなこの芸に、学生たちは衝撃を受け、教室は静まりかえった。

　トバイアス教授が化石の歴史的な重要性について語ったときに教室全体を包んでいた畏敬の念は、場違いだったように思えてきた。私たちのような熱心な学部生にとって、その芸は俗っぽい喜劇のようだった。トバイアス教授のような尊敬すべき人物が、タウング・チャイルドほど有名な化石を

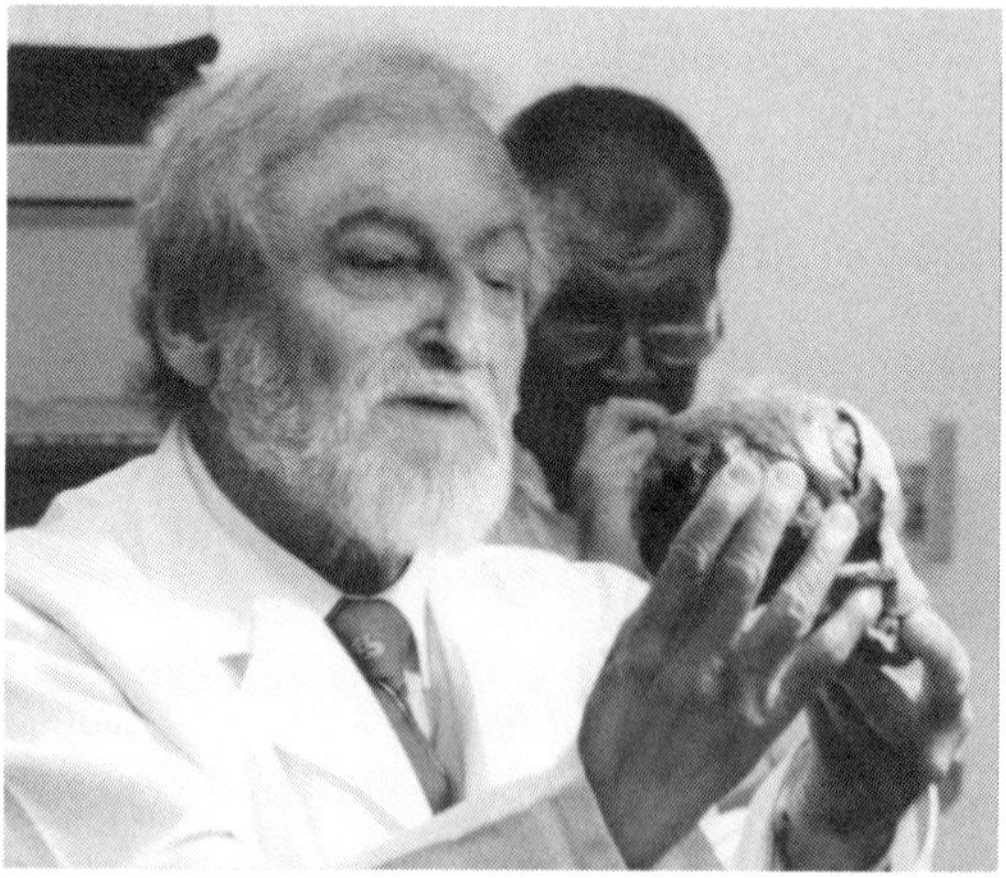

タウング・チャイルドの化石を持つフィリップ・トバイアス教授。ウィットウォーターズランド大学での化石の講義にて。(L. Pyne)

あのように扱うなんて⁉︎ 貴重な化石の見せ方としてふさわしくないように思えた。あの化石は保管庫に収蔵しておくか、博物館のガラスケースの中に展示しておくべきものだ。生真面目な人物がお笑いコンビのコントのオーディションを受けているような場で披露すべきじゃない。

＊　＊　＊

二〇世紀にはヒトの祖先を探求する調査が四つの大陸に及び、数多くの化石が発見された。そうした人類化石のほとんどは博物館のコレクションとしてひっそりと保管され、専門家の研究対象になっているが、タウング・チャイルドやルーシーといった少数の化石は世界的に名を知られる「有名人」となった。そうした化石は博物館の棚や標本番号の世界とはかけ離れた日々を過ごしている。専門家以外の人々にサイエンスの魅力を伝える大使のような存在だから、科学的な発見としての地位を超えた文化的な評価を十分に受けているのだ。ここ一〇〇年かそこらの古人類学調査で、研究上の疑問や科学界のパラダイムだけでなく、科学研究の手法も大きく変化したが、有名な化石は依然として文化の枠の中にとどまっている。名声と重要性を獲得したということはつまり、これらの化石人類がその科学研究の総和以上のものであるということだ。人々が科学的な発見と接するうえで重要な役割を果たしている。

しかし、有名になる化石とそうならない化石を分けるものは何だろうか。ニックネームを与えられ、博物館に展示され、さらにはツイッターのアカウントまで取得した人類化石がある一方で、ほかの化石は博物館の引き出しに保管されるだけなのはなぜか。こうした疑問への答えが化石自体の文化のなかでの物語に大きく依存しているとしたら、それはどうしてなのか。「骨格や遺体が語るのはストーリーの一部である。骨は無口だ」と人類学者のコパノ・ラテレは述べている。「それについてのストーリーを語らなければならない。講義のテーマにする、解説する、崇拝する、検索する、修復する、記念する、アーカイブする、絵に描く、撮影する、表現してその意味を再発見する、といった行為が必要だ。知識はそれらにもとづいて構築しなければならない[1]」

なぜ一つの化石が広く知られるようになったかを理解するには、その化石が何なのか、どこから来たのか、そして、それがどんな時代や環境を生きていたかを理解することが重要だ。言い換えれば、化石をそれ自身の文化史のなかに置き、博物館やアーカイブ、メディア、人々の視点（化石が発見されたあとの無数の相互作用）から「伝記」を構築しなければならない。

2013年、ウィットウォーターズランド大学のオリジンズ・センターに展示された、タウング・チャイルドの化石の模型。手にとることができた。(L. Pyne)

* * *

どの化石のストーリーにも生と死がかかわっている。化石というのは、植物や動物が一生を終え、その亡骸（動物ならば骨）が地層の中で何千年、時には何百万年も保存された末に生まれるものだ。どのような環境でも化石がうまく保存されるとは限らない。保存に適した地層や環境があり、そのような地域は化石を発見する可能性がほかよりも高いので、研究者に重視されている。化石の保存に適した岩石（たとえば石灰岩は化石をとりわけきれいに保存してくれる堆積岩）があるだけでなく、生き物が死んだあとにその化石の周辺を保存しやすくするような環境もある。周りの岩石や環境を理解しなければ、つまり化石を発見するだけでなく、それが置かれていた環境を適切に説明できなければ、化石を正しく解釈することはできないのだ。化石人類（現代のホモ・サピエンスと進

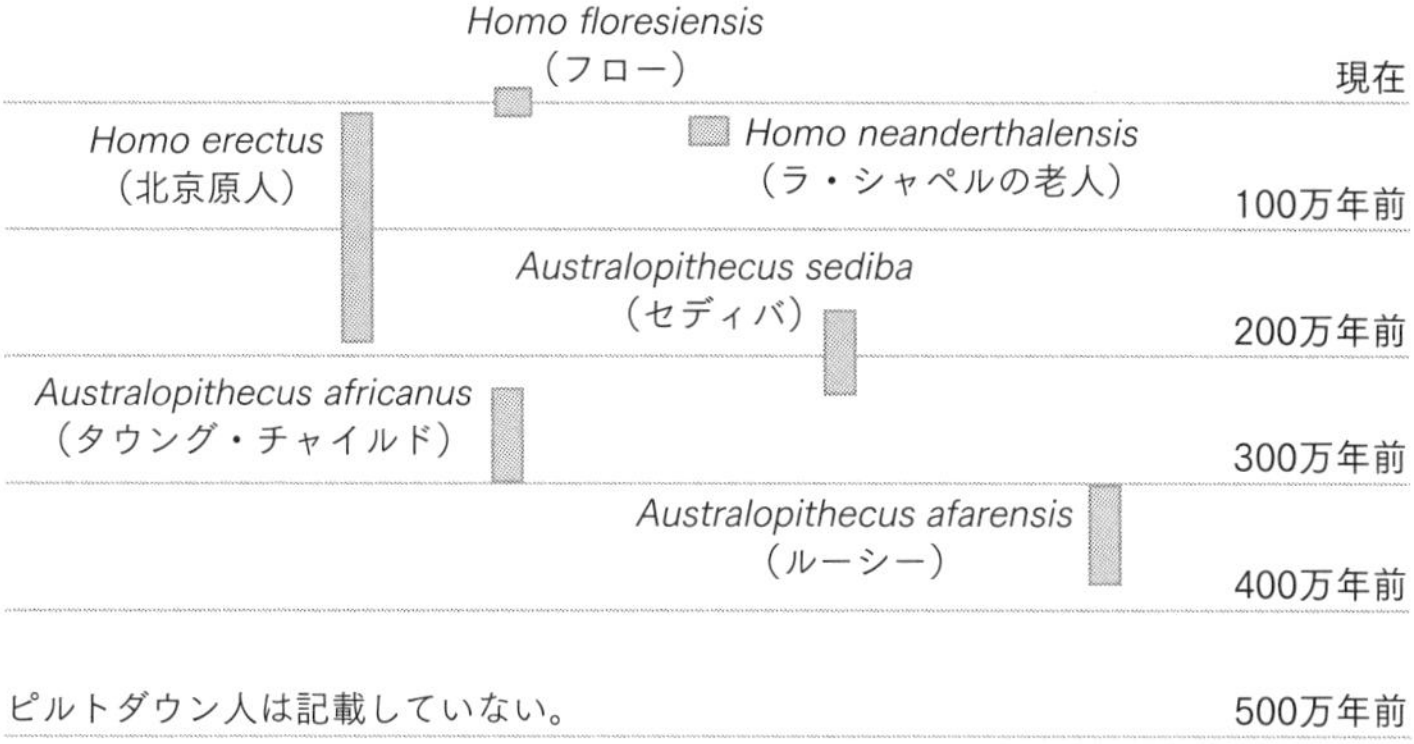

本書で取り上げる化石の年代　化石人類の年代を示した。タイムスケールは右側。帯が長いほど、その化石種が地質学的な記録で長い期間にわたって出現していることを示す。有名な化石のそれぞれについて、対応する種名を記載してある。ピルトダウン人は本物の化石ではないため、対応する地質年代はない。（L. Pyne）

化の上で近縁な絶滅種）はとりわけ発見が難しく、その解釈も複雑になることがある。

化石、特に化石人類の発見という営みには、長く入り組んだ歴史がある。ほとんど偶然見つかった化石もあれば、綿密な発掘調査によって発見された化石もあった。化石人類の化石が初めて発見されたのは一九世紀だが、そうした初期の発見で化石が系統立てて発掘された事例はほとんどない。ヒトの祖先探しが本格化したのは二〇世紀初めのことだ。研究者が発見した人類の化石は新聞の紙面をにぎわし、博物館で展示され、ときどきパロディーのネタになった。現代でも、人類化石の発見は珍しいし、そこにいたる過程はさまざまだ。野外調査で偶然見つかった化石も多い一方で、一人の研究者の研究課題に適合する場所に調査地域を絞り込み、特定の地域の一つの現場で何十年にもわたる系統的な調査の結果、ようやく発見された化石もある。あるいは、過去に化石の出土事例があった現場でも、研究者たちがその地域や現場で化石を発見するのに何年もかかることもある。

とはいえ、化石人類の発見は、その化石が進化でどのような意味をもっているかを理解するうえで最初の一歩にすぎない。化石は野外で発見されたあと、その研究プロジェクトに取り組む研究室や博物館に移されてクリーニングされ、標本番号を割り当てられて、コレクションの一部となる。そして、研究者によって研究され、ほかの似たような化石と比べられる。大きさを計測され、写真を撮影され、分析が行われる。化石を比較する技術の一部は二〇世紀前半から現在までに変化しているものの（顕微鏡用のスライドでの観察からCTスキャンに変わったのがその一例）、比較というのは新たに発見された化石を記述するうえで今でも基本的な作業となっている。一九世紀後半に発見されたネアンデルタール人の化石から、二一世紀に入って新たに記録されたデニソワ人の化石まで、すべての化石は記述され、それぞれのコンテクストに当てはめなければならない。この段階でのコンテクストとは、化石が出土した地質（堆積層や岩石層の種類）のほか、化石とともに出土した石器やビーズ、顔料などの考古学的な遺物のことだ。

こうした初期段階の研究が学術誌で発表されたあとに化石がたどる道筋は多種多様だ。単に博物館や研究室の棚や引き出しにしまわれる化石もある。そうした標本は研究が続けられ、将来の科学研究にとって貴重な知見をもたらすだろうが、データの表の一部として記述されるだけで、ほかに類例のない独特な化石として扱われることはない。一方で、博物館や研究室で使うために模型が制作される化石もある。こうすることで、本物の化石をほかの場所に送ることなく、ほかの研究者が標本を参照しやすくなるのだ。一部の化石はメディアで取り上げられて脚光を浴びる。とりわけすばらしい発見の場合、発見者が記者会見を開いて、一般向けに化石を紹介することもある。その人類の外見を想像してつくられた復元模型が、博物館で展示されることだってある。科学研究は続けられるが、化石が過ごすこうした「第二の人生」はあらかじめ決まっているわけではなく、さまざまな要因に左右される。一部の化石が、古人類学の歴史の重要な瞬間を照らし出す存在になるのはこの段階だ。文化の世界で古人類を考える基準、いわば「文化的な試金石」となるのだ。ほかの化石が決して獲得しえない名声である。

＊　＊　＊

学部生時代にタウング・チャイルドを目の当たりにしたときのことを思い返してみると、トバイアス博士があの化石を使ってコメディーの持ちネタを披露するのを見た学生や科学者、研究者、訪問者は数多くいたのではないかと考えてしまう。生前のトバイアス博士がタウング・チャイルドを箱から取り出し、歯をカチカチいわせるのを目撃したこと（そして、その芸の話を語ること）は、化石の発見や科学的な議論について文献で読むのと同じくらいの重みをもつ、化石の来歴の一部だ。タウング・チャイルドの独自性や歴史にとって、この独特な体験は科学論文や博物館の刊行物と同じくらい欠かせないものである。

化石の重要性とはその科学的な価値からのみ生じるものだと考えられがちだ。確かに、科学的な重要性は化石の名声を生む理由の一つではあるのだが、理由はそれだけではない。「最初の」「最大の」「最古の」といった言葉が付くために有名になった化石もあれば、それにまつわる謎や陰謀で広く知れ渡った化石もある。偶像視されるようになった化石、捏造された化石、そして、忘れ去られた化石。文化批評家のダニエル・ブアスティンの言葉を借りれば、単に有名だからというだけで有名な化石もある。とはいえ、どの有名な化石も根本的にはそれを見る多様な人々によって形づくられ、見る人や背景が変わるにつれて、化石の名声の性質も変化していく。どの有名な化石にも、科学と文化、歴史が交錯して名声が生まれる転換点がある。有名な化石の運命はその文化的な起源（その背景と歴史）のなかで決まっていくのだ。

それがとりわけよく当てはまるのは、化石人類などの化石が擬人化されていく過程である。名声を獲得する過程で、化石標本は単なる有名な物体（「それ」と呼ばれるもの）から、「彼」や「彼女」と呼ばれるものへと変化する。ニックネームや個性が与えられ、それらは化石がもつ歴史的、物質的、心理的な要素を文化のなかで簡潔に言い表す言葉となる。名前や代名詞を与えるだけなのではあるが、私たちはそのことを通じて化石に力や好ましさ、さらには道徳的な側面を実質的に与えているのだ。「名声は人に知られることによって作られ、マスコミによって刺激され、補強される」とブアスティンは主張している。「有名人は、それゆえ、『最もよく知られているものは最もよく知られているものである』という同義反復の完全な具現者である」[2]（『幻影《イメジ》の時代』星野郁美・後藤和彦訳（東京創元社、一九六四年）より）。私たちは化石を、それについて語られるストーリーによって評価する。有名な化石とはヒロイズムや悪名、名声のストーリーだ。化石には内に秘められた力のようなものは何もないから、その意味や重要性は周囲の人々や文化によって形成される。かつて歴史的な力が化石の解釈を形成したように、現代の私たちは化石の名声のストーリーを形づくる。そうした化石のストーリーを理解すると、科学と歴史、大衆文化の相互作用によって有名な科学的発見がどのように生まれるかがわかってくる。そうやって混じり合うことで、化石になったヒトの祖先は世間に出回る大量の文章を通じて、文化の世界で古人類を考えるうえでの判断基準となる。

本書で取り上げる七つの有名な人類化石のそれぞれを、こまごまとした世間の事物が取り巻いている。絵はがきや公式のポートレート、博物館での特別展、Tシャツ、ポスターなどがその例だ（私はあるビジターセンターのギフトショップで、南アフリカで出土した有名な化石「ミセス・プレス」に似たものがエナメルであしらわれた爪切りを見たことがある）。有名な化石を取り巻くはかない品々は、その化石が社会で過ごした記録であると同時に、化石自身が文化のなかで得た独自性の一部でもある。

＊　＊　＊

しかし、一部の化石だけが有名になるのはなぜか、という疑問は依然として残る。スーパースターとしての地位を獲得できるのはどんな化石か。そして、文化史のなかで一つの化石をほかの化石と分けるのは、どのような名声なのか。

「有名な化石についての本を書くのに、ミセス・プレスについて書かなくてどうするの？」私が本書のアイデアをざっと説明して、取り上げるつもりの化石の名前を挙げたとき、驚いた同僚がこう尋ねてきた。「あと、アルディとか。一八九一年に見つかったジャワ原人は？　リーキー一家が東アフリカで何十年もかけて発見してきた化石は一つも取り上げないの⁉︎　それを入れないでどうや

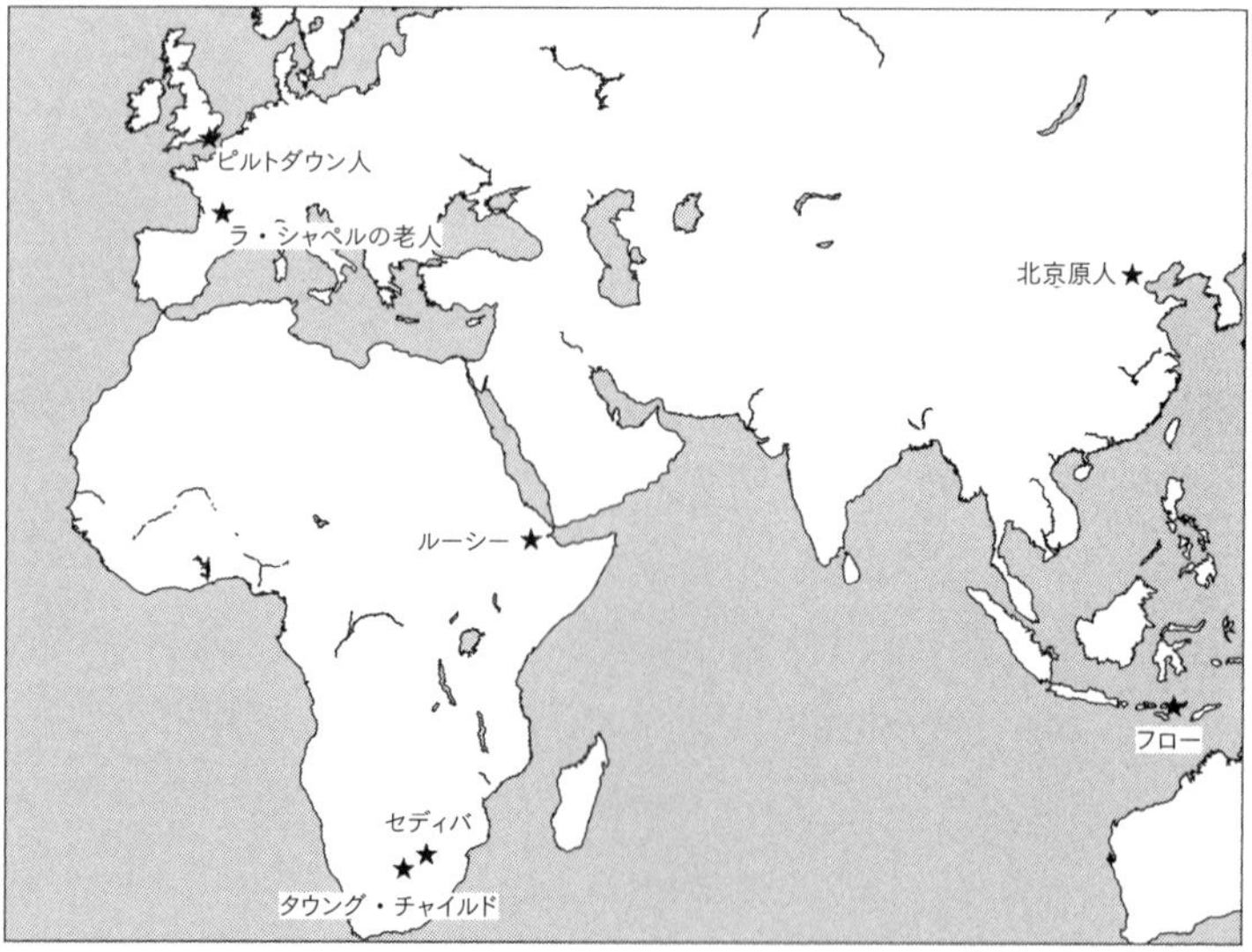

七つの化石が発見された地点 (S. Seibert)

って本を書くのよ???」彼女は礼儀をわきまえていたのか、こんな質問は続けなかった。

「いったい、それってどんな本?!?」

その質問はもっともだ。ここで取り上げる七つの化石は、研究室やコレクション、博物館に収蔵されている大量のほかの化石と何が違うために有名になったのか。ほかの化石は科学的な意義や文化的な重要性はあるにもかかわらず、なぜ七つの化石のような名声を獲得できないのか?

私がこの七つの化石を選んで来歴を語ろうと思ったのは、科学的な発見が大衆文化や科学の精神にどのように浸透していくかを教えてくれるのではないかと思ったからだ。これらの化石は風変わりな発見のストーリーを通じてこの世に登場し、それを見聞きする人々とうまく共鳴し合いながら何十年にもわたって存在してきた。「『博物館に展示されている標本の」生きていたときの名声と死後の偶像としての地位は、学問上の分類とは関係ない」と博物館の歴史に詳しいサミュエル・アルバーティは述べている。「標本であると同時に有名人でもあり、また、データであると同時に歴史記録でもある」(3)。言い換えれば、これらの化石にかかわるストーリーや伝説（文化のなかでの独自性）は、化石が誰に解釈され、どのように意味を獲得していったかも伝えているということだ。

このような種類の有名な化石は簡潔なニックネームを与えられ、進化の歴史に書き加えられ、大々的に宣伝され、そして、議論の余地を残しながらも、たやすく文化の世界で試金石のような役割を果たす。日々メディアで取り上げられ、博物館で展示され、深遠な疑問を科学界に提示し続けるなかで、それらの化石は文化的な需要を生む。「文化や学問分野、プロジェクトの一部になるためには、化石は古生物学者、画家、彫刻家、同類の化石といった通訳が必要である」とコパノ・ラテレは述べている(4)。私たちが化石となった人類の祖先をどのようにとらえるかを理解するうえで、有名な化石がその助けになる。

七つの化石はどれも広く知られた発見であるというだけでなく、それぞれが科学界や世間で違った名声や悪名を示す例となっている。ルーシーは偶像に、タウング・チャイルドは国民のヒーローになった。フランスのラ・シャペルで発掘された「老人」は、文化の世界でネアンデルタール人のイメージを生み出す「元型」（アーキタイプ）としての地位を確立した。ピルトダウン人の捏造事件は、科学研究で先入観を抱くことがいかに危険か、その教訓を伝える物語となった。中国の周口店遺跡から出土した北京原人は、化石が失われていまだ再発見されていないというドラマティックな展開を繰り広げ、映画『マルタの鷹』のような伝説をつくって姿を消した。フローレス原人の「フロー」はホビットのイメージとどうしても切り離せない。そして、最も新しく有名になった化石「セディバ」は、二〇一〇年に論文が発表されて以来、研究成果や情報を広く伝える努力をしたことによって、科学界で大きな話題になっている。化石の発見がどのように受け取られ、記憶され、不朽の名声を獲得していくのか、そして、生物種としての人類の過去が現在の文化や想像力にどれほど大きな影響を及ぼしているのか。これらを鮮烈に示す事例になっているのが、七つの化石だ。

これらの化石はそれぞれ博物館の保管庫に収蔵されているとはいえ、わくわくするような豊かな来歴をたどっている。ホモ・サピエンスに先立つ人類の進化上の祖先について教えてくれ、何百万年にもわたる適応や淘汰圧、さらには古環境に関する詳しい情報をもたらすほか、科学とは社会や文化がかかわるプロセスだということも示している。どのように仮説が検証され、学説が変化していくか、そして、知識をもたらすツールとしてのテクノロジーが絶えず変化している様子も例示しているのだ。七つの化石のストーリーが繰り返し語られ、文化的な意味の層が積み重なっていくにつれて、それらの歴史は私たち自身の歴史といっそう絡み合っていく。

第1章　ラ・シャペルの老人——先史時代の長老

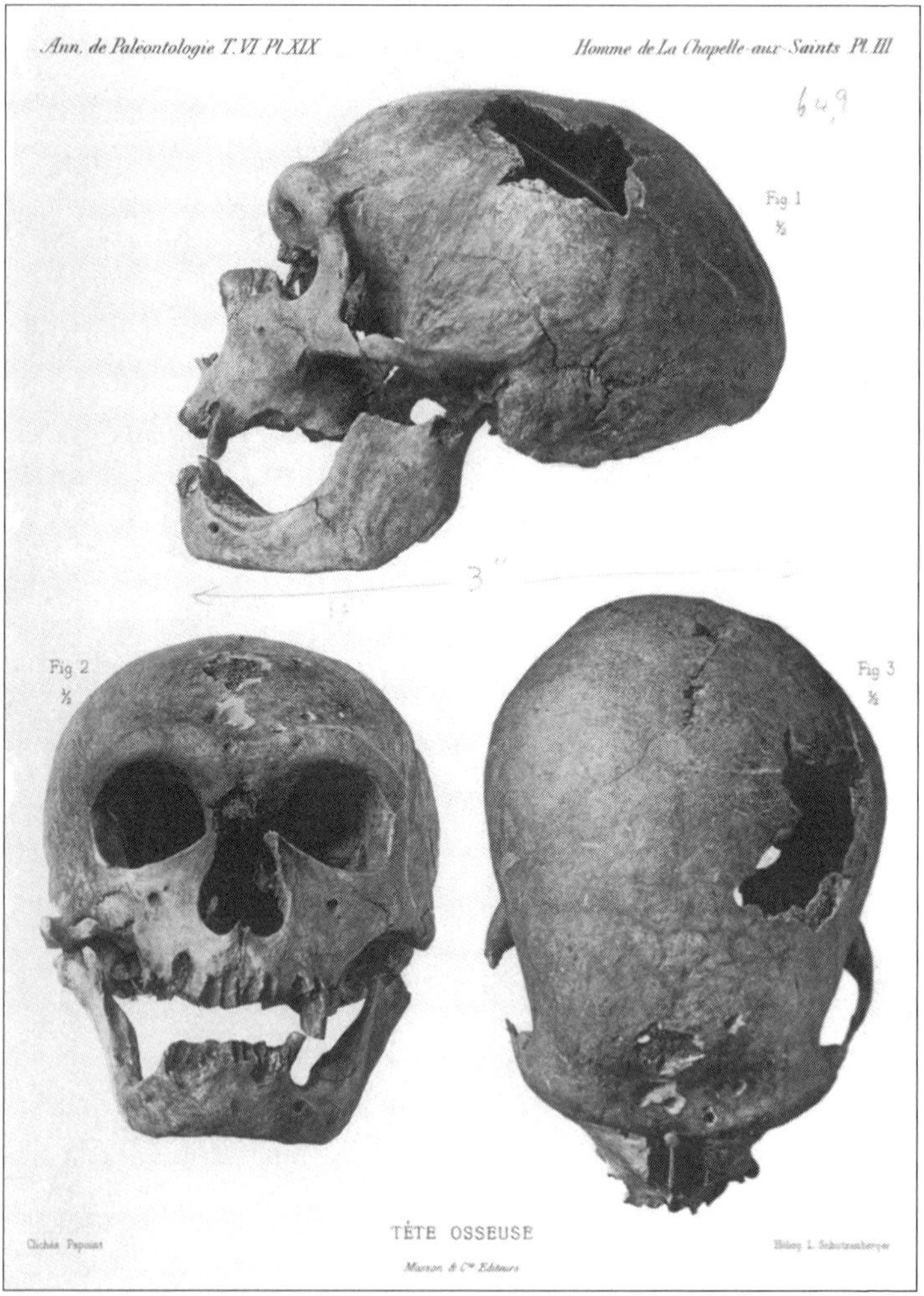

ラ・シャペルの老人。これらのネアンデルタール人の頭骨は、マルセラン・ブールの監修のもと、J・パポワンが制作した図版で、1911年にブールが執筆した『ラ・シャペル＝オ＝サンの人類化石』に掲載された。

一九〇八年八月三日、フランス中南部で興味深い骨格が見つかった。発見者はアメデとジャンのブイソニー兄弟、そして同僚のルイ・バルドン。三人とも先史時代の考古学に詳しい聖職者で、ラ・シャペル＝オ＝サンという小さな村に近い洞窟で考古学調査を実施していたところだった。石器時代の新しい遺跡の地図を作成し、その詳細を記録するのが目的だ。発掘調査で出土したあらゆる遺物が、初期人類の先史に光を当てる可能性を秘めていた。

ブイソニー兄弟とバルドンが一九〇八年七月に調査を始めると、最初に入った洞窟から石器と動物の骨の化石が出土した。この地域が旧石器時代を調査するうえで格好の現場であることを強く示唆する遺物だ。幸先のよいスタートを切った三人は、発掘調査にいっそう力を入れ、二つ目の洞窟の調査に取りかかった。そこでは遺物や化石が出土しただけでなく、二〇世紀初めの旧石器時代の調査としては類を見ないものが発見された。人類のように見える一体の骨格が完全に残った埋葬地だ。作業員が骨格の周りの土を取り除いていくと、遺体は膝を胸の前に引き寄せた胎児のような姿勢で埋まっていることが判明した。

その後の数年で骨格についてさらに調査を進めていくと、その骨格は男性で、歯を失い、変形性関節症を患っていた老人だということが明らかになった。しかし、それは年老いたホモ・サピエンスのものではない。ネアンデルタール人の骨格だったのだ。ネアンデルタール人は一八五六年に初めて発見されたヒトに近い絶滅種で、その後、ヨーロッパや北アフリカの全域で部分的な化石は見つかっていたが、完全な骨格は一九〇八年に三人の聖職者が発見したものが初めてだった。その骨格化石はまもなく「ラ・シャペルの老人」と呼ばれるようになり、一〇〇年以上にわたってネアンデルタール人に関する科学研究だけでなく世間のイメージの形成も主導し、さまざまな影響をもたらしてきた。

＊　＊　＊

ラ・シャペルの老人が発見される五〇年前、古人類学や先史時代の考古学に関する研究は二〇世紀初めの一九〇八年当時とはかなり異なっていたようだ。古人類学や先史時代の考古学は人類の長い進化の歴史を研究する学問で、当時新しく登場しつつあった研究分野だった。一九世紀半ば、発見された化石は博物学の方法論や理論上の枠組みを通じて、博物学の範疇で解釈されていた。化石の探求や、生物種の変遷と絶滅の研究に興味を抱く人々にとっては、わくわくするような時代だったのだ。たとえば、フランスの博物学者ジャン゠バティスト・ラマルクは生物が生まれたあとに獲得した形質が遺伝すると主張し、イギリスの地質学者チャールズ・ライエルは一八三〇年から三三年にかけて発表した『地質学原理』を通じて、スコットランドの地質学者ジェームズ・ハットンの斉一説〔地質現象や自然現象を起こす作用は過去も現在も同じだとする考え〕を広く知らしめた。一八五九年には、チャールズ・ダーウィンが『種の起源』を出版している。探検家やアマチュアの博物学者によって動植物や民族にまつわる標本や知識の収集が進み、地球上に多様な生命が存在することが明らかになった。博物館が次々に建設され、古い世代が集めた収集品を受け継ぎ、公式の機関を設立して、新しく集めた動植物や化石に新たな命を吹き込んだ。(1)

一九世紀が終わる頃には、知的活動としての博物学は分野の細分化がそれまでになく進み、そうした新たな科学研究にはどれも、実例にもとづいた根拠が必要となった。ライエルはアルプス山脈で氷河が動いている証拠を示す地質学的な特徴を発表し、ダーウィンは自然淘汰にもとづいたみずからの進化論を裏づける証拠を集めるため、ハトを飼って実験に取り組んだ（その後一八六七年、ダーウィンはそれらのハトの標本一二〇点すべてをロンドンの自然史博物館に寄贈した）。一九世紀半ばの一八五〇年代には、化石の発見をきっかけにネアンデルタール人の研究も始まった。人類の遠い過去に関心を寄せる博物学者たちは、石器など、物質文化を記録した遺物を系統的な手法で研究し始めた。このとき生まれた手法は二〇世紀に考古学や古人類学の方法論とされるようになる。石器などの遺物は、こうした新しい科学理論（そして新たな分野）が人類の「長大な歴史」と呼ぶものに物的証拠とデータを与えてくれた。

ネアンデルタール人のストーリーが始まったのは、一八五六年八月のことだった。ドイツ中西部のネアンデル谷にあるフェルトホーファー洞窟の出口から、石灰岩採掘場の作業員たちがものすごい勢いで飛び出してきた。採掘した石を選り分けていたときに、一組の骨格を発見したのだ。作業員たちは頭骨の破片と腕の骨、肋骨、骨盤の一部を、ヨハン・カール・フールロットというアマチュアの博物研究者に渡した（彼らは太古のホラアナグマの骨だと考えていた）。フールロットはドイツ西部のエルバーフェルトにあるギムナジウムの教師で、ボン大学で自然科学の学位を取得していたため、渡された骨が独特なものであることはわかった。人類の骨に似ている（そしてクマの骨ではない）ことはすぐにわかったものの、それにしては骨がふつうでないことにも気づいていた。頭蓋がきわめて厚く、現生人類のものとは形が大きく異なっていたし、前後に長く、眉の付近が張り出した「眼窩《がんか》上隆起」が驚くほど大きく発達していた。骨にはかなりの量の鉱物が付着していたし、出土した堆積層の層序も加味して判断すると、洞窟に最近入り込んだものではないことがわかる。骨はおそらくかなり古いものだろうと、フールロットは考えた。

フールロットはネアンデル谷で出土した骨格をざっと調べると、より専門知識が豊富な人物の見解も聞きたいと思うにいたり、ボン大学の著名な解剖学教授ヘルマン・シャーフハウゼンのもとへと骨を届けた。シャーフハウゼンは、頭骨の「原始的な」形態と出土層の古さを示す証拠に強く興味を示した（フールロットは骨格が出土した地層が古いという自分の見解を立証しようと、採掘場の作業員たちから事細かに情報を聞いていた）。骨は確かに古く、明らかにヒトのものに似ているが、ホモ・サピエンスのほかの骨格とはかなり異なるという点で、シャーフハウゼンとフールロットの意見は一致した。

シャーフハウゼンは人間の解剖学的な特徴に詳しいだけでなく、科学者たちとのつながりもあり、この興味深い発見を博物学者のコミュニティーに広く伝えることもできた。フールロットとシャーフハウゼンは、権威ある人々に骨の研究成果を伝えるには、ボンで開かれるニーダーライン地方博物学・医学協会の会合が絶好の機会であると考え、一八五七年六月、その会合で骨の発見とその特徴について発表した。骨はかつてドイツに暮らしていた太古の人種のものであると二人は主張し、こう書いている。「ネアンデル谷で出土した人類の骨はその形態の特異性が群を抜いている。このことから、未開の野蛮な人種のものであると結論づける[2]」

実際、シャーフハウゼンは博物学会の会合での発表でこう主張している。「人類が洪積世〔聖書の洪水時代〕に生息していた動物と共存していたという推定を支持する根拠は十分にある。多くの野蛮な人種は先史時代のうちに古代世界の動物たちとともに姿を消す一方で、高等な人種はその属を存続させたのだろう[3]」。シャーフハウゼンは出土した骨格が絶滅した人種のものであると主張したものの、一つの化石種としてはっきり区別できるとは明確に述べていない。近年、古人類学者のイアン・タッターソルはこのように書いている。「あとから考えてみると、シャーフハウゼンは議論のなかで賢明にも生物種が変遷するという考えを示しているから、あの化石について進化論的な視点をもつまでにあと一歩だったことがわかる[4]」。シャーフハウゼンはネアンデル谷の化石に関する論文を一八五八年に「解剖学・生理学・医学アーカイブ」誌で発表し、フールロットは一八五九年に「プロイセン・ラインラント・ヴェストファーレン博物学会の弁論」誌に発表した論文で、ネアンデル谷の出土地点の地質について記載したほか、骨がどのように発見されたかを振り返った。両人とも、ネアンデル谷の化石はヨーロッパにマンモスやケブカサイといった絶滅動物がまだ生息していた時代にさかのぼるもので、人類の化石としては最古の部類に入ると考えていた。

当然ながら、ネアンデル谷の化石はドイツ国内だけでなく国外でも激しい議論を巻き起こした。ドイツの著名な人類学者ルドルフ・フィルヒョーは化石に対するシャーフハウゼンの解釈を即座に否定した。ネアンデル谷の骨は最近亡くなった人間のもので、病気のせいで骨が変形したと判断したのだ。頭骨の形や眼窩上隆起といった解剖学的な異常は種の変遷を持ち出さなくても説明できると、フィルヒョーは考えた。フィルヒョーは種が変化するという概念を嫌う反進化論者で、当時のドイツでは生命科学の分野で有力な人物だったから、その批判には重みがあった。フィルヒョーの疑念に加え、シャーフハウゼンのボン大学の同僚であるアウグスト・マイヤーが、ネアンデル谷の化石の生前の暮らしについてさらに奇妙な解釈を唱えた。この骨の持ち主は骨軟化症に苦しんでいて、四六時中痛みを感じて眉をひそめていたために、眼窩上隆起が発達したというのだ。フールロットとシャーフハウゼンが発見したのは一八一四年にコサック騎兵隊がライン川に立ち寄った際に脱走した人物の亡骸《なきがら》でしかないと、マイヤーは考えた(5)。

ネアンデル谷の化石が科学界での足がかりを得たのは一八六三年になってからだ。アイルランドのゴールウェイにあるクイーンズ・カレッジの地質学教授ウィリアム・キングが、英国学術協会(現在の英国科学協会)の一八六三年の年次会合で一本の論文を提出した。キングはその論文で、ネアンデル谷の化石は初期人類の絶滅種のもので、現生人類のホモ・サピエンスとは明らかに異なる種であると主張しただけでなく、さらに一歩踏み込んで、この化石をホモ・ネアンデルターレンシス(*Homo neanderthalensis*)という新たな種に分類したのだ(このときの講演は翌年に出版された)。フールロットとシャーフハウゼンが発見した頭骨が新たな種であるとの考えには、著名な博物学者のトマス・ヘンリー・ハクスリーも賛同し、「知られている人類の頭骨のなかで最も類人猿に似ている」と述べている(6)。その頭骨の容量は「標準的」で、人類集団のなかで想定される範囲内にあるとハクスリーは推定し、ネアンデル谷の頭骨は現生のどの類人猿よりもはるかにオーストラリアのアボリジニに似ていると考えた。ネアンデル谷の頭骨は大きな注目を集め、研究者たちにいくつもの疑問を呼び起こしたこともあって、博物学界での影響力や存在感をだんだん高めていく。

ネアンデル谷で発見された標本がネアンデルタール人として分類学で正式に認められると（この標本は「ネアンデルタール1号」と呼ばれ、模式標本となった）、ヨーロッパ中の博物館が収蔵品を再検証する作業を始めた。その結果、それまでホモ・サピエンスの異常な個体と見なされていたほかの標本のなかにも、ネアンデルタール人に分類されるものが出てきた。ネアンデルタール人の標本は「ほとんど人間」である新たな化石種として、芽生えつつあった古人類学という分野で絶好の研究材料となった。ベルギーのアンジスで一八二九〜一八三〇年に発見された子どもの頭骨や、ジブラルタルのフォーブズ採石場で一八四八年に最初に発見された女性の頭骨をはじめ、ネアンデルタール人の骨の断片がヨーロッパ中の博物館に収蔵されていたのだ。ほかにも化石が眠っているのではないか。ヨーロッパ中で新たな化石を発掘する調査が活発になり（とりわけ活発だったのは二〇世紀の最初の一〇年のフランス南部だった）、新たな発掘現場からネアンデルタール人の化石が次々に見つかった。アメリカ自然史博物館の館長を務めていた古生物学者ヘンリー・フェアフィールド・オズボーンが、ヨーロッパに数ある旧石器時代の遺跡をめぐる大旅行を一九〇九年に始めたときには、ネアンデルタール人の何十もの標本に関する科学論文が潤沢に発表されていた。

＊　＊　＊

化石種であるとの見解が十分に確立されると、ネアンデルタール人に関する研究は進化の図式のなかで彼らをどのように位置づけるかを探る段階に入った。ネアンデルタール人はどこから来たのか？　どのような文化や技術をもっていたのか？　そしてなぜ姿を消したのか？　こうした疑問にはネアンデルタール人と現生人類との比較が暗に含まれているほか、私たち現生人類は繁栄して現在まで生き延び、ほかの人類の種は繁栄しなかったという、人類の進化史にまつわる暗黙の主張も含まれている。二一世紀初めの研究者から見ると、これは現生人類の「成功」とネアンデルタール人の「失敗」を運命づけた何か（技術、文化、気質といったもの）が存在したということだ。

フールロットやシャーフハウゼン、キング、さらには博物学者のハクスリーやダーウィンの時代から何十年も経ったあとも、現生人類が成功してネアンデルタール人が失敗した理由を解き明かそうと、膨大な労力がつぎ込まれた。ネアンデルタール人に対する関心はヨーロッパ中に一気に広まり、先史時代の研究者だけでなく、地質学や古生物学、博物学の研究者までもが研究に乗り出した。フランスでは、「人類の古さ」に関心が集まり、先史時代の歴史をひもとく旧石器時代の遺物が見つかりそうな洞窟の探検や発掘調査が活発に行われた。

ネアンデルタール人に関する研究、そしてネアンデルタール人の遺跡の発掘調査に対する関心が高まるなか、一九〇八年には、アメデ・ブイソニー、ジャン・ブイソニー、ルイ・バルドンという三人の聖職者が、フランス中南部ドルドーニュ地方のラ・シャペル＝オ＝サンという小さな村に近い洞窟を調べにやってきた。著名な先史学者であるブイソニー兄弟はこの地方の考古学に詳しく、この地方に広く分布する洞窟群の探検と発掘を始めようとしていた。彼らが調査で撮影した写真を見ると、洞窟はこの地方に分布する灰白色の石灰岩が削られて形成され、そのまだらな岩石には植物が繁茂し、洞窟の入り口を優美に覆っている。洞窟が口を開けた丘の斜面にはところどころに低木が茂り、岩がちな斜面には人が歩ける道がほとんどなかったが、その荒涼とした風景にいくつもの洞窟があるのは明らかだった。[7]

同年七月、ブイソニー兄弟とバルドンはラ・シャペル地域で最初に調べた洞窟で複数の石器と、サイの角のかけら、椎骨の断片を発掘した。幸先のよいスタートに勢いづいた三人は、二つ目の洞窟に目を向けた。この洞窟の入り口付近には「マール」と呼ばれる珍しい泥岩が露出していて、三人が調査しようとしている年代の条件を十分に満たす古さだと考えたのだ。当初、このマールの洞窟の発掘調査で見つかったのは、骨や石の断片といった、最初の洞窟での出土品と似たようなものだった。しかし八月三日、もっと興味深いものが出土し始めた。洞窟の堆積物を取り除いたあとに出てきたのは、人間のものに似た頭骨だ。三人が発掘を続けると、胎児のように身を丸めた姿勢の男性の骨格が姿を現した。この男性は洞窟でこうして息を引き取り、時が経つにつれて洞窟の堆積物に埋もれたのだろうか？　それとも、男性は意図的に埋葬されたのだろうか？　三人はこれを埋葬の跡であると考えた。発掘調査の結果をまとめた論文で、ジャン・ブイソニーは遺体が発見された穴は「自然にできたものではない」と述べた。[8]自然由来のものではないということは、穴が意図的に掘られ、遺体が何らかの目的でその中に入れられたということだ。

盗掘者や侵入者を警戒した三人は洞窟での骨格の発掘を手早く終えると、出土した骨格とそれに関連する遺物を箱詰めし、ラ・ロフィーにあるブイソニー兄弟の自宅へ持ち帰った。発掘した骨格を誰に送って分析してもらえばいいのか。ブイソニー兄弟は石器などの遺物に関しては専門知識を

L'HOMME FOSSILE DE LA CHAPELLE-AUX-SAINTS.

Fig. 2. — La colline où s'ouvre la grotte de La Chapelle-aux-Saints (Phot. de M. Papoint).

Fig. 3. — Entrée de la grotte de La Chapelle-aux-Saints (Phot. de M. Papoint).

— 117 —

ANNALES DE PALÉONTOLOGIE, t. VI, 1911.

発掘前のラ・シャペルの洞窟。1908年撮影。マルセラン・ブール『ラ・シャペル＝オ＝サンの人類化石』（1911年）より。

Fig. 9. — Intérieur de la grotte de La Chapelle-aux-Saints. On distingue nettement la fosse où gisait le squelette humain (Phot. de M. Papoint).

ラ・シャペル洞窟の発掘現場の写真。1908年撮影、バスケットは大きさの比較用に置かれた。マルセラン・ブール『ラ・シャペル＝オ＝サンの人類化石』（1911年）より。

もっていたが、骨格の形態や解剖学的な特徴の記載については詳しくなかった。その五〇年前にネアンデル谷で化石を見つけたヨハン・フールロットと同じように、ブイソニーらも解剖学や分類学の専門家の助けを借りて今回の発見を分析する必要性に気づいていた。

一九〇八年八月三日、帰宅したまさにその夜、ブイソニー兄弟は二人の著名な学者（フランスのパリに住む有名な先史学者アンリ・ブルイユと、トゥールーズに住むエミール・カルタイヤック）に手紙を書き、骨格の解剖学的な特徴を学術的に記載できる専門家を推薦してもらえるかどうか問い合わせた。ブルイユはフランスの先史学界を牽引していた人物の一人で、地質学や先史学、民族誌学の専門知識があり、カルタイヤックはスペインのアルタミラ洞窟で発見された有名な壁画をブルイユとともに記載した人物としてよく知られ、その調査を一八八〇年に終えていた。手紙への返信でブルイユが推薦したのは、パリにある国立自然史博物館の館長で、地質学者や古生物学者としても著名なマルセラン・ブールだった。

ブールは人類進化の研究で誰もが知る著名な学者で、ラ・シャペルの骨格のような大発見には必ず興味を示すはずだ。化石や地質に関するブールの研究はヨーロッパから中東、北アフリカまで幅広い地域に及び、化石の出土地点と地層を関連づける研究を専門としていた。つまり、ブールは出土した化石の地質年代を正しく判断できる人物だ。それだけでなく、科学研究や情報を広める活動もしていた（人類学誌「アンソロポロジー」の編集長を一九四〇年まで四七年間務めた）。ブイソニー兄弟からの手紙を一九〇八年に受け取ると、ブールはラ・シャペルの骨格の研究を二つ返事で引き受けた。骨格は一九〇九年初めに博物館に到着した。

骨格をどこに送って分析してもらうかという問題は意外に複雑だ。ブールが興味を示して先史学と解剖学の知識を発揮してくれれば、ラ・シャペルでの発見に対して科学的に妥当な解釈をしてくれるだろうという確信は、ブイソニー兄弟にあった。一方で重要だったのは、ブールと国立自然史博物館のつながりだ。二〇世紀初頭のフランスで、考古学と博物学はカトリック教会の神学と歴史的に強く結びついていた（これは一九世紀によくあった関係だ）。骨格を誰に送ってどこで研究してもらうのかという問題は、考古学の面だけでなく政治的にも重要だった。骨格が村の教会の近くで発掘されたので（しかも発掘したのは立派な聖職者だ）、以後、骨格の送り先をめぐる話し合いはすべて教会のつながりを通して行われた。送り先の候補としては人類学学院もあったが、聖職者にとってはそれほど魅力的でなかった。というのも、この学校は政治的に急進派で、物質主義に傾倒し、そもそも教会の活動に反対する立場をとっていたからだ。元学長のアドリアン・ドゥ・モルティエはこう考えていたという。「形態と文化の進歩にまつわる普遍的な法則にもとづけば、古人類学と旧石器時代の考古学は急進的な社会主義をめざすための政治的な武器だった。人類の歴史は先史を重要な一部として含み、その論理的な帰結であるという考え方も同様である」(9)。これはブイソニー兄弟にとっては控えめに言っても不快感を覚える政治的立場だ。

人類学学院にはラ・シャペルで発見されたネアンデルタール人を研究する科学的な知識や技術があったかもしれないが、カトリック教会が許容できる先史学研究と科学を橋渡ししようとする姿勢が足りなかった。この点で国立自然史博物館に分があったために、骨格はブールの手に渡ることになったのだ。

＊　＊　＊

ブールはそれから二年かけて、ラ・シャペルの老人の骨格の分析やスケッチ、研究に取り組んだ。そして出版されたのが、一九一一年の著書『ラ・シャペル＝オ＝サンの人類化石』だ。骨格の発掘から、ヨーロッパのほかの場所で出土したネアンデルタール人標本との比較まで、ラ・シャペルの老人に関するあらゆる情報がまとまった著作である。解剖学的な特徴の記載、綿密な計測結果のほか、標本だけでなくラ・シャペルの発掘現場の写真もふんだんに掲載されている。

それぞれの章には綿密な計測結果と、ほかのネアンデルタール人（大半は一八八六年にベルギーのスピーで発見された標本）や大型類人猿との比較結果をまとめた表が添えられている。ブールの監修のもとで何十ものペン画のスケッチと写真を手がけたのは、国立自然史博物館の古生物研究室に所属していたJ・パポワンだ。スケッチにはラ・シャペルの老人と現生人類の解剖学的な比較のほか、発掘現場で出土した石器も描かれている。

ブールの本には、立体鏡（ステレオスコープ）を使ってそれぞれの骨を立体視できる美しい詳細画像も一六点収録されている（一九一一年当時はこうして3Dデータを共有していた）。立体鏡は一九世紀後半や二〇世紀前半の古人類学を含めたさまざまな科学分野の研究室や科学研究にとって、重要なツールの一つだった。数百年前に望遠鏡や顕微鏡がほかの科学分野で観察できる対象を広げたように、立体鏡も研究者が「見る」ことのできる対象とその見え方を拡張した。立体鏡用の図版には同じ被写体をわずかにずらして撮影された画像が二点並んでいて、それぞれを右目と左目で見られるようになっている。それを双眼の立体鏡を通して見ると、右目と左目でそれぞれ見た画像が脳内で一つになり、画像に奥行きが出て、あたかも三次元の物体を見ているような感覚が得られるのだ[10]。

全二七八ページのブールの著作は包括的で、骨格の比較には熟慮の跡が見られ、その研究は先史学や解剖学に関する当時のほかの著作とうまく歩調を合わせている。『ラ・シャペル＝オ＝サンの人類化石』はネアンデルタール人に関する科学文献としては初めてで、これほど包括的な情報がまとまった文献はほかになかった。そのため、ネアンデルタール人の化石が新たに発見されたときに、ラ・シャペルの骨格は最も詳しい参考資料となった（これはブールの詳細な研究によるところが大きい）。一八五六年にドイツで出土したネアンデルタール1号が模式標本（ネアンデルタール人を定義するうえで最適だと研究者が認めた化石）ではあったのだが、まもなく研究者にとって頼りになる化石となったのはラ・シャペルの骨格のほうだった。

ブールが自身の代表作に取り組んでいるあいだにも、フランスでは発掘調査がいっそうさかんになっていった。先史学者たちは洞窟が考古学研究に役立つ可能性を秘めていることに気づき、まもなく同じ地域で新たな発掘調査に着手した。ラ・シャペルの発掘調査から三年経った一九一一年までには、フランスのル・ムスティエやラ・フェラシー、カプ・ブランの遺跡がさまざまな研究チームによって発掘され、先史時代の骨格が何点か出土した（ブールは一九〇九年から一九一一年にかけて発掘されたラ・フェラシーのネアンデルタール人骨格を使って、ラ・シャペルの標本で欠けている部分を補ってもいる）。ラ・シャペル以降に出土した骨格のなかには、ブールが考案したガイドラインに沿ってすんなりとネアンデルタール人に分類できたものもあるが、カプ・ブランのように分類に手間取ったものもあった。ブールがラ・シャペルの老人を解剖学と文化の面から詳しく検討したおかげで、それ以降に発見された骨格を評価する枠組みができた。ブールによるラ・シャペルの記載と復元は二〇世紀初頭から半ばにかけて実施されたあらゆるネアンデルタール人研究の礎《いしずえ》となったことから、彼の結論には何十年ものあいだ異議が唱えられなかった。

それでは、ラ・シャペルの老人に対するブールの結論とはどういったものだったのか？　そして、『ラ・シャペル＝オ＝サンの人類化石』には一つの種としてのネアンデルタール人がどのように記載されていたのだろうか？　ブールによれば、ラ・シャペルの老人はかなり恵まれない体をしていたという。直立してきちんと歩くことができず、複雑な行動をとったり高度な文化を生み出したり

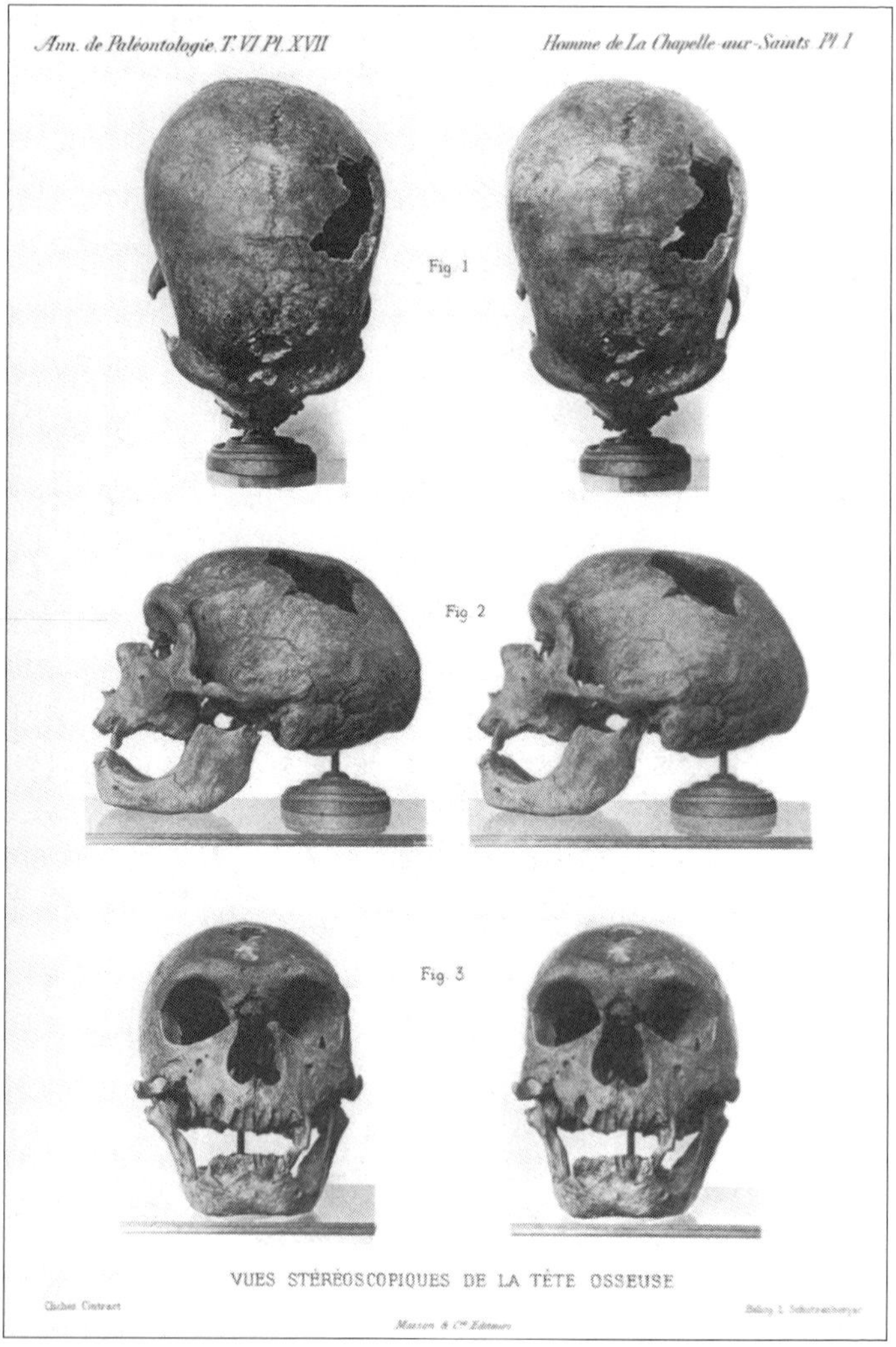

的に「観察」できる。マルセラン・ブール『ラ・シャペル＝オ＝サンの人類化石』（1911年）より。

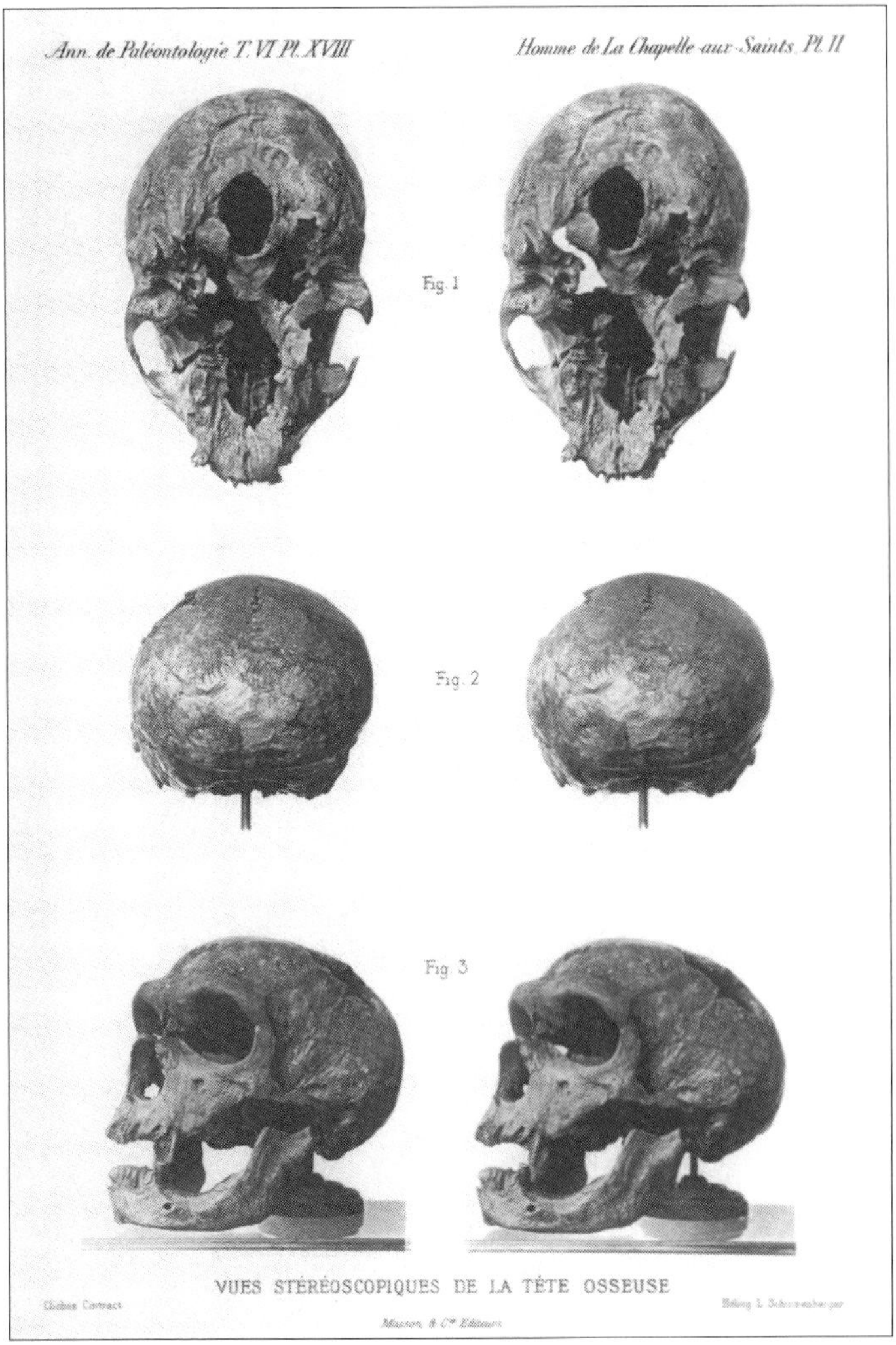

被写体を3Dで「見る」ことができる立体鏡用の図版（上と前ページ）。写っているのは、ラ・シャペルのネアンデルタール人の頭骨だ。化石の模型がなくても、頭骨を立体（↗）

することがまったくできなかった。ブールが復元した骨格では背骨が大きく湾曲し、膝も曲がり、頭が前に突き出ていて、ネアンデルタール人は猫背で前かがみの姿勢をとっていたという印象を与える。ブールの解釈では、頭蓋のアーチが低く（一八五〇年代にフールロットとシャーフハウゼンが興味を抱いた扁平な形）、眼窩上隆起が発達しているということは、頭蓋とその内部の脳が原始的でホモ・サピエンスほど発達していなかったことを示している。つまり、初期人類は知性に欠け、文化的にも洗練されていなかったということで、ネアンデルタール人の絶滅に対する説明として受け入れやすい解釈だ。ブールの復元図では、足の親指が大型類人猿のようにほかの指と向かい合わせにできるように配置されているが、この解釈を裏づける有力な根拠はない。これもまた、ネアンデルタール人をホモ・サピエンスから遠ざける解剖学的な特徴となった。つまるところ、ブールが描いたラ・シャペルの老人は、現代人から見ると典型的な原始人のように見えるかもしれない。人気アニメの『原始家族フリントストーン』のようなものではなく、氷河に覆われたヨーロッパで悪い足を引きずりながら苦労して歩いている未開人のようなイメージだ。

ブールによるネアンデルタール人の復元図と解釈は、二〇世紀初頭のさまざまな研究者の興味をかき立てる力をもっていた。ブールはラ・シャペルの老人を、人類の進化を語るうえで欠けていた存在「ミッシング・リンク」〔類人猿とヒトをつなぐ動物〕の一つとして提示した（化石のなかで解剖学的に重要な特徴を指摘した）ものの、類人猿と人類との中間に位置する種として使用することは拒んだ。人類進化に対するこうした見方は、あらゆる絶滅種が祖先との関係に従って一直線に進化して最終的にホモ・サピエンスにいたったという厳密な直線モデルを適用すべきだと、ブールが必ずしも考えていなかったことを示している。ブールがこのような進化のモデルを提示したことで、ほかの研究者は進化モデルを構築する際に哲学の面でも分類学の面でも柔軟に考えることができた。研究者がどのようなモデルを適用したとしても、ネアンデルタール人が入るべき場所はあるということだ。ブールのていねいな研究によって、ネアンデルタール人という種に対する期待と堅実な解釈がもたらされたのは確かだ。ネアンデルタール人の骨格に関するその後の研究では必ず、ネアンデルタール人の新たな骨だけでなく、ブールの研究や彼の当初の解釈を交えて議論することになる。ブールの研究はある意味で「模式」となった。骨格全体を解剖学的に調べる方法、進化論の扱いにくい部分に対処する方法、そして、化石を科学や大衆文化といった幅広い領域に取り入れていく方法の模式的な事例となったのだ。

フランスのドルドーニュ地方では、ブイソニー兄弟とバルドンがラ・シャペルでの考古学的な発掘調査の結果を一九〇九年に「アンソロポロジー」誌に発表した。三人がこの地方できわめて詳細な発掘調査を行った結果、ラ・シャペルの洞窟からは一〇〇〇点以上の遺物が出土した。ネアンデルタール人の骨格に加え、大量の石器はいうまでもなく、サイやウマ、イノシシ、バイソン、ハイエナ、オオカミといったほかの哺乳類の骨も発見された。ブールがラ・シャペルの老人に関する研究を終えると、パリの国立自然史博物館は一九一一年にその骨格を一五〇〇フランで購入した。ブイソニー兄弟はその後もフランス中南部の洞窟の発掘調査を続け、一九五〇年代までフランス先史学会に論文や原稿を寄稿していった。(11)

それでは、ラ・シャペルの老人は科学界に何をもたらしたのだろうか。それは全身の骨格化石で、

ラ・シャペルで発掘現場から回収される前のネアンデルタール人の頭骨の写真。1909年7月に「コスモス」に掲載された。同様の写真はブールの著書『ラ・シャペル＝オ＝サンの人類化石』（1911年）にも収録されている。

埋葬された状態で見つかり、現場で慎重に発掘された（ほかのネアンデルタール人の化石は考古学の調査で発掘されたとは考えにくい）。発掘も研究も専門家によってなされ、「正規の」過程を経て科学論文として発表された。ラ・シャペルの老人の信頼性は揺るぎない。発見の種類も、そして時と場所も申し分のないものだった。古人類学という新しい研究分野を牽引できる名高い標本だ。ネアンデルタール人の模式標本である、ドイツのネアンデルタール1号を差し置いて、ラ・シャペルの老人は研究者や一般の人々がネアンデルタール人と聞いて思い浮かべる参照用の模式標本（アーキタイプ）となった。

＊　＊　＊

ラ・シャペルの老人の発見で、ネアンデルタール人という種の存在が一気に広まった。関心を高めた三本柱は、二〇世紀初頭の芸術家と研究者、そしてメディアだ。ラ・シャペルの老人は大衆のイマジネーションもかき立てたが、主にその立役者となったのが、学者や一般の人々への影響力が大きい一連の新聞記事だった（ブール自身はこの標本に関する自分の研究を取り上げた記事を切り抜いて集めていた）。新聞に掲載された記事がたくさんの読者に届きやすくなった背景には、新聞の印刷技術の発達と初等教育の義務化がある。フランスの出版ジャーナリズムにとってのベル・エポック（古き良き時代）だ。そうして増えた読者がラ・シャペルの老人に出合った。新聞記事をめぐる全体的な状況は急速に変化した。新聞は情報を伝える正当なメディアと見なされるようになり、その結果、記事で取り上げられた話題が公認のものと考えられるようになった[12]。

新聞はもはや教養のある人々だけが読むものではなくなり、強い影響力をもち、紙面で取り上げた研究者たちに大きな名声と政治的な影響力を与えるようになった。「イリュストラシオン」「イラストレイテッド・ロンドン・ニュース」「ハーパーズ・ウィークリー」といった新聞や雑誌に掲載されたラ・シャペルの老人の写真や復元図は、「学者」と「大衆」を仲立ちする役割、つまり科学的な概念を不特定多数の人々にかみくだいて伝える役割を果たしたのだ。ラ・シャペルの老人は、「イラストレイテッド・ロンドン・ニュース」紙が掲載したフランスティセック・クプカによるセンセーショナルなイラスト（全身に毛を生やした類人猿のような生き物が洞窟の壁に沿って歩いている姿）を通して一気に広まり、一般に知られる存在となった。一方で、二〇世紀初頭の著名な古生物復元作家チャールズ・ナイトによる復元図は、もっと多様な側面を加味した絵画だ。アメリカ自然史博物館に展示されたナイトの復元図は、狩りの技術をもった社会的な集団として描かれ、来

フランスティセック・クプカによるネアンデルタール人の復元図。1909年の「イラストレイテッド・ロンドン・ニュース」紙より。この復元図は、ネアンデルタール人に対して20世紀初頭の人々がもっていた偏見を示す代表例のようになった。

館者がネアンデルタール人の進化史に思いを馳せられるような作品となっている[13]。

ブールの研究成果が研究室を離れて一人歩きし、新聞記事や博物館へと広がっていくにつれて、ネアンデルタール人はほかの分野、とりわけ文学を通して大衆の興味をかき立て始めた。ラ・シャペルの老人が大衆の空想で興味深い位置を占めるようになったのには、SFという新たなジャンルの登場が大きかった。ジュール・ヴェルヌ、H・G・ウェルズといった初期のSF作家が創作したサイエンス・フィクションの世界では、未踏の地やダーウィンの進化論、機械の発明品がその「もう一つの世界」を形成する要素となった。ベルギーの作家で兄弟のジョゼフ・アンリ・オノレ・ボーとセラファン・ジュスタン・フランソワ・ボーにとっては、空想小説で歴史をつくり上げるうえでヨーロッパの洞窟や遺跡が絶好の舞台であり、ネアンデルタール人はそこの絶好の住人だった。

ボー兄弟のＳＦ小説の題材となったことで、ブールの研究室を離れたラ・シャペルの老人は大衆文化に繰り返し登場する存在になったのだった。そうなるとは、ブールには思いもよらなかっただろう。

ボー兄弟がＪ・Ｈ・ロニーというペンネームで『人類創世』を刊行したのは、ブールの『ラ・シャペル＝オ＝サンの人類化石』が刊行されたのと同じ一九一一年だった（ラ・シャペルの老人に関する短い記事は一九〇八年から一九一一年にかけて複数発表されているので、小説を書くためのネアンデルタール人の情報源としては十分な量があった）。ある種の科学研究の歴史を探るうえで、ＳＦは可能性のありそうなシナリオを思索しながら探究できる、絶大な力をもったジャンルだ。化石種などの発見に関して「もしもの話」を提示する。これが読む者や見る者をネアンデルタール人に夢中にさせるのだ。ボー兄弟にとって、ネアンデルタール人は単なる考古学的な遺物の集合以上の存在で、動機や欲求、力、歴史をもちうるキャラクターだった。

『人類創世』は旧石器時代後期が舞台で、数種の人類の集団が火を支配しようと競い合っている設定になっている。火を手に入れ、管理し、さらには火をつくり出せる者が、進化における成功者となるのだ。一九〇九年の時点で、科学界では大きく分けて三つの化石種が受け入れられていた。ピテカントロプス属（東南アジアのジャワ島で出土した化石で、現在はホモ・エレクトスと呼ばれている）、ネアンデルタール人、そして「太古の人類」（さまざまな化石の一群で、きわめて古いホモ・サピエンスとおおざっぱに見なされていた）だ。作者は「野蛮」対「文明」といった構図で文化の発展を描いている。遠い昔に絶滅したこれらの人類の種族は、進化で生き残るために文化的な行動を身につけなければならなかった。とりわけ重要だったのは、石器を使って火をおこす能力だ。[14]

小説では、ネアンデルタール人が野蛮な種族（ホモ・エレクトス）に襲われて、とっておいた残り火を失ってしまう。冒頭の重要なシーンでは、ウラム族（ネアンデルタール人）が残り火を失ったあと、種族のリーダーであるファムが両手を空へ掲げて、こう叫ぶ。「火がなくなって、ウラム族はどうなってしまうのか？　サバンナや森でどうやって生きていけばいいのか？　夜の暗闇や木枯らしをどのようにしのげばいいのか？　生肉や苦い植物を食べるしかなく、手足を温めることもできず、槍の穂先を硬くすることもできない。夜のあいだにライオンやサーベルタイガー、クマ、トラ、巨大なハイエナに生きたまま食べられる。誰か、火を取り戻せる者はいないのか？[15]」

この小説は一九八一年に映画化され、今ではカルト的な人気を誇る傑作とされている。映画でも小説と同じように、いったん失われた火を取り戻さなければならない。火を制御できる能力や独創性をもっているのは、ネアンデルタール人ではなく人間だけという設定だ。とはいえ、最も重要なのは、火にまつわる生まれもった発明の才（火をおこす、火の面倒を見る、火を擬人化する）を強調している点である（私の同僚は『人類創世』を「（出演者の）ロン・パールマンがキャンプに行く。二時間。会話なし」と要約した）。

ボー兄弟はホモ・サピエンスが生き残ってネアンデルタール人が絶滅した理由に強く興味をもっていた。一つの種が進化の成功者となる優位性をもち、ほかの種がもっていないのはなぜなのか？ボー兄弟の見解では、ヒトの成功に対する答えは、ヒトが技術と認知能力の面で優れていたということに尽きる。ヒトには成功するための道具と知性があり、ネアンデルタール人にはなかったというのだ。とはいえ、ボー兄弟がこの小説を出版してから一〇〇年以上が経ったいま、考古学の調査でわかってきたネアンデルタール人の暮らしに対する解釈は当時とはかなり異なっている。ネアンデルタール人にもホモ・サピエンスと同じように知性があり、優れた技術も備えていて、文化も単一ではなかったというのが、現在の考古学者たちの見解だ。このように解釈が変わってきているにもかかわらず、「ネアンデルタール人は不運な原始人」というモチーフは文化のなかで私たちの意識にあまりにも深く刻まれていて、それを払拭するのはなかなか難しい。『人類創世』が刊行された当初、ブールの論文は小説に科学的な信頼性を与えたかもしれない。一方で、この小説はラ・シャペルの老人に対するブールの解釈に、ストーリーや生き生きとした描写を与えた。それが化石に関するどんな事実よりも長く時の経過に耐えたのだ。[16]

＊　＊　＊

発見から科学論文への記載を経て、フィクションの世界で不朽の名声を獲得したあとも、ラ・シャペルの老人のストーリーは結末を迎えたというにはほど遠かった。二〇世紀半ばに入っても、その骨格や埋葬の状態を調べたり再検証したりする研究は続いた。ジャン・ブイソニーは最初の発掘調査と報告書で、老人が発見された穴は自然にできたものではないとしている。言い換えれば、老人が属していた社会集団のほかのネアンデルタール人が洞窟の地面に意図して穴を掘ったとブイソニーは考えていたのだ。ブイソニーやブールにとって「自然にできたものではない」とは、出土地点は埋葬地であり、老人の遺体が意図的に穴に埋められたことを意味していた。

ブイソニーは著作に洞窟の入り口やラ・シャペル村そのものの写真を掲載している。発掘調査の一環として石器や哺乳類の骨といった遺物を記載することに加え、ブイソニーは洞窟の地質や層序が改変されていないことを証明して、遺物がその場所から出土したことの重要性を裏づけたほか、フランスの地質学者ピエール・マルテルをこの研究へと引き込んだ。マルテルは発掘調査の直後に現場の堆積物の重なり方やさまざまな地層を調べ、老人の骨格が発見された穴の形は雨水などによる浸食作用では形成されえないと主張した。穴はおおむね長方形をしていて、その長辺は北西から南東の方向を向いている。洞窟の奥の壁から一メートル余り手前に位置し、骨格は地表面から一メートル余り下に埋もれていた。発掘調査で記載された穴の断面図を見ると、ほかの堆積物に大きな岩片が混じっていて、洞窟の天井から土砂が繰り返し崩落したことがわかる。穴自体は深さがおよそ五〇センチあり、明らかに基盤岩（洞窟の元の地表面）を掘削したような形になっている。遺体とその穴は確かに埋葬の跡を示している[17]。

現生人類以外の種が死者を埋葬したという考えは、従来の行動の概念や人間らしさの定義に異を唱えるものだった。文化をもっているためにヒトが進化で優位に立ったのだとすれば、ネアンデルタール人のような「失敗した」種も文化をもっていたとの考えはきわめて不快なものだったのだ。人間とネアンデルタール人のあいだに生じたこの張りつめた関係は、ネアンデルタール人の道徳性を否定しているかのようであり、一〇〇年以上ものあいだ人々がネアンデルタール人をどう考えてきたかをよく表している。

一九五〇年代までには、人類学者はラ・シャペルの老人の解剖学的な特徴や文化に関するブール

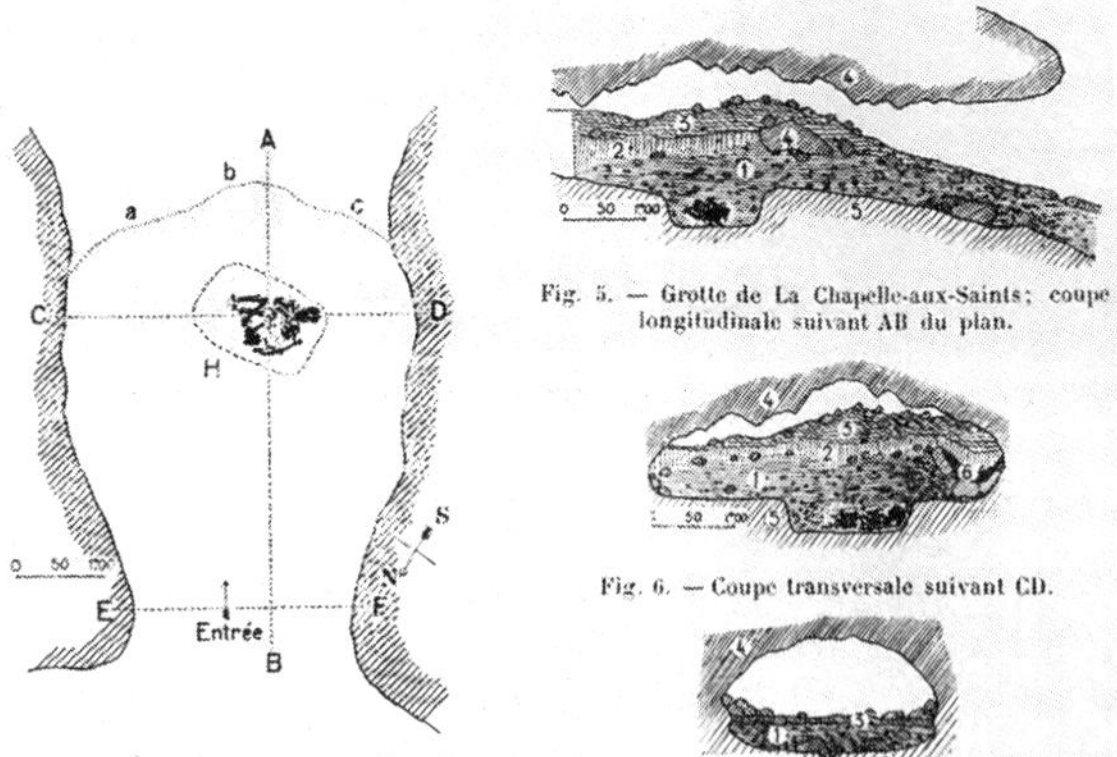

Fig. 4. — Plan de la grotte de La Chapelle-aux-Saints.

AB. CD. EF, directions des coupes ci-jointes ; H, fosse où a été trouvé le squelette : *a*, *b*, *c*, limite des fouilles et de la couche archéologique.

Fig. 5. — Grotte de La Chapelle-aux-Saints ; coupe longitudinale suivant AB du plan.

Fig. 6. — Coupe transversale suivant CD.

Fig. 7. — Coupe transversale suivant EF.

1, couche archéologique ; 2, argile ; 3, terre sablo-argileuse, meuble ; 4, rocher (voûte, blocs éboulés) ; 5, sol naturel (calcaires et argiles verdâtres de l'Infra-Lias) ; 6, couche de terre brûlée.

アメデ・ブイソニーとジャン・ブイソニー、ルイ・バルドンがラ・シャペル＝オ＝サンで発掘調査を始めたのは1908年。発掘現場の地図にはネアンデルタール人の骨格の発見地点が示されている。マルセラン・ブールの著書『ラ・シャペル＝オ＝サンの人類化石』（1911年）に収録された。

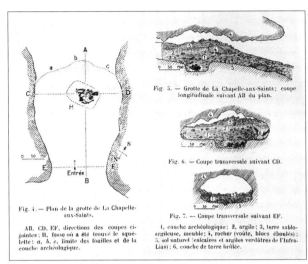

の結論を見直し始めていた。この老人は思ったほど不運ではなかったのかもしれないという見方が、人類学者のあいだに出てきたのだ。この見直し作業では二つの観点に的が絞られた。一つ目は、ラ・シャペルの骨格を形態学的な観点から再度分析すること。二つ目は、ネアンデルタール人の文化のなかで意図的な埋葬が意味するものを文化的な観点から再評価することだ。

一九五五年七月二五日、パリで開催された第六回国際解剖学会議に出席していた人類学者のウィリアム・ストラウスとA・J・E・ケイヴが、市内にある人類博物館を思いつきで訪れたことがきっかけとなり、ラ・シャペルの骨格を再評価する大規模な研究に着手した。もともとは、とりわけ物議を醸していた標本「フォンテシュヴァードの頭骨」を調べたいと考えていたのだが、利用できたのは化石を複製した模型だけで、しかも計測することが許されなかった[18]。フォンテシュヴァードの標本を適切に調査できないことがわかると、ストラウスとケイヴは同じ博物館に収蔵されていたラ・シャペルの骨格に目を向け、博物館のキュレーター（学芸員）であるマドモワゼル・レストランジュから利用する許可を得た。

骨格を目にしたストラウスとケイヴはショックを受けた。「変形性関節症による脊柱の変形があれほどひどいとは思っていなかった。ブールがラ・シャペルの個体を復元するにあたって、スピーやラ・フェラシーといったほかのネアンデルタール人骨格を参考にしなければならないと考えた理由がすぐにわかった[19]」。つまり、ラ・シャペルの骨格化石は欠けている部分が多く、しかも壊れやすかったうえ、骨に極度の変形が見られたので、その標本自体の復元は難しかったということだ。ラ・シャペルの老人のようなネアンデルタール人骨格は、ほかの骨格を参照して欠けている部分を補うことによって理解が進む。

ストラウスとケイヴはラ・シャペルの老人の評価と計測、解釈を再度行うことを提案した。ブールが復元したネアンデルタール人の姿勢や病状の正当性と正確性を評価するのに役立つと考えたのだ。ネアンデルタール人の生物学的な特徴や文化の問題に加え、学術研究として次々に記録されていたほかのネアンデルタール人骨格の研究にも役立つ。ラ・シャペルの老人はネアンデルタール人のほぼ完全な骨格としては最初に出土したものではあったが（その後まもなく一九〇九年にラ・フェラシーでも見つかった）、一九五五年までには、スフールとタブーン（二〇世紀半ばの文献では一九二九年から一九三五年にパレスチナで見つかったとされたが、現在では出土地点はイスラエルとされている）や、イラクのシャニダール渓谷、ウズベキスタンのテシクタシュといった数多くの場所で、ほぼ完全なネアンデルタール人の骨格が発見されていた。もちろん、イギリスの考古学者ドロシー・ギャロッドがジブラルタルで発見したネアンデルタール人の子ども「アベル」もあった。[20]

ストラウスとケイヴが最初に再検討したブールの結論の一つは、ラ・シャペルの老人の立ったときの姿勢と歩き方だ。ブールは老人が猫背で前かがみの姿勢をとったと記載しているが、ストラウスとケイヴは、老人が「変形性関節症」を患っていたと主張した。これはネアンデルタール人という種の特徴ではなく、個人の健康状態を示しているというのだ。[21] 二人の研究からは、ラ・シャペルの老人は変形性関節症を患っていたとはいえ、実際には身長がもっと高く、肩をきちんと張っていて、頭部は脊柱と一直線に並んでいたことが示唆される。つまり、ラ・シャペルの老人はブールの復元から考えられる姿勢とはかなり異なる姿勢をとっていたということだ。

姿勢が異なっていれば、文化に対する解釈もまた変わってくる。ラ・シャペルの老人やほかの「典型的なネアンデルタール人」はどのような行動をとったのだろうか。そして、彼らの文化や習慣を知ることはできるのか。そんな疑問から、ネアンデルタール人の発声法や文化の交流、利他行動を解き明かす新たな研究がいくつも始まった。こうした特徴のいずれかをネアンデルタール人はもっていたのか。もっていたとすれば、ネアンデルタール人の骨格の形態や考古学上の記録にどのように表れるのか。古人類学者や考古学者による新たな研究で、かつて「ネアンデルタール人に固有」と考えられていた特徴の多くが、実際には現生人類のバリエーションの範囲に収まることがわかった。ネアンデルタール人はヒトとそれほど大きく違っていなかったのだ。
ネアンデルタール人の利他行動（ネアンデルタール人の集団でどの程度の助け合いがあったのか）の問題が議論されたとき、研究で繰り返し参照されたのがラ・シャペルの標本だった。一九八〇年代には、ラ・シャペルの老人の歯の状態に関するN・C・タッペンやほかの研究者の研究で、老人が社会集団のなかで助けられていたという解釈の妥当性に大きな懸念が生じた。骨格の歯の状態は「彼の［ラ・シャペルの］集団による利他行動の証拠としては信頼性に欠ける」というのだ。[22]
エリック・トリンカウス博士が骨格全体を再評価したもっと最近の研究では、ラ・シャペルの老人は確かに変形性関節症を患っていたが、これによる変形はブールがもともと復元した姿勢には影響しないはずだとの見解が示された。初期人類に対して抱いていた先入観や、ネアンデルタール人が進化のうえでホモ・サピエンスと同類だとする仮説への拒絶感から、ブールは猫背の野蛮人のような復元図を描き、進化の系統樹でネアンデルタール人をヒトとは別の系統として実質的に扱ったというのだ。
「ラ・シャペルの骨格は、『典型的なネアンデルタール人』として知られるようになったウルム氷期のヨーロッパの集団の『模式』標本とされることが多い。『模式』標本の性質を詳しく調べるのは当然ではないか」と、古生物学者のロナルド・カーライルとマイケル・シーゲルは述べている。「ラ・シャペルの標本が『模式』とされるのは、その骨格が完全であるからだと言ってもいいだろう。しかし、この標本はまぎれもなくアーキタイプであり、それが属していた集団内の幅広いバリエーションを示しているわけではない[23]」。つまり、私たちがラ・シャペルの老人をアーキタイプに仕立てたのだ。

二〇一四年に、古人類学者のウィリアム・ランデュ博士がラ・シャペルの研究の状況をこのようにまとめている。「彼［老人］はかなりの高齢で亡くなった。何カ所か歯が抜けたあとの歯肉に沿って骨が再び成長しているからだ。ひょっとしたら、歯が抜けて数十年経っているかもしれない。これだけ多くの歯が抜けているということは、食べ物を細かく砕いてもらわなければ食べられなかった**可能性**がある。晩年は、同じ社会集団にいたほかのネアンデルタール人に助けられていただろう。そして最後になるが、ラ・シャペル＝オ＝サン1号にもともと属する骨格要素のほかに、ボンヌヴァル洞窟で二人の若者ともう一人の成人の骨格要素が発見されたことによって、この遺跡の形成史がこれまで考えられていたよりも複雑であることが浮き彫りになった[24]」。それならばなぜ、ラ・シャペルの標本がアーキタイプとして繰り返し参照されるのか。科学的にも文化的にも名声を得たことが、この化石を博物館に収蔵された単なる比較対象としての標本から、ストーリーや歴史、個性をもった化石へと変えたのだ。

＊　＊　＊

二〇世紀から二一世紀にかけてネアンデルタール人の化石が次々に発見され、その研究結果が発表されるにつれて、彼らの素性や暮らし、そして、このようなヒトによく似た種がもつ意味をめぐる疑問が、書籍から博物館まで、さまざまな場で取り上げられるようになった。科学界でネアンデルタール人に対する解釈が変化していくのと連動するように、二〇世紀初めの博物館や文学、大衆文化でのネアンデルタール人の描き方も変わっていった。

ネアンデルタール人にまつわる多くのミーム〔遺伝子のように人から人へ伝わる文化の情報〕を生み出したのは、石器時代を再現した初期の博物館のジオラマだ。ジオラマや復元模型は化石を肉体として表現する一つの手段となった。化石から復元模型を制作することで、筋肉や皮膚、毛、体の動きといった視覚的な特徴を与えられ、化石に「リアルさ」がもたらされる。それはどれだけ骨格を詳しく記載しても実現できないことだ。化石では動物の剝製のように生きていたときの姿がそのまま保存されないため、復元模型を制作することでネアンデルタール人のような絶滅した種を理解しやすくなる。その姿をすぐに想像することができるのだ。顔や体が実際に目の前にあり、その体が科学研究にもとづいたストーリーを求めている。

人類の祖先を復元した模型を見るとき、私たちはある種の物語を求め、その根底にあるモチーフを目の前にある模型に重ねる。見る者にストーリーの設定を伝えることにかけては、ジオラマのほうが説明パネルよりも効果的だ。

歴史的に見ると、ブールによるネアンデルタール人の物語は『人類創世』によって広まったが、その物語を人々に強く印象づけたのは、もっとあとに登場した博物館のジオラマだった。ここでも、クプカによるイラストが「イラストレイテッド・ロンドン・ニュース」紙に掲載され、毛むくじゃらの原始人のようなネアンデルタール人の姿が広まった二〇世紀初頭と同じことが起きた。博物館に展示されたネアンデルタール人のジオラマは、情報とともに特定の先入観や偏見を伝えた。そして何よりも、そうした展示の裏に巧妙に隠された特定の思い込みを伝えたのだ。

シカゴのフィールド自然史博物館で1930年代に、「先史時代の人類」シリーズの一部として展示されたジオラマ「ムスティエ文化の人類」（ネアンデルタール人）。博物館の展示案内に掲載された写真。（H. Field and B. Laufer, *Prehistoric Man*, Hall of the Stone Age of the Old World, Field Museum of Natural History, Chicago, 1933）

一九三三年七月、シカゴのフィールド自然史博物館で、ヨーロッパ全域のさまざまな遺跡に関する当時最新の調査結果にもとづいて「初期」人類の暮らしを再現した八つのジオラマが展示された。彫刻家のフレデリック・ブラシュケによるこれらのジオラマには、ネアンデルタール人の先史にまつわる二〇世紀初めの思い込みの数々や、考古学や古生物学の断片的な記録を当て推量で復元した跡がよく表れている。とりわけジオラマでの道具や技術の描き方からは、人間が歩んだ進化の道筋やその成功に関する議論が、間接的ながら鮮明に浮かび上がってくる。

ブラシュケが描き出した場面では、ネアンデルタール人は道具を手に持っているが、器用さというものがまったく見られず、道具の扱い方もぎこちなく見える。猫背の姿勢に復元されたネアンデルタール人には、単なる生前の姿の再現というだけでなく、物質文化や、人類がそれとどう接していたと考えるべきかという、興味深くも微妙な問題も表れている。再現ジオラマには、道具とその作り手につながりというものが見られない。ネアンデルタール人は進化論的に目を引くようなものを何も持っていなかったという思い込みがあるのだ。複雑な道具も、手先の器用さも、優れた技術を生み出す創意工夫の才能もなかったとされていたのである。ブラシュケが制作したようなジオラマで再現されたネアンデルタール人によって、人間は新たな技術を生み出す才能をもっているから成功したのだというストーリーが不動のものとなった。博物館でそうした再現ジオラマを見た人が増えれば増えるほど、ネアンデルタール人の典型的なイメージが文化のなかで固定化されていった。

現代の博物館の展示には、そのような先入観を変えて、最新の考古学研究の成果を来館者によりよく伝えようとする工夫がなされている。展示物やジオラマは人の目をとめる大きな力をもっているので、ネアンデルタール人のもっと多様な側面を伝えることができる。たとえば、アメリカのスミソニアン協会が運営する国立自然史博物館の「人類の起源ホール」からは、文化のなかでネアンデルタール人に対する先入観がどのように変わってきたかが垣間見える。二〇一〇年にこのホールがオープンしたとき、イラクのシャニダール遺跡から出土した実際のネアンデルタール人化石の展示と併せて、来館者が「初期人類に変身できる」アプリをダウンロードできる展示も設けられた(MEanderthalというアプリで、自分の顔と初期人類の復元模型の合成画像を作成できる)。古生物復元作家のジョン・ガーチーは、この展示会のために制作したネアンデルタール人の復元模型をこのように描写した。「高度な行動をとった人類の仲間……複雑な精神をもった存在として描きたかった。独特なヘアスタイル……そして、線が入ったシカ革のヘアバンドは、この複雑な存在が象徴を扱えるレベルの思考力をもっていたことを物語っている」[25]。ブールが著した有名な教科書『化石人類』の次の一節を読むと、ここまでにいたる道のりは長かったことがわかる。「ムスティエ［ネアンデルタール］人よりも原始的で程度の低い文化や技術はほとんどない……精力みなぎる無骨なこの体、顎が大きい頭骨といった野蛮な外見は……純粋に植物的あるいは獣的な機能のほうが精神の機能よりも優勢であることを示している」[26]。ネアンデルタール人の展示が「人間らしく」なったことは、化石人類を進化の過程で生まれた異常な存在とみるよりも、自分に似た存在と考えるほうがはるかに容易であることを表している。

いま二一世紀という時代にネアンデルタール人の一般的なイメージを改善しつつあるのは、博物館の展示だけではない。『人類創世』が出版されてから一〇〇年近くが経ち、カナダのSF作家ロ

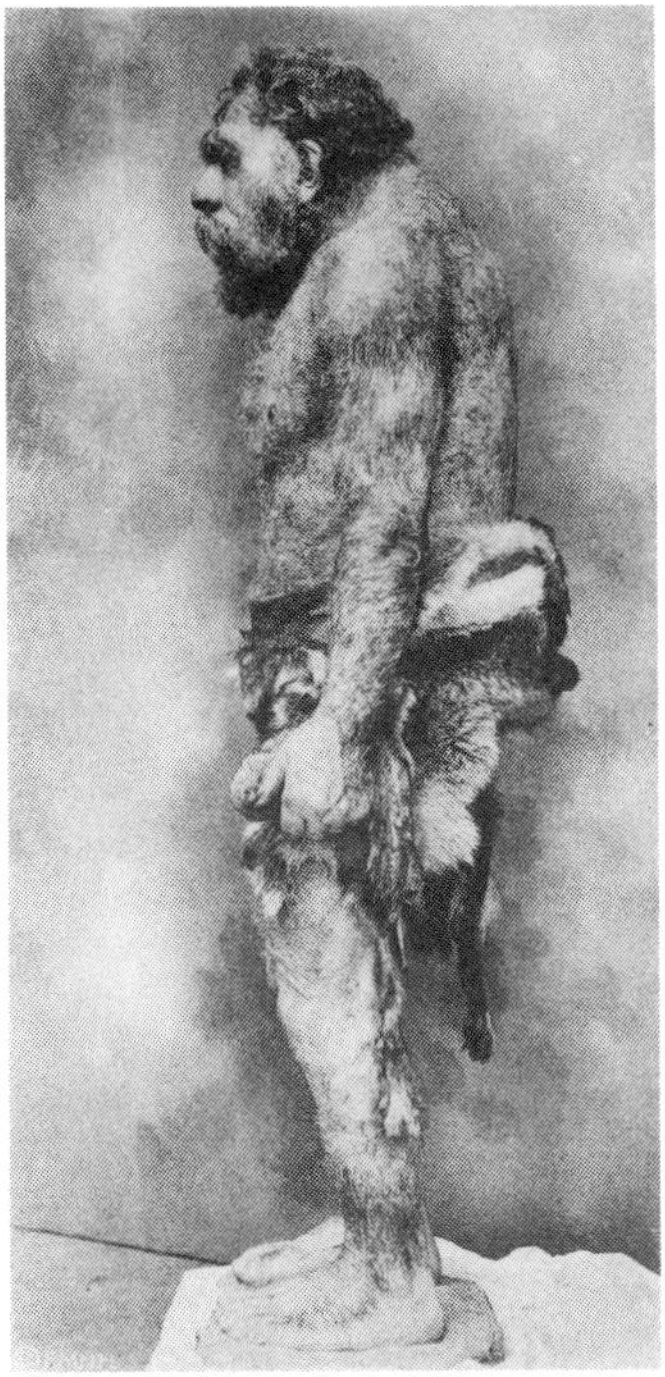

シカゴのフィールド自然史博物館に1930年代に展示されていた、横向きのネアンデルタール人の復元模型。猫背に太い首という、マルセラン・ブールの結論にだいたい沿った表現がなされ、ネアンデルタール人にまつわる当時の解釈がよく表れている。
(Wellcome Library, London; CC-BY-4.0)

ラ・シャペル＝オ＝サンの化石をもとにしたネアンデルタール人の復元模型。パリにあるデネス・スタジオのエリザベット・デネス作。(Sebastien Plailly/Science Source)

バート・ソウヤーがもう一つの進化史を創作した。現生人類ではなくネアンデルタール人が更新世に進化の「成功者」になったという筋書きだ。二〇〇二年から二〇〇三年にかけて出版されたネアンデルタール・パララックス三部作（『ホミニッド――原人』『ヒューマン――人類』『ハイブリッド――新種』）で、ソウヤーはこう問いかける。ホモ属（ヒト属）で現代まで生き残った種がホモ・サピエンス以外にもいたら？　その進化史で生き残ったのがネアンデルタール人だったとしたら？　過去三万年でネアンデルタール人が私たちヒトのような文化（「ヒト」に固有だと私たちが信じているもの）を築いたとしたら？　そして、最も刺激的なのが、ネアンデルタール人が私たちよりも「人間的」だとしたらどうなったか、という問いかけだ。

ソウヤーはこの三部作で、異なる二つの地球（私たちが思い浮かべる従来の地球と、ネアンデルタール人が二五万年前に優勢な人類となった地球）を設定した。このパラレルワールドでは、ネアンデルタール人ではなく、ヒト（グリクシン）が絶滅する。ネアンデルタール人の物理学者ポンター・ボディットがサドベリー・ニュートリノ観測所の素粒子物理学研究室に開いた入り口を通じて二つの地球を行き来できるようになってから、ネアンデルタール人の地球とヒトの地球が交錯するようになった。

現実世界の考古学と古人類学に話を戻すと、ネアンデルタール人はおよそ三万年前に絶滅したというのが、科学界で大多数の合意がとれた見解だ。絶滅の原因としては、気候変動や技術的に劣っていたという説から、ホモ・サピエンスが革命的な認知能力を獲得したためという説までさまざまな仮説があり、ソウヤーはそれらすべてを自身の思索による人類学に盛り込んでいる。ネアンデルタール人の絶滅に対する大半の説明は、ヒトには独創性があってネアンデルタール人にはなかったという点にある程度頼っている。しかし、ネアンデルタール人に関する最近の研究によって、こうした従来の見解を覆す手がかりが見つかってきた。イタリアやジブラルタル、ポルトガル、スペインで出土した化石の研究から、ネアンデルタール人は高度な行動、つまり、ホモ・サピエンスに固有と広く考えられてきた行動をとれる複雑な能力をもった人類であることがわかってきたのだ。

世界SF協会の権威あるヒューゴー賞を受賞した『ホミニッド――原人』では、ネアンデルタール人とヒトの異種間の関係を通じて、その交流と道徳的な意味が検証されている。細部や古人類学の研究に着目するソウヤーの姿勢は、ラ・シャペルの骨格化石の研究に着目したロニーと同じく、科学的な正当性を求める姿勢の表れだ。ソウヤーが描いた細部は、ロニーと同じように綿密な調査の産物であり、ストーリーに人類学的な正当性を与えるのに十分なものだ（小説の一つの仕掛けとして、ルイーズとメアリというヒトの主人公の名前も古人類学の歴史を意識したものであり、古人類学者のルイス・リーキーとメアリー・リーキーへの謝意を示唆している）。

＊　＊　＊

人類の進化に関する書物を開いて、ネアンデルタール人の歴史や重要性について目にしないことは、まったくないとはいわないまでも、ほとんどない。なにしろ化石人類としては初めて発見された種であり、それ以来一五〇年ものあいだ、彼らを一つのキャラクターや種、概念として考える枠組みを提供し続けているからだ。

ネアンデルタール人は進化の物語で「もう一方の人類」、つまり引き立て役や代役として描かれてきた。彼らを発見して解釈したヒトの文化の手軽な比較対象となったのだ。文学を専攻する学生ならわかるだろうが、引き立て役とは、別の登場人物と比較されることでそのキャラクターが際立つ役で、たいていは主人公を目立たせるために設定される。シャーロック・ホームズとワトスン博士。ドン・キホーテとサンチョ・パンサ。ジキル博士とハイド氏。とりわけ大きな効果を発揮する引き立て役はたいてい、いくつかの重要な特徴を通じて二人の違いを際立たせるようにつくられている。

非の打ちどころのない引き立て役をつくるには、ストーリーの主人公と何かしら共通点をもっていなければならない。二〇世紀の作家ウラジーミル・ナボコフは、シェイクスピアの『テンペスト』に登場するキャリバンとエアリエルが人間の両極端の特徴を描いた典型的な引き立て役と考えた。野蛮な奴隷のキャリバンはこう言う。「たしかにことばを教えてくれたな、おかげで／悪口の言いかたは覚えたぜ。疫病でくたばりやがれ、／おれにことばを教えた罰だ」。一方、空気の妖精であるエアリエルはこう言う。「ご主人様の命令には心から従い、妖精のつとめを／おとなしくつとめますから」[27]（小田島雄志訳『シェイクスピア文庫9　テンペスト』（白水社、一九七七年）より）。懇願するような口調のエアリエルに対し、キャリバンはほとんど怒鳴っているようで、文明人と野蛮人がうまく対比されている。シェイクスピアがこの戯曲を執筆してから四〇〇年経っても、キャリバンの野蛮なキャラクターは善かれ悪しかれ、ネアンデルタール人を理解する際に思い描くイメージとして今も通じる。これは、私たちヒトが人類進化の物語の主役であると考えて初めて思い浮かぶ考えだ（ソウヤーの三部作は、ネアンデルタール人とヒトのどちらが本当のキャリバンなのかを考えるよう読者に問いかける。言い換えれば、どちらが「より人間的」なのかということだ。三部作では、キャリバンとエアリエルの立場は逆転し、キャリバンのほうがヒトに人間になる方法を教える「賢い道化」となった）。

現在、ラ・シャペルの老人の骨格化石はパリにある国立自然史博物館に収蔵され、化石の写真は科学論文や博物館の人気の展示に登場する。過去一〇〇年で、ラ・シャペルの老人や同時期に見つかったネアンデルタール人の化石は、種としてのネアンデルタール人を定義するうえで激しい変化を受けてきた。私たちが抱く「人間らしさ」の概念が、「ネアンデルタール人らしさ」の概念に疑問を突きつけたのだ。ネアンデルタール人の調査や研究をめぐる変化は、考古学や古人類学、遺伝学、そして博物館学（ネアンデルタール人の展示方法）に表れてきた。化石が発見されてから今までのあいだに、ラ・シャペルの老人は「それ」ではなく「彼」と呼ばれるようになった。個性や気質、そして目的をもった存在となったのだ。

ラ・シャペルの老人（ラ・シャペル゠オ゠サン1号）の発見には、「人間だが人間でない」化石種とは何かを正しく理解するための独特な枠組みが必要だった。それは、変化のメカニズムとしての進化や、ネアンデルタール人を異なる種として認めることを単に受け入れる以上の行為であり、隠喩やアーキタイプといった、幅広い文化のなかで利用できる要素を必要とした。この枠組みをもたらしたのは、ほかの文化的な比喩やアナロジー、つまり文化と科学が区別なく交わることができ、ネアンデルタール人のような興味深い種に関する説明を提供するメカニズムだ。

ネアンデルタール人の発見にまつわる歴史はすでにさまざまな手法で繰り返し語られてきた。ネアンデルタール人を「ミッシング・リンク」と解釈してこの歴史を描く人も多いかもしれないが、文学など、ほかの多くの説明手法を見てみると、ネアンデルタール人がどのように文化に取り込まれて利用されたかがもっとよくわかる。確かに、発見された化石を説明するために、一九世紀の科学でアナロジーや隠喩が使われるようになったという考え方はありえなくもない。文学の登場人物や比喩を使った説明を探したはずだという考え方は、当時の科学がいかに文学に頼っていたかを示している。これはつまり、ネアンデルタール人を進化のメカニズムだけで説明するほかに、文化的にも理解しなければならなかったということだ。ラ・シャペルの骨格化石だけではネアンデルタール人の行動をすべて説明できないかもしれない。しかし、ラ・シャペルの骨格化石に対する従来の解釈は、科学論文や大衆向けのメディアでネアンデルタール人について説明する際に、必然的に取り扱われることになる。

興味深いことに、ラ・シャペルの老人の名声は、科学や歴史、さらには風刺画が入り混じった形でもたらされている。ホモ・サピエンスにとっての系統学上の引き立て役だ。「善かれ悪しかれ、私たちはネアンデルタール人と比較することで自分自身を見ている」と考古学者のジュリアン・リエル＝サルヴァトーレ博士は述べている。「私たちは自分がどれだけ傑出した存在かを知りたいのだが、最近の研究ではホモ・サピエンスとの直接比較という問題を避けているようだ。もっと多様な側面を踏まえてネアンデルタール人を理解する方向に動いている。ネアンデルタール人の絶滅に対する説明としては、ヒトとネアンデルタール人の交流に関するエセ生物学の説明だけではない仮説、つまり厳密な生物学にもとづいた決定論の立場をとる仮説が登場している[28]」

今やラ・シャペルの老人は、その研究成果（骨格化石と純粋に科学的な証拠）を超えた存在となった。化石の発見以降、ラ・シャペルの老人は人類の進化史において影響力をもつキャラクターとなった。まるで一家の長老のように、人類進化のストーリーを取り仕切っている。ラ・シャペルの老人は古人類学で最初に広く知られた化石であり、今後も科学と一般大衆のイメージとのあいだを行き来し続ける。

第2章　ピルトダウン人——化石なき名前

ピルトダウン人の頭骨の模型を抱えたチャールズ・ドーソン。1914年頃。
（The Trustees of the Natural History Museum, London. 許諾を得て掲載）

一九一二年二月一四日、化石や遺物のコレクターとして知られる事務弁護士のチャールズ・ドーソンが、住んでいたイングランド南部のルイスにほど近い小村、ピルトダウンのバーカム・マナー（荘園）付近で骨の化石が混じった礫層を見かけ、何か奇妙な特徴に気づいた。その地層に心引かれたドーソンは、友人で研究仲間のアーサー・スミス・ウッドワードに発見を知らせる手紙を書いた。ウッドワードはロンドンにある大英自然史博物館（現在のロンドン自然史博物館）の地質学部門を取り仕切る人物だ。

「とても古い更新世（？）の地層を見つけた。アックフィールドとクロウバラのあいだにあって、ヘイスティングズ層の上位にある地層で、何か興味深いものがありそうだ」。その翌日の手紙で、ドーソンはスミス・ウッドワードにこう伝えている。「鉄の色が付いたフリント〔火打ち石〕がたくさん含まれているから、ウィールド地方では知られているなかで最古のフリントの礫層だろう。人間（？）の頭骨の一部が含まれている（と思う）。破片を集めればH・ハイデルベルゲンシスに匹敵するんじゃないか」[1]

ドーソンは『ヘイスティングズ城の歴史』という全二巻の書物の著者で、化石や遺物に目がないとみずから認めていた。ロンドン考古協会とロンドン地質学会のフェロー（会員）でもあり、何年も前から地元のルイス一帯で化石を集めてはスミス・ウッドワードや大英自然史博物館に送っていた。だが、その二月の手紙に書かれていた、フリントでできた遺物と人間の頭骨の一部を発見したという知らせには、それまでとは違う好奇心をかき立てる要素があった。イングランドではアマチュアやプロのコレクターによって何十年も前から旧石器時代の遺物が発見されていたのだが、そうした遺物がホモ・サピエンスよりも古い異なる種の骨とともに発見されたことはそれまでなかったのだ。

ドーソンが手紙で触れていたH・ハイデルベルゲンシスとは、ドイツのハイデルベルクで一九〇七年に発見された人間の顎に似た化石だ。この発見でヨーロッパにおける人類の年代はさらに古くなった。のちに「マウアーの下顎骨」と呼ばれるようになるこの化石は、スミス・ウッドワードやドーソンのように、ヨーロッパにおけるホモ・サピエンスの歴史の古さに関心をもつ研究者にとって重要だった。この化石への言及を目にすると、予想どおりスミス・ウッドワードは興味を示した。更新世の古い人類が発見されたという話は、古代への関心が高いイギリスの知識人にとってもまったくの初耳だった。もちろんイギリスでも古い人類がいた証拠は見つかっていたが、その年代は地質学的には新しい完新世で、更新世にさかのぼる人類化石の発見例はそれまでなかったのだ。だからスミス・ウッドワードはこの化石に並々ならぬ興味を示し、バーカム・マナーの礫層を精査すべく、発掘調査の計画を立て始めたのだった。

二〇世紀初頭は古生物学にまつわる発見が相次いだ刺激的な時代で、研究者もそれ以外の人々も発見された化石に想像力をかき立てられた。スミス・ウッドワードに宛てた最初の手紙に、ドーソンはこうも書いている。「そう、コナン・ドイルはジュール・ヴェルヌのような本を書いている。

南米の不思議な高原が舞台で、『ウーライト』の時代にどういうわけか周囲から隔絶されてしまった湖があり、そこには当時の古い動植物の化石があって、奇妙な『教授』がやってくるんだ。誰かが化石を分類してあげたらいいのに！」[2]余談はさておき、イーストサセックス近郊のピルトダウンで非常に古い更新世の地層から出土した人類の頭骨の一部が、人類進化の研究史において最も有名な（あるいは悪名高い）発見になろうとは、ドーソンもスミス・ウッドワードも夢にも思わなかっただろう。それから一〇〇年のあいだに、何の変哲もない礫層から生まれたピルトダウンの伝説や謎は大事件へと発展してゆく。

＊　＊　＊

一九一二年、ピルトダウンでのドーソンの発見が古人類学界で議論されるようになると、きわめて興味深い特徴が浮かび上がってきた。まず、化石の解剖学的な特徴がいささか謎めいていた。骨どうしを組み合わせると、下顎は類人猿のようで、頭骨はヒトに似ていて、まさに類人猿とヒトをつなぐ「ミッシング・リンク」である可能性を示唆していた。頭骨の形や特徴はヒトの特徴である「大きな脳」がはっきり表れているように見え、ヒトが進化史のきわめて早い段階で複雑な思考の能力を獲得したことを示唆している。こうした特徴から、この化石はヒトが霊長類の進化における最終到達点であるという一直線の進化の歴史に信頼性、もっといえば正当性を与えることになった。ピルトダウンの化石は断片化されているとはいえ、ホモ・サピエンスの歴史の古さを物語る進化のストーリーをきわめてすっきりともたらしてくれた。

だが、そういった期待に反して、ピルトダウンの化石は実際には人類の祖先のものではなかった。しかも、本物の化石でさえなく、偽物であることが一九五〇年代前半に判明したのだ。それはきわめて巧妙に捏造された化石で、かなり新しい人間の頭骨と、オランウータンの骨、チンパンジーの歯を組み合わせ、かつ実際よりもはるかに古く見せかける細工がなされていた。人類の進化を探る二〇世紀初頭の研究にとって、ピルトダウンの化石は人類の祖先の系統を整理するうえで重要な証拠の一つだった。しかし、二〇世紀半ばになると、ピルトダウン人の化石は社会的な「決定実験」の対象となった。この標本が人類の祖先の化石だという長年の考えに異議を唱える新しい技術や方法論を使う実験台となったのだ。発見から一〇〇年以上経った今、ピルトダウンの化石は依然として謎を残しつつも、学説に当てはめるために事実を曲げてはならないという教訓となっている[3]。

ピルトダウン人は結果的に古人類学で最も研究されながら最も多くの謎を残している化石の一つで、四〇年にわたって人類とその系統を解釈するうえで一つの基準となっていた。その背景と過程とはどんなものか？　「人間（？）の頭骨の一部……破片を集めればH・ハイデルベルゲンシスに匹敵するんじゃないか」と書かれた化石が、どのようにして科学界や社会で解明されるべき問題へと変わってしまったのか？　この問題だらけの化石が今でも科学界にとどまる驚くべき力をもっているのはなぜなのか？

二〇世紀に入って一〇年ほどは、まだ生まれたばかりの学術分野だった古人類学には、その科学が拠り所にできる貴重な化石がほとんどなかった。ラ・シャペルの老人など、フランスで出土したネアンデルタール人の化石数点、ドイツで出土したホモ・ハイデルベルゲンシスの顎のほか、ヨーロッパでは古人類の骨格の一部がいくつか発見されていた。その他はオーストラリアで出土した頭骨と、こまごまとした破片が数点あるだけだった。当時、とりわけ話題になっていたのは、オランダの解剖学者ウジェーヌ・デュボアが一八九一年にインドネシアのトリニールで発見し、ピテカントロプス・エレクトス（*Pithecanthropus erectus*）と命名したジャワ原人の化石だ。この化石はその後数十年、古人類に詳しい知識人のあいだで主要な興味の対象となった。

二〇世紀初めまでにはイギリスでも旧石器時代の石器が数多く発見されていたが、初期のホモ・サピエンスが地質学的に古い年代に存在していたことを示す、人類の祖先とみられる骨格化石はイギリスではまったく見つかっていなかった。初期人類がいた証拠になる石器などが出土しているのなら、それにふさわしい（地質学的に古い更新世の）骨格化石がいっしょに見つかるのは時間の問題ではないか、という理屈もあったものの、当時の科学界は依然としてこんな疑問に直面していた。まだ見ぬ「初期人類」の骨格はいったいイギリスのどこに眠っているのか？

＊　＊　＊

ピルトダウンでの発見と一九一二年二月の手紙のあと、その化石と出土地点は研究者が入念に研究できるように、詮索好きのメディアの目から厳重に守られた。その後、ピルトダウンでの発見に関する公式の報告が同年の「ロンドン地質学会季刊誌」に発表され、そのなかでドーソンは、ピルトダウンの発掘現場に一九一二年よりはるか前から着目していたとほのめかしている。

何年か前、フレッチング（サセックス）のピルトダウン・コモン付近の農道を歩いていたとき、この地域ではあまり見かけない奇妙な茶色のフリントで道が補修されているのに気づいた……その後何度か採掘場に足を運んだが、あるとき一人の男性から、異常に分厚い人間の頭頂骨のかけらを手渡された……

そして数年後の一九一一年秋に現場を訪れたとき、砂利採掘場の雨ざらしになっていた残土の山で、同じ頭骨の前頭部の大きなかけらを発見した。左の眼窩上隆起の一部もあった……その後、骨の比較と同定のために大英自然史博物館のA・スミス・ウッドワード博士のところに骨を持っていくと、博士はすぐにこの発見の重要性に目を見張り、私たちは作業員を雇って残土の山や砂利を系統的に調査することに決めた。採掘場は一年のうち五カ月か六カ月は水に漬かっているので、水が引きしだいすぐに調査に取りかかった。このあいだの春（一九一二年）から可能な限り時間を割き、残っていた残土という残土を掘り返してふるいにかける作業を終えた。さらに、採掘されずに残っていた砂利も同じように掘削してふるいにかけた(4)。

化石の発見に関するこの報告は一九一二年一二月一八日のロンドン地質学会の会合で朗読された。しかし、この会合を取材したさまざまな新聞が、ドーソンが最初に頭骨のかけらを手渡された時期を「四年前」と報じ、化石の「発見」を一九〇八年としている。

ひょっとしたらさらに驚くべきなのは、ピルトダウンで見つかった頭骨のかけらは採掘場の作業員が誤って壊して捨てたのだと、ドーソンが言い張っていることかもしれない。その作業員は頭骨のかけらが割れた「ココナッツ」みたいに見えたと言っていたという（地質学会の季刊誌に掲載された論文の中で彼が執筆した部分に付された原注から、ピルトダウンにまつわるこの「ココナッツ」の話の根拠となる記録が垣間見える）。論文中の「発見の概略」という見出しのあとに、ドーソンはこう書いている。「人類の頭骨は作業員によって発見され、破壊された。したがって、その後に残土と礫層下部で実施した発掘では作業員による介入はない」[5]。実際のところ、新聞に載った「ココナッツ」の話は二種類ある。一つ目は、ドーソンが最初に破損した頭骨の破片の一つを手渡され、その後、捨てられたほかの破片を見つけ出したというもの。二つ目は、ココナッツのような頭骨の破片がすべて捨てられ、そのあとにドーソンが破片を回収したという話だ[6]。

化石の発見の状況がどちらにしても、ドーソンからの手紙を受け取ったスミス・ウッドワードは現場訪問に応じ、発掘と公式調査を始める価値があると考えた。最初の発掘調査は、信頼の置ける数人の仲間たちが週末に集まって一九一二年のひと夏をかけて終えた（スミス・ウッドワードの妻レディ・モードがのちに回想したところによれば、ドーソンとスミス・ウッドワードがみずから費用を負担したという）。スミス・ウッドワードはロンドンから足を運び、妻とともにアックフィールドの鉄道駅に近いホテルや、ルイスにあるドーソンの自宅に泊まった。

スミス・ウッドワードは回想録『最古のイギリス人』で、この一九一二年の発掘調査にまつわる愉快な騒動をこう書いている。「地主も農民もバーカム・マナーの砂利採掘場を調査する許可を、詳しい目的を知らないままドーソン氏に与えた。ドーソンは採掘場で見つかる茶色のフリントに興味があるとだけ伝えていた。最初の週に私たち全員が熱心に砂利を掘って選り分けていたので、近所の人々の興味や好奇心が一気に高まった」[7]。敷地に通じる道路の周りで男たちの一団が何やら探し回って邸宅での暮らしが乱される——イギリスのテレビドラマ『ダウントン・アビー』を思い浮かべた読者もいるだろう。「警察が呼ばれた」とスミス・ウッドワードは回想している。「次の月曜の朝、アックフィールドにあるドーソン氏の事務所（彼は町の書記官をしている）に地元の巡査が現れ、お知らせしたいことがありますと告げた。こうした場面ではよくあるように、ドーソン氏は巡査を中に入れたのだが、そのあと聞いた話に驚いた。『ロンドンから来た二人を含む三人の身なりのよい紳士が、バーカムの採掘場でやたらと熱心に砂利を掘り返していたが、その目的を誰も知らなかった』という。ドーソン氏がどれだけきまり悪かったかは想像に難くないが、彼は落ち着いたまま静かに巡査に説明した。その近くで興味深いフリントが見つかったので、その紳士たちはそうしたフリントを探しているだけで悪意はないのではないでしょうか、と」[8]

一九一二年春のスミス・ウッドワードとドーソンの最初の発掘隊には、フランスのイエズス会士で自然史博物館の著名な先史学者でもある哲学者ピエール・テイヤール・ド・シャルダンが参加していた。一九一二年五月一八日付の手紙で、テイヤールはバーカム・マナーでの作業についてこう書いている。「伝え忘れていたが、先日［一九一二年四月二〇日］にドーソンがやってきたとき、厳重に梱包された大きな箱を持ってきた。その中から彼が興奮気味に取り出したのは、三分の一ほどしか残っていない頭骨だ。アックフィールドの沖積層（ウィールド層の上位の層）で昨年までに見つけた『ホモ・レウェンシス』のものだという。頭骨は当然ながらきわめて興味深く、深いチョコレート色を帯びている。とりわけ目を見張るのは骨の分厚さだ（最も薄い箇所でも一センチほどはあった)。残念ながら、眼窩や顎といった特徴的な部分はなかったのだが[9]」

一九一二年の発掘調査を通じて、ドーソンとスミス・ウッドワード、テイヤールは骨格や哺乳類の化石、道具の遺物を発掘した。頭骨の破片が七点、二本の臼歯が付いたままの顎の右半分、何種類かの化石動物の骨、そして石器だ。ドーソンが一九〇八年に最初にバーカム・マナーで発見してから一九一二年までのあいだに出土したのは、合計で頭骨と下顎の破片が一〇点、動物(主に古代のカバ、マストドン、ウマ)の骨が一〇点、旧石器時代の削器や錐、その他の石器に分類される遺物が一二点である。[10]ピルトダウンの頭骨は、ほかの人類化石が同じ地点で見つかっていない点、そして同じ地域にピルトダウンのような場所がないといった点で単発的な発見ではあるのだが、その頭骨と顎はマストドンの臼歯や旧石器時代の道具とともに発見されている。ピルトダウン人には石器から得られる考古学的なコンテクストと信憑性があった。

一九一二年から一九一三年にかけての発掘調査のために、スミス・ウッドワードはジョン・フリスビーという地元の写真家を雇って、発掘の現場や作業の様子を撮影させたほか、ピルトダウンの化石を手にしたドーソンのいくぶんかしこまったポートレートも撮った。フリスビーが撮った写真には、現場で発掘しているスミス・ウッドワードとドーソンが、たいていは無名の作業員たちとともに写っている(なかでもよく知られているのは、「ガチョウのチッパー」が左下で得意げにポーズをとっている写真)。写真家を雇って現場を記録させていることから、発掘隊にとってピルトダウンの現場がいかに大事だったかがわかる。

ピルトダウン人のストーリーの中心となるのは、ピルトダウンの発掘現場そのものだ。化石が発見されてからしばらくのあいだ、古人類に詳しい知識人がピルトダウン人とほかの化石人類の進化上の関係についてあれこれ議論する際に、ピルトダウンの採掘場は教科書のような役割を果たし、解釈や再確認の対象となった。ピルトダウンの発掘現場は人類の進化を研究する人々が拠点とする大都市に比較的近いこともあって（ジャワ島や南アフリカ、さらにはフランスの田園地帯に位置する化石人類の出土地点とは異なって）、研究者が実際に訪れて理解できる場所だったのだ。自分の目で見られる場所で、かつ有名な研究者が報告書と写真を提供していたために、この化石の当初の発見は特別な正当性を帯びることになった。発掘現場の存在で化石は本物とされ、そこに疑義をはさむことは難しくなった。発掘現場の写真もまた社会的な正当性を揺るぎないものにした。

ピルトダウンの初期の時代を撮ったフリスビーの写真のなかでもとりわけ印象深いのが、ドーソンのポートレートだ。後年絵はがきに使われたこの写真で、ドーソンはジャケットとベスト、懐中時計を身につけ、椅子に座っている。何点かの化石が置かれたテーブルの前で、ドーソンは左手にピルトダウン人の頭骨の模型を持ち、右手に持った頭骨の破片をじっと見つめている。背後にある本棚のガラス扉には木々が写っている。写真のドーソンはどこから見ても、古代の化石に魅せられたまともな化石収集家だ（その後一九一六年に死去）。写真からは興味深いストーリーの一部も浮かび上がってくる。この化石はもともとばらばらで、のちにこの人物の手によって復元されたに違いないということだ。ドーソンはみずからの手でこの化石のストーリーにまつわるそれぞれの「ステージ」を組み立てている。判別しがたい化石のかけらから、はっきりと判別できる祖先の化石を復元しようと取り組んでいるのが、この写真から感じられる。

＊　＊　＊

スミス・ウッドワードとドーソンが（化石を詳しく調べる時間を稼ぐために）発掘調査を極秘裏に進め、大発見を表に出さないように腐心していたとはいえ、一九一二年九月後半までには、ピルトダウンで「驚くべき頭骨」が見つかったとの噂がイギリスのメディアで伝えられるようになっていた。一一月半ばには国営メディアもこの話題を報じるようになり、二人はロンドン地質学会で公式に化石を披露する準備を始めた。

一九一二年一二月一八日水曜日の夜、地質学会にはピルトダウンの化石を生で見られるのではないかと期待する人々が詰めかけた。頭蓋は九点の破片から復元した四つの大きな部分で構成されていた。化石に加え、スミス・ウッドワードは顔や頭蓋、顎で見つかっていない部分を補って復元した頭骨の最初の模型も披露した。地質学会での発表の席で、スミス・ウッドワードとドーソンは化石にエオアントロプス・ドーソニ（*Eoanthropus dawsoni*）という学名を付けたことも報告した。「ドーソンの夜明けの人」という意味で、発見者に敬意を表した命名だ。スミス・ウッドワードをはじめ、考古学の名誉教授であるウィリアム・ボイド・ドーキンズや大英自然史博物館の関係者など、多くの出席者がピルトダウンの化石に並々ならぬ興味を示した。大きな脳をもつ者が生き長らえるという、当時流行していた学説にぴったりと当てはまる化石だからだ。

スミス・ウッドワードは、この発見が人類進化という鎖のミッシング・リンクにあたると主張した。大きな脳をもった人類の祖先として復元できる化石は、ホモ・サピエンスの文化が長きにわた

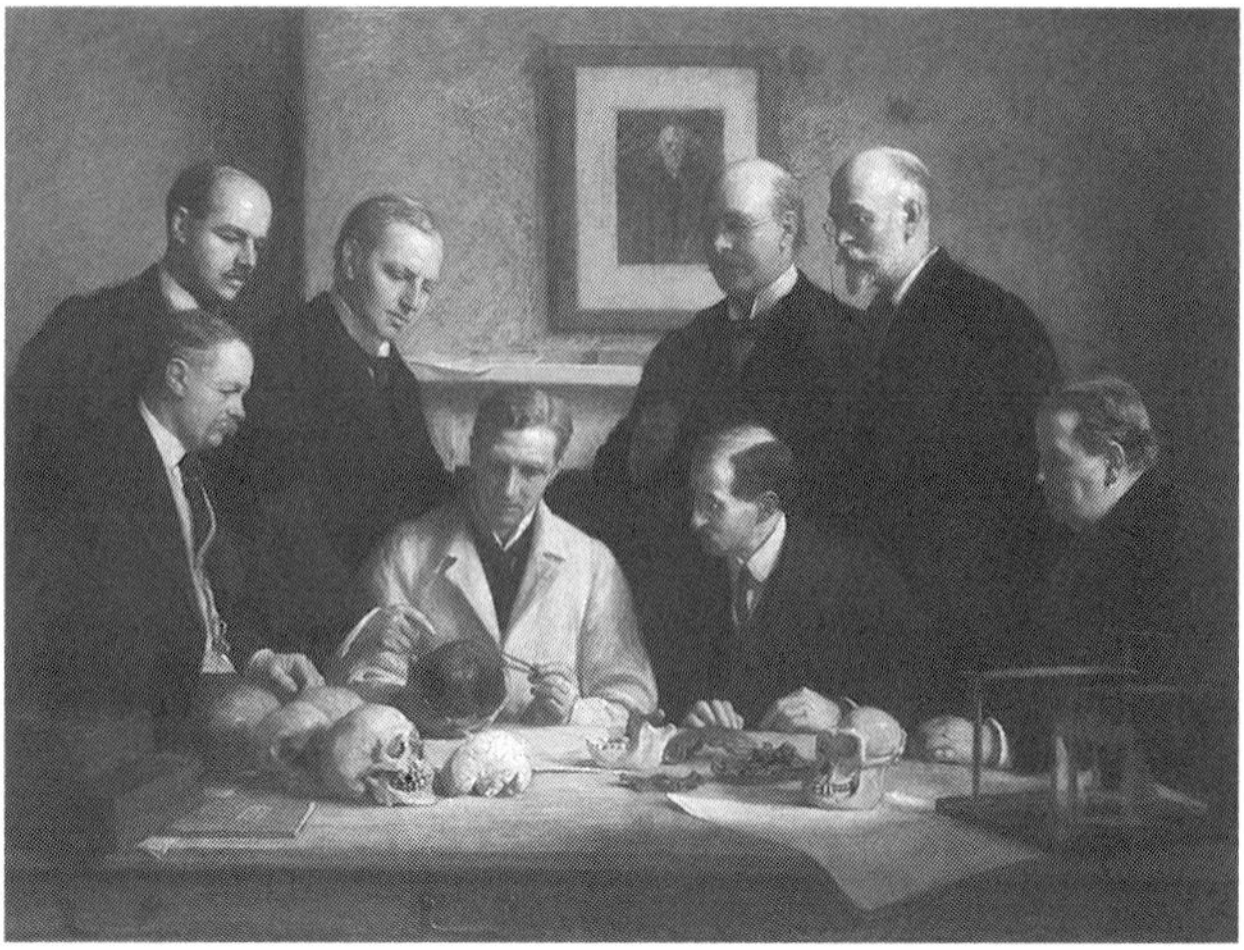
「ピルトダウンの頭骨を調べる人たち」（1915年、ジョン・クック作）。後列：F・O・バーロー、G・エリオット・スミス、チャールズ・ドーソン、アーサー・スミス・ウッドワード。前列：A・S・アンダーウッド、アーサー・キース、W・P・パイクラフト、レイ・ランケスター。背景に見える肖像画はチャールズ・ダーウィン。

って重要であり続けていたことの証拠だというのだ（大きな脳は言語や象徴の使用といった人間の複雑な文化に欠かせないとの前提がある）。このように解釈したのはスミス・ウッドワードだけではなかった。ピルトダウンの化石は古人類学界に受け入れられ、その後発見された多くの化石（一九二四年に南アフリカで見つかったタウング・チャイルドなど）は、ピルトダウンの多大な影響力を前に無視された。アメリカの著名な古生物学者ヘンリー・フェアフィールド・オズボーン（当時アメリカ自然史博物館の館長）でさえも、ピルトダウンの頭骨と顎は学説にぴったり当てはまる魅力的な標本だと述べている。つまるところ、ピルトダウンの化石は人類の進化に対して、わかりやすい物語とそれを裏づける証拠を提供したのだ。とはいえ、一九一二年の一般公開を経てもなお、ピルトダウンの化石が古い地質年代にさかのぼる一つの個体の標本として異論なく完全に受け入れられたというには、まだほど遠かった。

＊　＊　＊

ピルトダウンでの二回目の発掘調査は一回目のように秘密裏に行われることはなかった。このため一九一三年には、ピルトダウンの現場は地質学会に加入している愛好家をはじめ、来訪者であふれ返った。実際のところ、研究者にとっても一般庶民にとっても、ピルトダウンの現場を訪れるのは休日にちょっとした旅行に行くようなものだった。このときの写真を見ると、エドワード七世時代風の華麗な衣装に身を包んだ紳士淑女が現場をうろうろ歩き回ったり、ピクニックしたり、発掘調査の様子を眺めたりしている。

一八八〇年の名著『イギリスの初期人類』を著した考古学者のウィリアム・ボイド・ドーキンズは、スミス・ウッドワードとドーソンがピルトダウンの化石に対して提唱した最初の解釈を受け入れた。一九一五年の「地質学雑誌」でこのように書いている。「イギリスと大陸に人類が出現したのは、第三紀の哺乳類の進化に関する研究から予想される時代――現存する真獣類の哺乳動物が豊富に生息していた更新世初期である。現生種がほとんど存在していなかった鮮新世に出現した可能性もある。それより古い時代――中新世、漸新世、始新世――には中間型の形態をもった祖先しかいなかっただろう(11)」

古人類に詳しい二〇世紀初めの知識人のあいだでとりわけ大きな議論になっていたのは、「人間らしい」特徴がどのように進化していったか、そして、それらの特徴が化石記録に出現する順序だった。なかでも、脳の発達が直立二足歩行の発達よりも先だったのかどうかという問題が、古人類の研究で大きな割合を占めていた。ピルトダウンの化石はそうした主要な問題のすべてについて論拠となる材料を提供しているように見え、大きな脳の発達が先だったことの証拠としてもてはやされた。

一部に中傷する声はあったものの、ピルトダウンの化石は一九一五年には古人類学界で確固たる地位を築いていた。科学界での地位はあまりにも揺るぎなかったため、人類の進化に関する理論や仮説を提唱する際には、支持する（多数派）にしても中傷する（少数派）にしても必ずピルトダウンの化石に触れざるをえなかった。ヘンリー・フェアフィールド・オズボーンは一九二五年版の『旧石器時代の人類』で、ピルトダウン人についてこう述べている。「頭の形と脳の大きさは知られているなかでは最も古いタイプの人類である。解剖学的な特徴に加えて、その地質年代の古さもきわめて興味深く、十二分に検討するに値する[12]」

化石の発表後、さまざまな科学分野の学界が数十年にわたってピルトダウン人を地質学と解剖学の両面から詳しく議論することになる。その一方で、この化石は新聞記事で次々に報道されたために大きく注目され、化石の模型や芸術家による復元模型の効果も手伝って、まもなく初期人類に関する博物館の展示の目玉となった。フランスのラ・シャペルなど、ヨーロッパのほかの旧石器時代の現場とは異なり、化石の出土地点をみずから調べたいイギリスの研究者にとって、ピルトダウンは比較的訪れやすい場所だった。バーカム・マナーはロンドンから列車一本で行けるからだ。

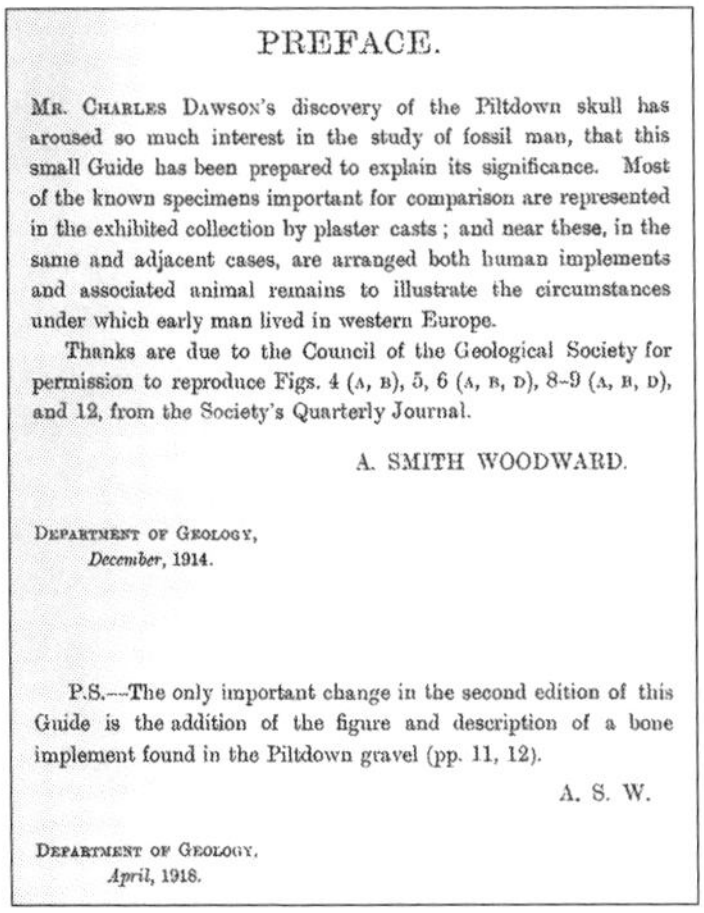
PREFACE.

Mr. Charles Dawson's discovery of the Piltdown skull has aroused so much interest in the study of fossil man, that this small Guide has been prepared to explain its significance. Most of the known specimens important for comparison are represented in the exhibited collection by plaster casts; and near these, in the same and adjacent cases, are arranged both human implements and associated animal remains to illustrate the circumstances under which early man lived in western Europe.

Thanks are due to the Council of the Geological Society for permission to reproduce Figs. 4 (a, b), 5, 6 (a, b, d), 8-9 (a, b, d), and 12, from the Society's Quarterly Journal.

A. SMITH WOODWARD.

Department of Geology,
December, 1914.

P.S.—The only important change in the second edition of this Guide is the addition of the figure and description of a bone implement found in the Piltdown gravel (pp. 11, 12).

A. S. W.

Department of Geology,
April, 1918.

大英自然史博物館（現在のロンドン自然史博物館）の地質部門が1918年に来館者向けに発行した小冊子『人類化石ガイド』の序文。

大英自然史博物館が一九一八年に発行した『人類化石ガイド』は、来館者に向けてピルトダウン人を解説するためだけのものだった。「図2（11ページ）に示した骨製の道具がピルトダウン人によって作られたことがわかれば、この化石の年代が遅くとも更新世前期であることは証明される。この道具の材料になっているのは、鮮新世後期から更新世前期にかけてヨーロッパに生息した巨大なゾウ（*Elephas meridionalis* や *Elephas antiquus* など）の大腿骨の中間部だからである」[13]。発見地のピルトダウンにまつわる騒動や、博物館での展示の様子から、この化石が社会で名をなす過程には人々が大きな役割を果たしていたことがわかる。

ピルトダウンの化石を初めて発表するにあたり、サー・アーサー・スミス・ウッドワードとサー・アーサー・キースはそれぞれ化石の模型を制作したが、その二つにはピルトダウン人の頭骨の解剖学的な特徴に対する解釈の微妙な違いが表れている。一九一三年の発掘調査で頭骨の破片がさらに発見されると、科学界ではキースよりもスミス・ウッドワードの復元を支持する見方が強まり、スミス・ウッドワードが提唱したアーチ状の頭骨説が信頼されるようになった(現在でも教材や史料として使われているピルトダウン人の化石の模型は、スミス・ウッドワードの復元にもとづいている)。興味深いのは、ピルトダウンの化石そのものではなく模型を調べた研究者のなかに疑問を感じる人がいて、模型が科学界でいくつかの問題を引き起こしていたことだ。スミソニアンの科学者ゲリット・スミス・ミラー・ジュニアは、一九一五年にピルトダウンの化石を調べたとき、研究に模型を使わなければならないことに不満をもらしていた。模型だけを見る限り、頭骨の破片と顎骨を同一の個体のものとするにはあまりにもかけ離れていると、ミラーは結論づけた。ミラーは頭骨を人間のものと推定し、顎骨は絶滅したチンパンジーの一種のものであると考え、そのチンパンジーに*Pan vertus*という学名をみずから提案した。

とはいえ、一般の人々のほとんどは化石の模型を必ずしも見たわけではなく、絵や博物館の展示を通してピルトダウン人を目にした。ピルトダウン人のスケッチを見るのはそれほど難しくなかった。この化石に言及したどの新聞記事も、ピルトダウン人の顔を描いた絵を何かしら添えているような状況だったからだ。なかでも、二〇世紀初めの古生物復元の分野や博物館を席巻するようになったのは、ベルギーの博物館で保存管理者を務めていたエメ・ルトによる復元模型だった。それは先史時代の人類を再現した一連の胸像の一つで、一九一〇年代にベルギーで制作され、一九二〇年代を通じて複製や写真の形で広く知られるようになり、一般の人々が最もよく目にしたピルトダウン人の顔となった[14]。

ルトの復元模型がピルトダウン人に対する一般の人々の認知度をさらに高めた出来事があった。キーストーン・ヴュー・カンパニーが、生物学の教材として使う立体鏡用のカードにピルトダウン人を収録したのだ。「進化、初期人類ピルトダウン人」と題されたこのカードは、ピルトダウン人

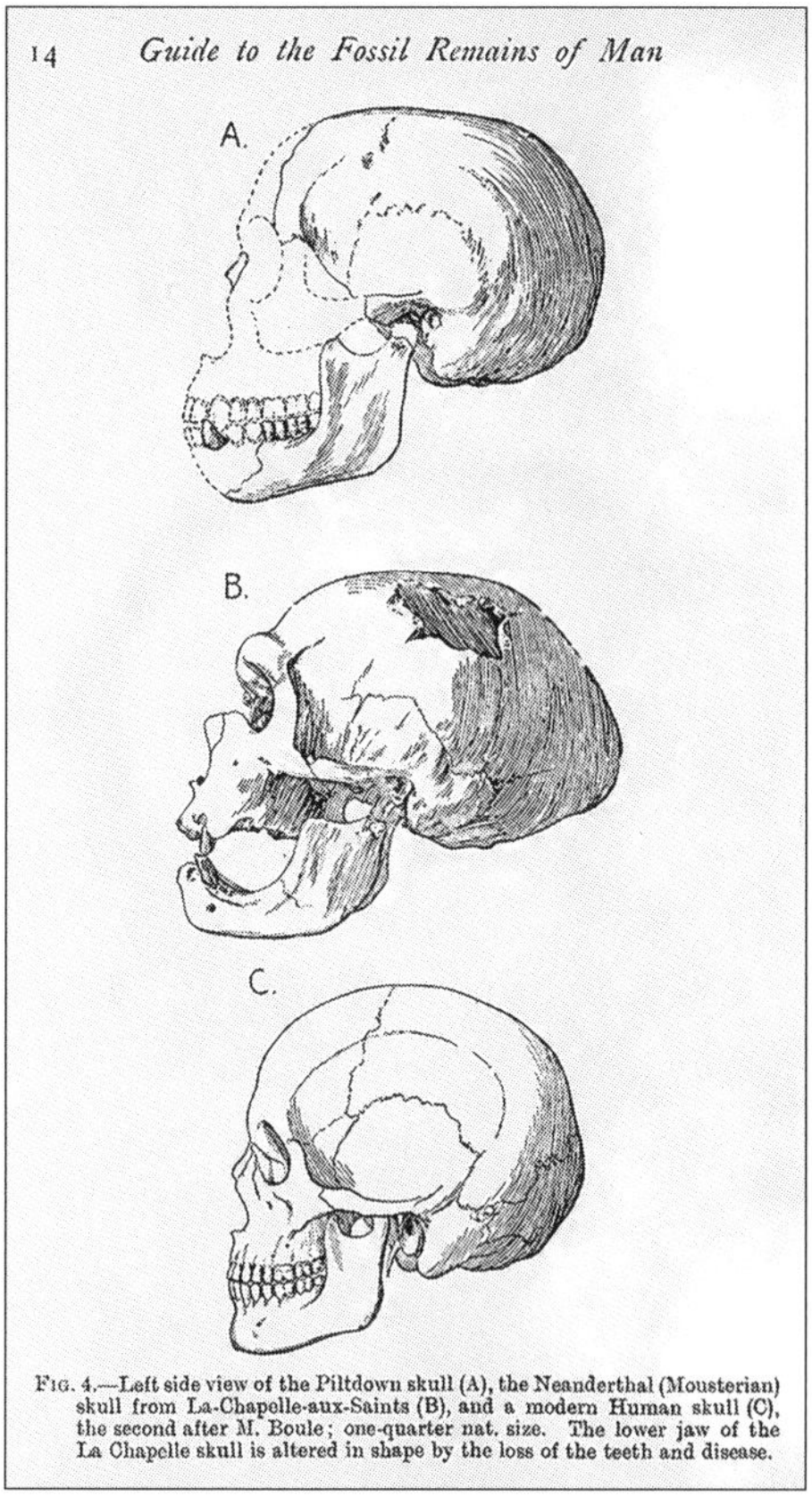

ラ・シャペル＝オ＝サンのネアンデルタール人、ピルトダウン人、現代のホモ・サピエンスの比較。大英自然史博物館の地質部門が1918年に発行した『人類化石ガイド』より。

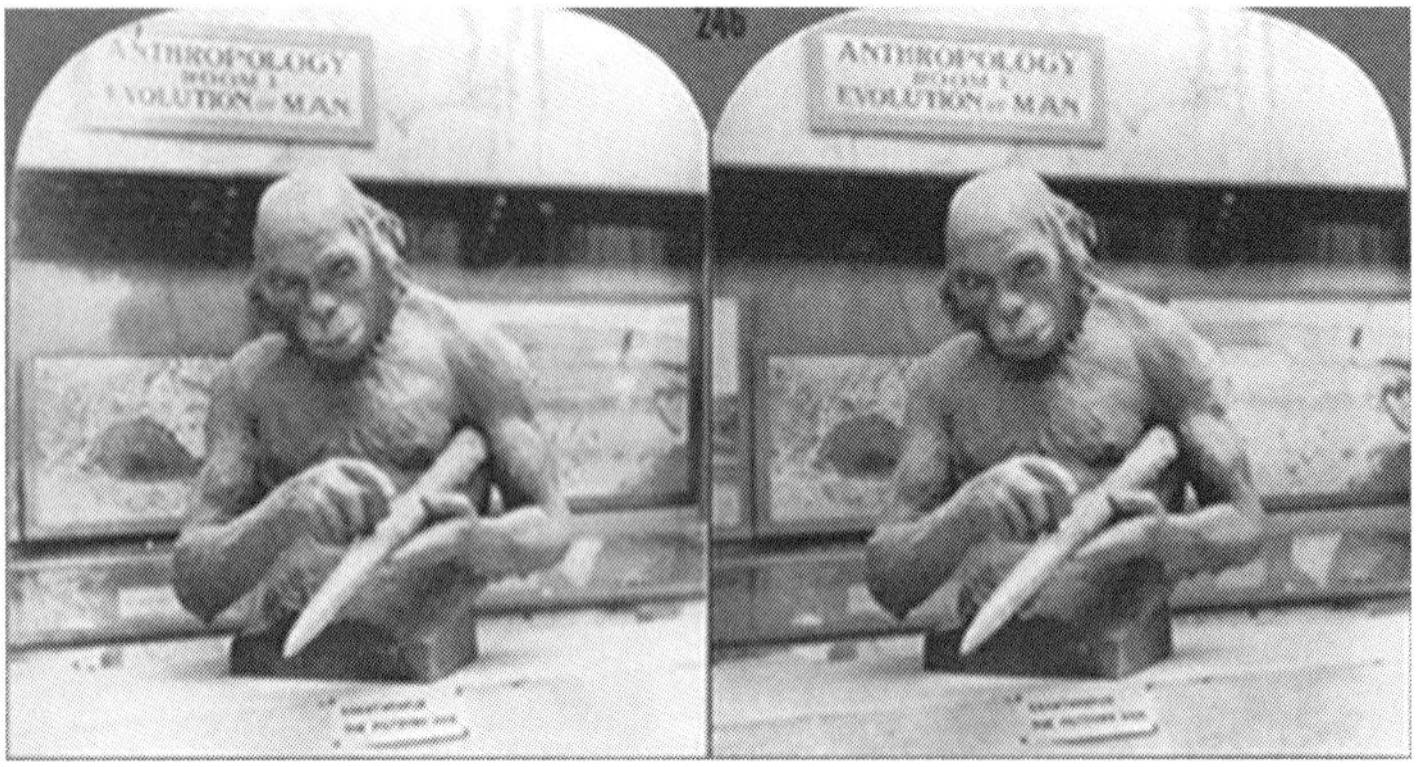

キーストーン・ヴュー・カンパニーが立体鏡用に制作した、ピルトダウン人の復元模型の画像。
当時の人々はこうやってピルトダウン人の展示を見ることもできた。

の化石を一般の人々に直接届ける役割を二つの面で果たした。一つはルトの復元模型が化石に顔を与えていること。そしてもう一つは、この立体鏡用カードによって、わかりやすさが増したことだ。立体鏡を使ったり、画像を解釈したりするのに科学知識は必要ない。ピルトダウン人の標本は研究や撮影、スケッチができ、その化石の模型は科学や教育、博物館の世界を通じて広まった。こうして化石の模型に対する信頼性（さらには正当性）のような感覚が生まれていった。

＊　＊　＊

イギリスが主導したイギリス中心の人類進化の見方にとって、ピルトダウン人は完璧な証拠であるように見えたものの、化石には多くの研究者が首をかしげるような点がいくつかあった。特徴を最もよく表す部分が化石から都合よく欠けていることを懸念する者もいれば、化石が出土した礫層の年代が本当に更新世ほど古いのかどうかを気にしている者もいた。

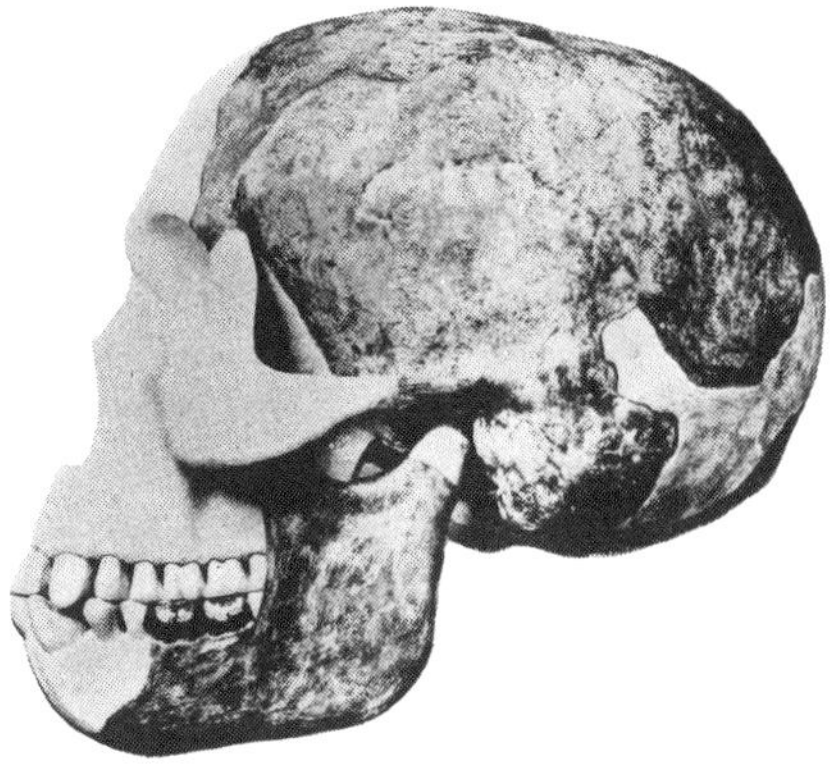

ピルトダウン人の頭骨。白くなめらかな部分は復元箇所で、濃い茶色の部分はピルトダウンの化石の模型だ。(Wellcome Library, London)

一九一二年一二月の最初の会合のときも、ピルトダウンの化石に対する科学界の反応はさまざまだった。著名な解剖学者であるアーサー・キースやグラフトン・エリオット・スミス、考古学者のウィリアム・ボイド・ドーキンズを含めた討論参加者から、二つの大きな問題がすぐに提起された。一つは頭骨と顎骨の関係に対する懸念（出土した骨の破片が同じ種、さらには同じ個体のものかどうか）。もう一つは、化石の年代について意見が割れたことだ（比較的新しい完新世なのか、それとも更新世か）。礫層とその周辺の堆積物が比較的古い地質時代（鮮新世や更新世）のものであることが確実ならば、そうした堆積物から出土した化石をその地質年代と関連づけるのは理にかなっている。つまり、ピルトダウン人は正当な化石であり、人類の系統のなかで一、二を争う古さをもっているということだ。ただ実際のところ、解剖学者のグラフトン・エリオット・スミスが述べているように、「類人猿に似た独特な形質を示す未知の更新世前期の人類の

（顎骨のない）頭骨が、類人猿ではこれまで知られていない人間の特徴を示す同じく未知の更新世の類人猿の（頭骨のない）顎骨と並んで同じ礫層に堆積するという離れ技を自然が演じた[15]」と想定する根拠はあるのだろうか。

ジョン・リーダーは有名な著作『ミッシング・リンク』にこう書いている。「ピルトダウンの顎骨と頭骨を関連づけることに疑問を呈する専門家もいた……しかし、ピルトダウンの化石から、人類がすでに更新世前期に驚くほど大きな脳を発達させていたことは疑いようがなかった。これが示す意味はきわめて重要だった[16]」。ピルトダウン人が広く認められるうえでとりわけ重要だったのは、こうした専門家たちが進化論を語る際に、ジャワ島のピテカントロプスの化石やラ・シャペルのネアンデルタール人よりもピルトダウン人の化石のほうに重きを置いていた点だ（ピルトダウン人のほうが大きな脳をもっていたことと、出土地点の地質に問題がなかったため）。ピルトダウン人がイギリスの科学界で確固たる足場を築いていたため、それに反論するのはきわめて難しかった。ようやくその状況が変わり始めたのは、中国の周口店で新しい化石が発見され、一九三〇年代後半にフランツ・ワイデンライヒによって記載されて、古人類の進化の系統樹がもっと複雑であることがわかってからだった。

一九四〇年代後半までには、ピルトダウン人に関する不平不満の声が学術界で高まっていた。考古学者のアルヴァン・T・マーストンは一九四七年にロンドン地質学会に提出した論文で、ピルトダウン人の下顎骨と犬歯は「類人猿そのもの」であると述べている。この主張が本当なら、ピルトダウン人は人類の祖先ではないことになる（マーストンはアマチュアながらレベルが高く、一九三〇年代半ばにはイングランドのケントに位置するスウォンズカムという発掘現場で更新世の人類の頭骨を発見しており、彼が研究者の会合に出席しているのは現代の読者が思うほどには奇妙なことではなかった)。マーストンの主張がきっかけで、激しい議論が交わされるようになり、スミソニアンのゲリット・スミス・ミラー・ジュニアが表明したような以前の懸念もいっそう高まった。大英自然史博物館の地質学者で古生物学者のケネス・オークリーは、みずから開発した手法を使ってピルトダウン人の化石に含まれているフッ素の量を調べることができるかもしれないと提案した。この試験が謎を解くのに役立つというのだ。

オークリーの手法を使って化石を調べる作業では、現代の骨や、特定の年代の半化石あるいは化

イングランド・サセックスのピルトダウン人の胸像。復元模型を正面斜め横から見た。1927年、J・マクレガー作。
(Wellcome Library, London)

石のフッ素含有量を比較する。フッ素の量を調べても、炭素14など放射性元素を使った年代測定法のように化石の絶対年代を知ることはできないが、検査した二つの化石が同じ年代のものかどうかはわかる。フッ素含有量が同じならば、二つの化石は周りの環境から同じ量のフッ素を吸収したということであり、両者の年代は同じと考えられる。この手法は、オランダの解剖学者ウジェーヌ・デュボアが一九世紀後半に発見したジャワ原人の大腿骨と頭蓋冠、歯に適用されたことがあり、その結果、ジャワ原人の化石が一個体のものであることがわかった。オークリーの手法をピルトダウンの化石（頭骨、顎骨、犬歯、その他の哺乳類の化石）に適用すれば、それまで考えられてきたようにピルトダウンの化石が本当に一個体のものかどうかが明らかになるだろう。

フッ素の含有量を測定するためには化石の一部分だけわずかに壊す必要がある。一九四八年九月、何カ月にもわたる慎重な検討がなされた末に、大英自然史博物館の地質部門はオークリーの研究チームが分析のためにピルトダウン人の化石の一部を採取する許可を出した。「古生物学コレクションには科学的な重要性がきわめて高い標本も含まれている。その管理者は酸による処理や薄片作成、化学分析のための断片採取など、貴重な標本を損傷するおそれのある方法による再調査を許可すべきかどうかという問題に頻繁に直面する」と、大英自然史博物館の地質部門を取り仕切るW・N・エドワーズは一九五三年に出版された『ピルトダウン問題の解明』のなかで述べている。「前世代の慎重な態度によって多くの化石が次世代に残されてきたことは疑いようがない。そうでなければ、過去に機械で試料を採取する際に破損していたかもしれないが、今では新たに考案された化学的な手法によって完璧に調べられる」[17]。『ピルトダウン審問』で著者のチャールズ・ブラインダーマンは試料採取の作業をこう描写している。「戴冠用の宝玉にドリルで穴を開けるような冒瀆的な作業というほどではなかったが、この化石は二つの戦争のあいだもドイツの爆撃から守られ、詮索好きな研究者、さらには一般庶民にこの四〇年ものあいだ荒らされることもなかったものだった。化石そのものではなく、模型を見るしかなかったからだ[18]」

一回目のフッ素検査で、ピルトダウン人の化石はそれぞれ似たような年代で、同じ場所で出土したゾウやカバの化石とは年代が異なっていることがわかった。さらに、頭骨と下顎骨のフッ素含有量に違いがあることも判明した。その後の化学分析で窒素の量を測定した結果、ピルトダウン人の化石の年代は更新世というにはあまりにも新しすぎることが明らかになった。ピルトダウン人の「化石」は、人間の頭骨、オランウータンの下顎骨、チンパンジーの歯という三種類の現生種の骨で構成されていたのだ。高性能の顕微鏡で観察したところ、下顎骨の歯の表面に平行に並んだ細い筋があった。種の同定が難しくなるように、チンパンジーの臼歯の咬頭《こうとう》が削られていたのだ。そして、「化石」を精査したことで、すべての骨の破片が黒っぽい鉄溶液で着色されて、骨が古く見えるように細工されていることもわかった。結論は明らかだった。ピルトダウン人は偽物だったのだ。「私たちが入手した証拠から、ピルトダウンでの発掘調査に参加した名立たる古生物学者や考古学者は、きわめて巧妙かつ入念に計画された捏造事件の被害者だったことが明らかになった」。人類学者のケネス・オークリー、ジョゼフ・ワイナー、ウィルフリッド・ル・グロ・クラークは、調査結果の報告書『ピルトダウン問題の解明』でこのように論じている。「とはいえ、ピルトダウン人の複数の破片が一個体のものであると考えた人々、あるいは本物の標本を調べて（明言したかどうかにかかわらず）下顎骨と頭骨が一個体の化石類人猿のものと見なした人々を擁護するためにここで書いておきたいのだが、入手可能な証拠から問題を見破るのは不可能だったし、下顎骨と頭骨の捏造はあまりにも巧妙であり、この捏造は古生物学の発見の歴史において類を見ないほど悪辣かつ不可解な行為だったと思われる[19]」

ピルトダウン人の化石がでっち上げだったことが判明すると、この化石にかかわった研究者たちはさまざまな思いを抱いた。その背景としてとりわけ大きかったのは、ピルトダウン人があまりにも長いあいだ進化の系統樹で確固たる地位にとどまっていた点だ。オークリーらの研究チームがピルトダウン人に関する真実を暴いたとはいえ、初期の研究に参加した前世代の研究者たちへの敬意はあった。ピルトダウン人の権威失墜でも特に心痛む瞬間は、オークリーと彼の妻、数人の博物館職員がサー・アーサー・キース（ピルトダウン人が進化上の祖先であるとの見方を熱烈に支持していた一人）に報告したときに訪れた。当時のキースの返信からは、体の弱った老人がためらいがちに震える手で手紙を書いている姿が思い浮かぶ。博物館から引退して久しいが、この世界や最愛の化石への興味は失っていなかったのだ。それはまるで、同僚の一人の訃報を伝えられたかのようだった。ある意味で、そのとおりでもあった。キースは四〇年ものあいだピルトダウン人のことを考えて生きてきたのだ。穏やかかつ厳粛に、キースはこう書いている。ピルトダウン人が捏造だったことをサー・アーサー・スミス・ウッドワードが生前に知ることがなくて本当によかった、と。

「なぜスミス・ウッドワードが――そしてその他大勢の人々も――まんまとだまされたのか。その理由は想像に難くない。イギリスで太古の人類の証拠を見つけたいという欲求を考えれば、礫層から取り出されるのをみずから目撃した標本の真実性をどうして疑うことができただろうか」。このように化石発見の状況を見事に描写するのは、科学史が専門のキャロリン・シンドラーだ。「もちろん、スミス・ウッドワードの大いなる名声によって発見の信頼性が著しく高まったのかどうかという問題は残るのだが、ピルトダウン人の研究にかかわった名立たる研究者たちは、すべてとはいわないまでも大多数がその古さを疑わなかった。結局のところ、このような捏造を誰が疑っただろうか？[20]」

いったん化石が捏造だとわかると、誰もがこんな疑問を抱いた。犯人は？　この巧妙な捏造をいったい誰が実行したのだろうか？

当時、容疑者として何人もの名前が挙がったが、その状況は今も変わらない。多くの人が第一にその可能性を探ったのは、化石の発見者であるチャールズ・ドーソンだ。ほかには、著名な科学者であるウィリアム・J・ソラスとサー・アーサー・キースの名前を挙げる人もいたし、考古学者で哲学者のピエール・テイヤール・ド・シャルダンを疑う人もいた。さらには、発掘現場を何度か訪れていた有名作家のサー・アーサー・コナン・ドイルが捏造の実行犯だと主張する者まで現れた。とはいえ、だいたいにおいて、疑惑の目はチャールズ・ドーソンに向けられてきた。有名な化石の発見者になって科学界で認められ、名声を獲得したいと必死だったドーソンが、捏造の黒幕に違いないという見方だ。とはいえ、何十年ものあいだに、ドーソンの人柄を擁護する発言がさまざまな人々から出てきた。たとえば、ドーソンの友人で義理の息子であるF・J・M・ポスルスウェイトは「タイムズ」紙の編集長に宛てて一九五三年一一月二五日付で怒りの手紙を送っている。亡くなったドーソンの代わりに、人柄を物語る目撃証言を伝えるためだ。軍事休暇でスーダンから帰ってきた一九一一年と一九一二年にドーソンの発掘調査を見たときには、すべてが誠実に行われていたと彼は回想し、そのような見苦しい捏造にいそしむなどありえないと主張した。「チャールズ・ドーソンはいつも研究に正直かつ献身的すぎるほどで、いかなる捏造にも絶対に手を貸すようなことはしません。だまされたのは彼自身です。報道されている証言から、何人かの著名な科学者たちも含めて、彼をよく知る人物がそうした見方をしていることは明らかです[21]」

＊　＊　＊

大勢の人々をこれほど長い年月にわたってだましてきた巧妙な捏造を、どのように理解すればいいのか。化石の真実が公表された時点で、研究者も大衆もその方法を模索しなければならなかった。捏造を暴いたワイナーやオークリーをはじめ、何人かの研究者は新聞の特集面に寄稿し、ピルトダウンの研究全般にかかわった人々の口述記録やインタビューをつなぎ合わせる取り組みを始めた。ほかのどの研究者よりもピルトダウンとのかかわりが深かったであろうケネス・オークリーは、そうした口述記録を集めてピルトダウンの謎を解き明かそうと取り組んだ。ドーソンの事務所で働いていた助手は、オークリーとのインタビューで何十年も前のピルトダウンの発掘調査を回想し、アマチュアの博物学者と働くことの大変さをこう伝えている。「ときどきチャールズ・ドーソン氏は標本を事務所のやかんでゆでていました。そうした日には、事務所でお茶を入れる時間を遅らせなければなりませんでした[22]」

ピルトダウンの化石は人類の祖先として人々に大きく注目されていたとはいえ、世間での騒がれ方は捏造とわかってからのほうがはるかに下品で激しかった。あらゆるフッ素検査や化学検査のなかでも、ピルトダウン人の検査結果に対する世間の関心は圧倒的に高かった——「ピルトダウン」は捏造が発覚したあともずっと人々に、さらにいうなら、この標本の科学的な評価に科学的にも専門的にも関心をもっていない人々にも強い衝撃を与えてきたのだ。会話では、「ピルトダウン」という単語は巧妙な「詐欺」や「でっち上げ」と同義語になった。

友人や同僚の名声を汚したことを編集長に抗議する怒りの手紙、風刺文や詩の一節、化石やそれをあがめる大衆をからかう風刺漫画——ピルトダウン人の公の姿は日常のあちらこちらに散らばっている。大英自然史博物館のピルトダウン・コレクションに含まれているフォルダの一つには「ユーモア」と書かれ、化石とそのストーリーを軽妙に描いた文書やスケッチがまとめられている。一九五四年には、ケネス・オークリーの同僚であるN・P・モリスが、滑稽な詩を通じてピルトダウンのストーリーを最初から最後まで伝えている。

四〇年ほど前、ピルトダウン人の骨が
砂利や石器にまぎれて見つかって、
しばらくあとに組み合わされて
あの頭骨が紙面をにぎわした。
こうしてエオアントロプスは一躍有名に。

（学名も手に入れた）
それで専門家は大胆にもこう考えた
まさにこれがミッシング・リンクだと。
祖先が見つかったと
世界中で大騒ぎ。
でも、概して世間の騒ぎは収まって
高貴な祖先への期待は消えてなくなった
でも時が流れるにつれ、専門家は——
考古学者と人類学者は——
だまされていたと思い始める。
実際「エオ」は問題児だった。
検査によれば下顎骨は
現代の類人猿で、化石じゃない。
これで難問は解けた。
ピルトダウン人の顎はまったくかみ合わない。
世間は再び大騒ぎ。
ピルトダウン人は（再び紙面を飾った
その姿に下の入れ歯はない）

もはや進化の鍵を握っていない。
科学者たちはとても納得いかないと
被害者の「死亡現場」のサセックスへ。
周りの水や礫を調べ
その出自に疑問を投げかけた。
アフリカ人か？　難民か？
彼の政治信条！　それは知る由もない！
広く知られたこのろくでなしは
長年、英国君主の庇護を受けてきた。
（放射性元素の検査が公表され、
ついに年代の真実が暴かれた。
賢い誰かが加えた細工が
X線分析で判明した）
さあ、何事にも冷静なイギリス人らしく
彼のために最後の鎮魂歌を歌おう
でも最後に笑う者の勝ちかもしれない――
捏造犯の亡霊はまだ口を割らない。(23)

この詩はピルトダウン人の伝説を軽いタッチで描きながら、ピルトダウン人をつくり上げたあらゆる重要な要素を伝えている。ピルトダウン。学名。類人猿。問題児。ミッシング・リンク。名声。賢い誰か。サセックス。放射性元素の検査。何事にも冷静なイギリス人。ピルトダウン人のストーリーでは、ユーモアやウィット、風刺が、化石のフッ素検査や博物館の展示と同じくらいの部分を占める。世間が捏造の事実を受け入れるにつれて、ピルトダウン人の物語は変容し、化石の性質が変わり始めた。

この捏造事件にどう対処すればよいのかという問題は、科学界だけでなく政界にも立ちはだかった。捏造が報じられてから何日も経たないうちに、ピルトダウン人に関する動議が実際に下院に提出された。下院議員の一人が「がっかりした過去何十年の生徒たちの代理として」立ち上がったのである。動議はこのようなものだ。「下院には議長を除いて、大英自然史博物館の理事への信頼はない。ピルトダウン人の頭骨が部分的に偽造されているとの発見があまりに遅いからである」。この動議が議会で可決されることはなく、議長は愉快な気持ちをほとんど隠すこともなく、このような所感を述べた。「理事の方々は、古い骨の真贋を検査する以外にもなすべき事案を数多く抱えておられる[24]」

スポットライトを浴びた大英自然史博物館は、がっかりした生徒たちの代理である下院議員からの問い合わせに対処するだけでなく、自然保護協会への対応にも追われた。一九五三年、この協会はピルトダウン人の発掘現場を正当な保全対象として資金を充て、イギリスの考古学遺産にとって国家的に重要な場所として指定したところだったのだ。この指定は迅速かつひっそりと取り消された。「ピルトダウン人の発掘現場、返還される」という見出しが一九五四年一一月二四日の「イブニングニューズ」紙に出ている（とはいえその後一九五七年四月、発掘現場は自然保護協会に公式に寄贈された）。

同博物館はさらに、どこからともなく現れる怪しげな変人への対処にも頭を悩ませた。ピルトダウン人の問題に対する「解決策」を提案してくるやっかいな人物だ。博物館の職員を騒がせた一人に、ミスター・アルフレッド・ショイアーという人物がいる。その手紙はスペルミスが目立ち、文章も下手で、空想が入り混じり、ピルトダウン人にかかわった人々を中傷するだけでなく、同博物館はほかにも発見を捏造していると言い張る内容だ。こんなめちゃくちゃな手紙に、最初は対応していた職員もやがて返信をやめてしまった。博物館の「ショイアー・ファイル」には、一九六七年四月二八日付で秘書のローズマリー・パワーズが書いたこんな書類も含まれている。「オークリー博士へ。ジェサップさんがショイアーとやり取りしていたこの往復書簡を持ってきてくれました。彼から再び手紙が来たら、今後は私たちがあの嫌な人を黙らせることになるのでしょう。さいわい、彼からの手紙はここ三年来ていません。古いファイル番号 AL 1955/10 を書き添えました[25]」

ピルトダウン人の来歴のなかで、進化上の祖先という地位よりもはるかに大きく変わったのが、ピルトダウン人の写真や肖像画だった。オークリーが共同研究者たちとともにピルトダウン人の調査を始めたとき、化石は実験用具に囲まれた状態で撮影された。正装した研究者たちが化石を大事そうに扱っていた日々は見る影もなく、今では白衣を着た研究者たちが器具を使ってピルトダウンの標本を入念に調べている。ヒトの祖先として「ピルトダウン人」と呼ばれていた日々は過ぎ去り、一個の標本である物体となり、科学研究の対象として、つつかれたり、穴を開けられたりして分析されることになった。一九五〇年代以降の新聞がピルトダウン人に関する記事を掲載するときには、実験室に置かれた標本の写真が使われた。こうしたメディアのレンズによって、ピルトダウン人に対する一般大衆のイメージは形成された。

＊　＊　＊

となると、ピルトダウンの標本のようなものが一般社会や科学界で収まるべき場所はどこだろうか。博物館？　そうかもしれない。この標本が世間によく知られ、かつ古人類学の歴史で重要な部分を占めていることは確かだ。しかし、施設としての博物館の仕事が展示物に対する信頼性や正当性を与えることだとするならば、たとえ模型であってもピルトダウンの標本を展示すれば問題が生じる。適切な状況説明なしで展示するなどもってのほかだ。

『幻想の古代史』の著者ケネス・フィーダーは、ピルトダウンの標本がもともと展示されていたロンドン自然史博物館に現状を確かめにいったときのことを回想している。「博物館の展示ケースに化石が見当たらないので、受付の女性にピルトダウン人の化石が展示されている場所を尋ねた」とフィーダーは説明する。「『ああ、それは展示されておりません』とその女性は答えると、慇懃無礼な感じでこう告げた。『ご存知のように、単なるがらくたでございますから』」（ちなみに、ピルトダウンの標本は主に考古学の捏造例としてときどき展示されていて、フィーダーはそのことにも触れている）。[26] このエピソードから、このような標本の模型が歴史的な興味以外に役立つことはある

ピルトダウン人の化石は捏造だが、古人類学の歴史の一部として展示している博物館もある。南アフリカのスタークフォンテンの展示からは、ピルトダウン人が重要な発見だったことが来館者に伝わる。(L. Pyne)

のかという疑問が湧いてくる。たとえば、「人類のゆりかご」といわれる南アフリカの人類化石遺跡群にあるスタークフォンテンの博物館では、展示されているピルトダウン人の標本の模型に興味深い説明が添えられている。「ピルトダウン人。捏造された頭骨。イギリス・サセックス」

現代の古人類学にプロとしてかかわっているどの人も（そしてどの古人類ファンも）、これだけ長く（四〇年も）捏造がばれなかった理由やピルトダウン人が古人類学に対してどんな意味をもっていた（そしてもっている）かについて持論があるようだ。だから、ピルトダウンについて話していると、月面着陸が捏造されたという説やジョン・F・ケネディの死をめぐる陰謀について誰かに見解を尋ねているような気分になる。ピルトダウンに関する資料を閲覧するためにロンドン自然史博物館のアーカイブを訪ねたときも、いかにもプロという感じのアーカイブの司書たちがかしこまった笑顔を見せた。ピルトダウンの資料を三台のカートに積んで押してきてくれたあと、これらのファイルは「常に絶大な人気がある」と彼らは教えてくれた。まるで古い秘密結社の極秘資料の閲覧を頼んだかのような気分になったものだ。

とはいえ、捏造犯の正体やその犯人の巧妙な手口を人々が解き明かそうと躍起になる姿から、現在でもピルトダウンが語り継がれている理由が浮かび上がってくる。二〇一二年、化石の発見から一〇〇年が経ったのを契機に、ピルトダウンの謎を解明しようと、ロンドン自然史博物館に所属する異分野の研究者たち一五人がチーム――自称「ピルトダウナーズ」――を結成した。迷宮入りした事件を捜査する警官のように捏造事件を扱おうというのだ。古人類学者、考古学者、古生物学者、さらには遺伝学者や博物館のキュレーターからなる研究チームは、いかにも二一世紀的な手法をとり、捏造のエピソード全体をアガサ・クリスティの小説のプロットというよりも美術犯罪の捜査のように扱って真相究明に挑んだ。それまでの調査は捏造犯の特定に主眼が置かれていたが、二一世紀の調査では捏造の状況や背景を理解することに力が入れられた。単純に誰が犯人かを問いかけても、古人類学の歴史のなかでピルトダウンが歩んできた複雑な道のりを理解できるわけではないということだ。「ピルトダウンの謎には依存性がある。病みつきになるんだ」と、考古学者のサイモン・パーフィット博士は「エヴォルヴ」誌のインタビューで打ち明けている。

ピルトダウナーズの会合で、ロンドン自然史博物館のキュレーターであるロブ・クルシンスキーは、過去六〇年間に行われた二〇種類近い分析結果を含め、この難事件の証拠品に対してなされた多種多様な科学検査の結果をまとめてくれた。一九五三年にフッ素などの検査によって捏造が発覚したあと、うんざりするほどの数の分析が実施された。共焦点顕微鏡やCTスキャンといった新しい検査法や手法によってピルトダウンの標本に関する新たな証拠が得られ、ピルトダウンの文献はますます増えることになる。このように有名な標本を使ってさまざまな新しい分析や手法を披露できれば、間違いなく社会的な名声が得られる。

＊　＊　＊

ラ・シャペルの老人と同じように、ピルトダウン人の「化石」も純粋な科学文献以外に驚くほど多くの文献をもたらした。一九七二年に刊行されたロナルド・ミラーによる書籍『ピルトダウン人』は一部始終をこれ以上ないくらい詳しく記述しながらも、瑣末な部分はないという文献だ。ほかにも、ピルトダウンの正典とされる主要文献にはJ・S・ワイナーの一九五五年の著作『ピルトダウン捏造』、チャールズ・ブラインダーマンの一九八六年の著作『ピルトダウン審問』、フランク・スペンサーの一九九〇年の著作『ピルトダウン　化石人類偽造事件』、マイルズ・ラッセルの二〇〇三年の著作『ピルトダウン人　チャールズ・ドーソンの知られざる生涯と考古学界最大の捏造事件』、ジョン・E・ウォルシュの一九九六年の大作『ピルトダウンを解き明かす』などがある。これ以外にも書籍や小冊子、記事、モノグラフ、ブログ投稿といった文献は無数にあり、陰謀説を唱える人々にとって格好の資料となっている。私が思うに、恐竜にしろほかの人類にしろ、あらゆる化石記録のなかでピルトダウンほど多くの文献が出版され、調べられてきた標本はないのではないか。

人類の系統学で一つの地位を認められたあと、人類史が書き換えられるにしたがって地位を失った化石はたくさんある。ピルトダウンが独特なのは、それが捏造であり、醜聞によって歴史的にも独特な存在となった事実があるからだ。人類学者のクロード・レヴィ゠ストロースは著書『神話と意味』で、ストーリー（物語）は歴史を理解するための文化的な背景を与えてくれると述べている。それはピルトダウンのような科学の歴史も同じだ。「神話は静的であり、同じ神話要素が繰り返し組み合わされる例を目にする……同じ素材を用いたとしても……それぞれについて独自の解釈を構築できることを［歴史は］示している」[27]

捏造されたという境遇にあるだけで、化石は新たに社会的な意味を帯び、科学の範疇の外で解釈される。ピルトダウンの記念碑の妥当性（捏造されたものをどうやって記念できようか？）、博物館の収蔵物をどうするか（「間違っている」ものを博物館で展示すべきか？）、捏造にかかわったと非難されている人々への影響（どれが中傷で、どれが憶測なのか？）といった問題もあった。

私たちは捏造の謎や陰謀ばかりに気をとられて、ピルトダウンのほかの側面を見過ごしがちだ。しかし、それがたどった道筋は単に最初の発見の瞬間や、その正当性をめぐる論争、科学的な議論への貢献にとどまらない。ピルトダウンの化石は、古人類学がどのように「科学している」のか、そして、誤りを修正したり新たな技術や手法を取り入れたりしながらどう変わってきたのかといった営みを教えてくれる（教訓物語としてのピルトダウンは大衆文化にも存在していて、たとえばアメリカのテレビドラマ『ＢＯＮＥＳ』の第一シーズンには、人類学者の一人が「ピルトダウンみたいだ」といわれて捏造を示唆される場面がある）。

ピルトダウンのストーリーが証拠を正しく解釈する（人類の祖先の捏造を暴く）という科学的な物語でしかないと主張すると、ストーリーの全体像を見失ってしまう。ピルトダウンは捏造で有名なだけでなく、有名だからこそますます調べられるようになり、何が本当なのかだんだんわからなくなるようだ。化石が捏造であるという報告をピルトダウン委員会が発表すると、その犯人に関する憶測が一気に飛び交った。化学検査などにかかわった多数の科学者だけでなく、探偵気取りの無数の歴史家たちも、捏造犯を特定しようと調査や証拠集めに多くの時間をつぎ込んだ。しかし、ピルトダウンの標本をこのように扱うと、標本が一つの物体でしかなくなってしまう。捏造犯の正体を暴くことにばかり集中すると、この化石が古人類学のストーリーを強引に解決する「デウス・エクス・マキナ」のような、ばつの悪い歴史上の存在でしかなくなってしまうのだ。まるでこの化石には捏造という地位以外に何の独自性も目的もないかのようだ。根拠があるにしろないにしろ、捏造犯として誰かを告発することは、ピルトダウン人がどのように社会で扱われ、どのような場所を占めていたかを論じることでもある。つまるところ、それは独自性の一部だ。化石を指す言葉の意味さえもその歴史的な転換点を境に変化し、エオアントロプス・ドーソニという学名を授けられて科学的な意味をもった「ピルトダウン人」から、単に「ピルトダウンの捏造化石」となった。その名前や独自性のなかで「ピルトダウン」の部分は残ったが（標本とその出土地点を永遠につないでいる）、身分が変わったのだ。祖先ではなく、物体になった。人類の系統学で有効な要素ではなくなり、捏造という身分にまとわりつく嫌悪感や悪名によって人類進化に関する議論から切り離された。ピルトダウンはその悪名から、古人類界のミリ・ヴァニリ〔別人が歌っていたことが暴露されたポップデュオ〕となった——偽物であるがゆえに有名な偽物だ。

ピルトダウンの化石を発見したチャールズ・ドーソンと、その擁護者である大英自然史博物館のアーサー・スミス・ウッドワードがこの化石にどれだけ力を注いだかを想像するのはたやすい。その一方で、社会や科学界がピルトダウンに対して注いだ労力は、科学論文という狭い領域のはるか先まで及んでいる。博物館の展示物、教材、絵はがき、風刺画、新聞各紙の編集長に宛てた手紙にまで、ピルトダウンは進出したのだ。人々(さらにいうなら文化)は発見地や大英自然史博物館の展示室のはるか先の世界にまで影響を及ぼすようなやり方でこの化石に力を注いできたし、今もそれは変わらない。「人間がどこから来たかを知りたい気持ちは無限大だ」とキャロリン・シンドラーは述べている。「だからこそ、偽物であるピルトダウンがこれほどうまく有名になった。それは誰もが見つけたかったものだった——少なくとも、そのように見えたからだ[28]」。一九一二年に初めて化石が披露されたときに疑問視されただけでなく、科学界がピルトダウンの化石やその解釈をそのまま受け入れていたわけでもない。スミソニアンのゲリット・スミス・ミラー・ジュニアをはじめ、標本の地質学的な古さや化石の出所の信憑性に疑問を投げかけた研究者もいた。

二一世紀のピルトダウナーズ(研究者、歴史家、熱狂的なファン、そしてアマチュアも同じく)は引き続きピルトダウンの研究に取り組み、捏造の手法をめぐる細部という細部を掘り起こして、捏造犯の特定につながる決定的な証拠を探し続けている。「エオアントロプスは所有者のいない名前である」とミラーは化石の正体が明らかになったあとに述べている。エオアントロプスは化石の存在しない種であるかもしれないが、ピルトダウンは陰謀と可能性に満ちた標本だ。

　終わりが見えないピルトダウンのストーリーは歴史や文学の観点からも興味深い。映像や音楽がだんだん消えていくフェードアウトのように、曖昧さを秘めているので、読者はみずから答えを考え出すことができる。その来歴をめぐる未解決の問題や、確証のない噂（作業員が「ココナッツ」を見つけたとドーソンが証言する入り組んだ始まりから、博物館で珍品として注目されるテレビドラマ『ＣＳＩ　科学捜査班』のような現状まで）が山積みのなか、この化石のストーリーはこれからも続いていく。

第3章　タウング・チャイルド——国民のヒーロー誕生

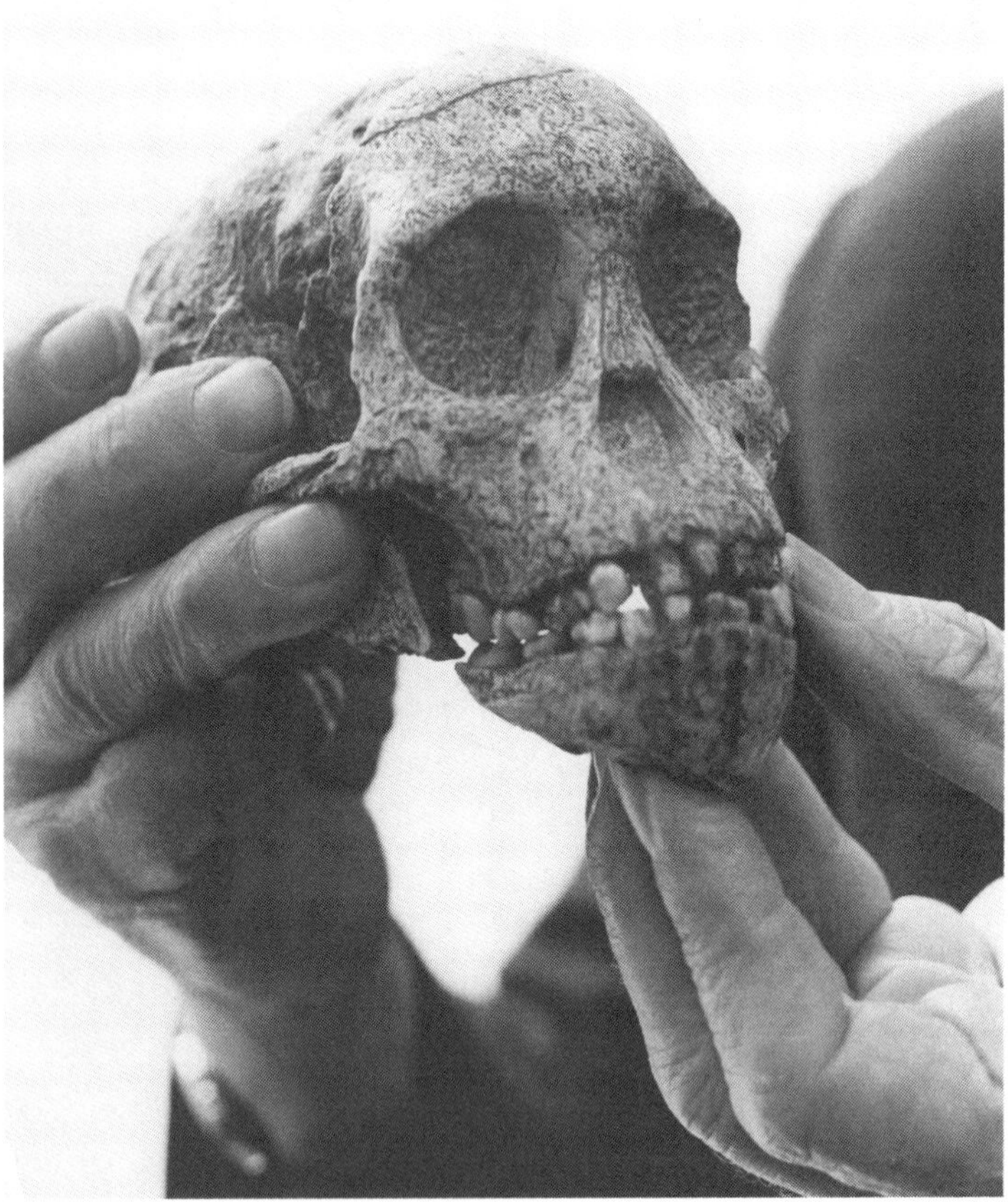

タウング・チャイルドの頭骨と下顎骨を手に取るレイモンド・ダート。
(Raymond Dart Collection. Courtesy of the University of the Witwatersrand Archive)

「興奮が体の中で一気に湧き上がった。山積みになった岩石のてっぺんに載っていたものは、まぎれもなくエンドキャスト（頭骨内腔の鋳型）で、頭蓋の内側、つまり脳の形をしていた。もし類人猿の脳の化石だったとしても、それだけで大発見になる。そうしたものはそれまでに報告されていなかったからだ」。レイモンド・ダートが回想記『ミッシング・リンクの謎』にそう記したのは一九五九年のことだった。この見事な頭骨化石「タウング・チャイルド」を一九二四年に発見してからおよそ二五年後のことだ。「しかし、私はひと目見て、自分が手にしているものはふつうの類人猿の脳ではないとわかった……人類学の歴史でもひときわ重要な発見の一つだという確信があった。人類の初期の祖先がおそらくアフリカに暮らしていたという、ほとんど見向きもされなくなったダーウィンの説が脳裏をかすめた。私は彼の『ミッシング・リンク』を発見したのだろうか？[1]」

二〇世紀初頭、古人類学者の目は東南アジアとヨーロッパだけに注がれていた。一八九一年にジャワ原人が発見されたほか、ラ・シャペルの老人などいくつかのネアンデルタール人、そしてイギリスでピルトダウン人が見つかるなど、アフリカ以外の地域で化石が出土していた影響が大きかったのだろう。しかし、レイモンド・ダート博士が研究拠点としていたのは、古人類学者の目を集めていた両地域からはるか遠くにある南アフリカのヨハネスブルクだ。とはいえダートは正しかった。彼が発見した化石は「人類学の歴史でもひときわ重要な発見の一つ」だったのだ。

現在ではもちろん、タウング・チャイルドは初めて発見されたアウストラロピテクス・アフリカヌス（*Australopithecus africanus*）として科学的に重要な発見であることがよく知られている。だが、それだけではない。この化石は科学と歴史、そして、ひときわ名高い古人類「パレオセレブ」の誕生が絡み合った好例となるまでの道のりでも有名なのだ。

＊＊＊

一九二四年一月、オーストラリア出身の若き解剖学者だったダートは、ヨハネスブルクのウィットウォーターズランド大学で、医学部と解剖学科を開設する任務を託されてそのキャリアの第一歩を踏み出した。ダートはそれ以前の二年間、イギリスの神経解剖学者サー・グラフトン・エリオット・スミスの指導のもと、奨学金を得てロンドンで神経解剖学を学んできた。ロンドンでの勉強を終えるとき、著名な解剖学者であるサー・アーサー・キースから、ヨハネスブルクで新しく空いた職があるから志願してみないかと説き伏せられた。ロンドンの科学界を離れて南アフリカへ行くことを考えると恐ろしい気持ちにもなったのだが、いずれロンドンに戻ってくるという強い意向をもってその職の募集に首尾よく応じることができた（キースは後年、ダートについてこのように書いている。「彼にあの職を勧めたのは私だったのではあるが、いま正直に告白すると、実はいささか不安があった。知識、知的能力、想像力には何の問題もない。私が心配していたのは、彼の気まぐれな性格、定説を軽蔑する態度、見解が主流から外れていることだった(2)」)。

ウィットウォーターズランド大学に到着したダートは、医学部の開設とカリキュラムの作成にさっそく取りかかった。彼の授業のなかでもとりわけ人気が高かったのは、野外で化石を採集し、その標本をほかの現生種の骨と比較して同定する実習だった。ダートが授業のために珍しい化石を収集するよう学生たちに勧めると、まもなく動物の化石がクラスの研究室に少しずつ集まるようになった。一九二四年前半、ダートのクラスで唯一の女性だったジョゼフィーン・サーモンズが、友人が働いていたバクストン石灰岩採掘場の管理人の机で、とても珍しい化石がペーパーウェイトとして使われているのを見かけた（これには少し違った話もあり、一家の暖炉の装飾の上に化石が飾ってあるのを、サーモンズが目にとめたとする話もある）。化石は霊長類のものであることは判別でき、単なる骨董品ではなく、進化上の深い意味をもっていると思われたので、指導教官のレイモンド・ダート博士に化石を見せてもいいかと、採掘場の管理人に尋ねてみた。実物を調べたダートは、きわめて古いオナガザル類かヒヒの絶滅種の化石だと判断した。

霊長類の化石が出土するということはほかの霊長類の化石も南アフリカで見つかる可能性があるということだから、ダートと学生たちは大いに興奮した。人間の脳の構造や進化に興味をもつ解剖学者として、ダートは霊長類の脳の初期の進化に光を当てる標本をもっと集めたいと強く考えていた。石灰岩採掘場で発見されたあらゆる化石に大きな関心を抱いていることを伝えてほしいと、ダートはサーモンズに頼んだ。何なら、興味深い標本を見つけた作業員にささやかな賞金を渡してもいいとまで申し出た。ノーザン・ライム・カンパニーの取締役であるA・E・スパイアーズは、アマチュアながら熱心な化石好きで、珍しい化石のコレクターだった。ダートからの申し出を聞くと、二つ返事で化石の収集に応じ、金銭的な見返りについては丁重に断った。こうしてバクストン石灰岩採掘場の管理人であるE・G・アイゾッドはもっと興味深い化石を見つけようと、作業員が発見した化石の収集に乗り出したのだった。この地域は石灰岩が豊富で、そうした化石は山のように集まった。

採掘場で産出した化石はいったん集められ、一九二四年一〇月にヨハネスブルクのダートのもとへ届けられた。それはダートが妻とともに結婚式を主催するまさにその日で、ダートは新郎の付添人を務めることになっていた。化石の入った箱が届いても、妻のドーラは少しもうれしそうではなかった。ダートはこのときの妻の反応を自伝で（かなり家父長的な態度で）こう描写している。「これ、あなたが待っていた化石だと思うんだけど。どうして、よりによって今日という日に届くのよ。ねえレイモンド、もうすぐお客さんたちが来るから、そのがれきみたいなものをじっくり調べるのは、結婚式が終わってみんなが帰ってからにしてよね。化石が大切なのはわかるけれど、明日までさわらないでちょうだい」[3]。客人たちが来るのもかまわず、すぐさまダートはエドワード七世時代風の礼服をまとったまま、箱に入った化石をごそごそと探り始めた。化石を探る手が止まったのは、霊長類の小さな脳の化石を目にしたときだ。ダートはその発見にすっかり心を奪われて「興奮が体の中で一気に湧き上がった……私はまるで黄金を握りしめた守銭奴のように、脳の化石を持ったまま物陰に立ちつくした。はやる気持ちを抑えられなかった」。だからダートは結婚式にほとんど引きずり込まれるような格好になった。ダートが付添人としての務めを果たすのを、機嫌を悪くした新郎が今か今かと待っていたのだ。ダートはこのように回想している。「この楽しい白昼夢は、新郎に袖を引っ張られて途切れることになった。『ちょっと、レイ』と新郎はせかす気持ちを何とか抑えながら言った。『早く服装を整えてくれよ。でないと、ほかに付添人を探さないといけないから。花嫁の車がもうすぐ到着するんだ』。私はしぶしぶ化石を箱に戻したが、エンドキャストとそれがぴったり収まる石だけは手元に残し、衣装だんすに入れて鍵をかけておいた[4]」

ダートの同僚だったヤング博士が語る化石発見の物語は少し違う。一九二五年に「ヨハネスブルク・スター」紙のインタビューで、ヤングは発破のあとにタウング採掘場に到着したとき、「ミッシング・リンク」の顔面部分の化石が岩石層から露出しているのを見つけ、その近くに脳の化石があって、二つの化石がぴったり一致したと語っている。そして、発見した化石をていねいに梱包し、ヨハネスブルクに帰ったあと、化石をダートに手渡したのだと主張する。ヤングの主張はこのインタビュー以外にあまり広まることはなかったものの、ダートは一九二五年に科学誌「ネイチャー」に掲載したこの化石の論文で、化石発掘の協力者としてヤング教授とサーモンズ嬢の名前を挙げている[5]。

石灰質の硬い角礫岩から化石（頭骨と下顎骨）を取り出すために、ダートは妻の編み針を何本かくすねて先をとがらせ、化石の周りから岩石を正確に取り除くための道具を作った。それから三カ月かけて、ダートは空き時間を見つけては頭骨の周りからこつこつと岩石を取り除いた。そして、二日後にクリスマスが迫った日、ついに岩石から現れたのは子どもの顔だった。「あの一九二四年のクリスマスに私がタウングの赤ん坊に対して抱いたほど強く、自分の子どもを誇らしく思った親はいないと思う」とダートは書いている[6]。この化石はすぐに「タウング・チャイルド」と名づけられた。ダート夫妻にとっての化石の子どもだ。

化石を石灰岩から取り出して数十日が経った一九二五年一月半ば、ダートは化石に関する解剖学的な記述と、一組の写真、そして原稿を「ネイチャー」誌に送り、まもなくその報告が掲載された。ダートは化石について「現生の類人猿とヒトの中間に位置づけられる類人猿の絶滅種を示している」と述べている。(7) その解剖学的な特徴にもとづいて、ダートは「類人猿に似た」ヒトの祖先の子どもで、小型の脳をもち、すでに直立二足歩行ができた人類の仲間であると記述した。そしてこの種を、アフリカ南部の猿人という意味を込めて、アウストラロピテクス・アフリカヌスと名づけた。ダートは化石の記載のなかで、ゴリラやチンパンジーといったほかの類人猿と比較して明らかに異なる解剖学的な特徴を指摘している。そうした相違点（脊柱の位置など）は、この化石が小さな脳をもち、直立二足歩行ができたという自分の解釈を裏づける明白な証拠であると、ダートは考えた。歯や下顎骨、脊柱の位置といった解剖学的な特徴に加え、ダートはみずからの解釈を一歩進めて、この化石種はアフリカが「人類のゆりかご」（ダーウィンの言葉）であることを示す明らかな証拠であり、タウング・チャイルドは説明の図式のなかにぴったりとはまる「ミッシング・リンク」の格好の証拠であると主張した。ダートには化石の重要性を低く見積もる理由は見いだせなかった。

＊　＊　＊

この論文が発表されると、イギリスではロンドンの研究者たち（サー・アーサー・キース、サー・アーサー・スミス・ウッドワード、W・L・H・ダックワース博士）が同じく「ネイチャー」にこの化石に関する論評を発表し、寡黙と言ってよいほど慎重な興味を示したが、この化石がヒトの祖先のものだとするダートの解釈を支持する言葉は何もなかった。同じ地域でそれまでに発見された化石と同じようにヒヒの一種の化石であると、彼らは確信していたのだ。論評にあたって彼らが参考にできたのは、「ネイチャー」にダートが掲載した小さな写真だけだった。化石の計測値や模型、定量的な詳しい比較データが必要だったのだが、彼らの手元にあったのは、派手な言葉が散りばめられた次のようなダートの文章だけだった。「したがって、この不利な環境［南アフリカの古環境］での存在を可能にしたのは、このグループがもっていた高度な頭脳の力だけであると結論づけなければならない……人類の形成にとって、**知力を研ぎ澄まし、高度な知能の実現を早めるため**には異なる見習い期間が必要だった」[8]。ダートの指導教官で擁護者でもあったグラフトン・エリオット・スミスでさえも、タウングの化石に注意深く興味を示すにとどまった。一方、サー・アーサー・キースはタウング・チャイルドが進化上の祖先だとする解釈をあからさまにはねつけた。手短にいえば、この化石は単純にどこにも当てはまらなかったのだ。

ダートが「ネイチャー」に掲載した空想ともいえる記載には、科学界で求められる厳格な方法論が入り込む余地はほとんどなかった。科学界がこの化石の受け入れに消極的だった背景には、二〇世紀初頭に幅を利かせていた進化論の影響もある。当時広く受け入れられていた説では、ヒトの祖先である化石人類は東南アジアかヨーロッパに暮らし、類人猿に似ていて、大きな脳をもっていたはずだと考えられていたのだ（学界のどの研究者たちもピルトダウン人が祖先だとする説を強く支持していたし、ピルトダウン人の解剖学的な特徴は当時流行していた進化の考え方に合致しており、しかもピルトダウン人の捏造が発覚するのは二〇年以上もあとの話だ）。ダートのタウング・チャイルドは「間違い」だとされた。思いもよらない場所から出土したうえ、化石の特徴はどれも当時の定説に合っていなかったからだ。とはいえ、この化石が受け入れられなかったのは、ダートによる「科学のやり方」のせいでもあった。派手な文章はいうまでもなく、化石の記載方法や、分類学の慣例に従っていない（学名にギリシャ語とラテン語を混ぜている）ことなど、ダートは伝統を無視し、自分の勘に頼って発見を科学界に伝えていた。こうした彼のやり方が科学界の面々をいら立たせたのだ。

＊＊＊

「ネイチャー」誌でタウング・チャイルドの記載を発表してまもなく、ダートは化石を複製した模型づくりを依頼した。脳（エンドキャスト）、下顎骨、そして頭骨（頭蓋と顔面部分）という三つの要素からなる模型だ（ダートはこの化石化した脳を「脳回や脳のしわ、頭骨の血管……がはっきりと見える」点で「驚くべきもの」だと述べている）[9]。ダートが化石の模型を依頼したのは、人類学や古生物の世界で定評があった、ロンドンを拠点とするR・F・デイモン社だった。この会社はピルトダウン人や、ウジェーヌ・デュボアが一八九一年に発見したジャワ原人の化石の模型や胸像をはじめ、あらゆる動物化石の模型を数多く制作した経験があった（タウング・チャイルドの発見から一〇年後には、中国の周口店で出土した北京原人の化石の模型も制作することになる）。タウング・チャイルドの化石の模型ができあがると、徐々に博物館や科学研究室に広まっていった。数多くの化石の模型ができたということは、その進化上の位置づけをめぐる解釈にかかわらず、数多くの人々が化石を見られるということだ（ダートはタウング・チャイルドの著作権を獲得して、模型が一つつくられるたびに著作権使用料を得ていた）。ダートはR・F・デイモン社とともにタウング・チャイルドの化石模型の価格を設定する際、法外な値段をつけたがったが、取締役のバーロー氏はそれを考え直すように懇願したという。「あなたが提示した価格では買う人がいなくなりますし、お客さんが怒るでしょう。私としてはそれを避けたいのですが[10]」。ダートはバーローからの値下げの提案にしぶしぶ応じた。

パイプをくわえてポーズをとるレイモンド・ダート。白衣、顕微鏡、頭骨、タウング・チャイルドの化石といった、科学的な要素が散りばめられたポートレートだ。
(Raymond Dart Collection. Courtesy of the University of the Witwatersrand Archive)

タウング・チャイルドの模型は価格が一五ポンドとなり、R・F・デイモン社を通じてあちこちの博物館に送付され、一九三〇年代にはアメリカ自然史博物館にも納入された（一九二五年当時の一五ポンドを現在の価値に換算するとおよそ八〇〇ポンドとなり、かなりの金額ではあるが、多くの博物館は予算の範囲内で購入できた）。R・F・デイモン社は実に売り込み上手だったので、一九三三年にはタウング・チャイルドの模型一式がモスクワ博物館にも送られた。ダートはほかの古人類学者（中国の周口店遺跡で当時調査をしていた著名なフランツ・ワイデンライヒなど）ともやり取りを続け、タウング・チャイルドの模型と引き換えに、当時注目されていた化石の模型を手に入れようと持ちかけていた。ウィットウォーターズランド大学で比較研究ができるコレクションをつくるためだ。オーストラリアからボツワナまで、ダートのもとには模型を手に入れたいという依頼が山のように届いた。有名な化石を来館者向けに展示したい、あるいは科学者の研究材料として収蔵したいという博物館からだ。その後数十年にわたって、ダートのもとには模型の著作権使用料が入り続けた。

一九二五年後半、ダートはさっそく化石の模型を大英帝国博覧会に出展したいと考え、博覧会委員会のレーン委員長に向けて長大な提案書を書いた。博覧会では大英帝国領内で生産あるいは製造された商品が展示されるほか、インド全域に広がった鉄道網など、植民地産の原料と技術の関係が紹介されていた。一九二四年から一九二五年にかけて、博覧会を訪れた人の数は二五〇〇万人にのぼった。(11) 大英帝国にとって博覧会は工業や科学技術の宣伝や披露の場であったほか、帝国全域の商業や工業の結びつきを築くための手段の一つだった。化石を宣伝する絶好の機会でもあった。

ダートが「ネイチャー」に掲載したタウング・チャイルドの最初の論文には大きな疑念の目が向けられていたため、レーン委員長は博覧会への模型の貸し出しに応じるのをためらっていた。科学界が取るに足らないものと見なしている化石の模型の展示を委員会が決めたら、大きな恥をかくのではないかと心配していたのだ。しかし、著名な人類学者であるサー・グラフトン・エリオット・スミスが化石の展示を支持してくれた。「研究者が完全な報告書を発表する前に標本の模型を広く世に出すのは珍しい。したがって、南アフリカ当局がいまウェンブリーで模型を展示するのは、科学に対する実に大きな貢献である[12]」。スミスはタウング・チャイルドをヒトの祖先と解釈することについては慎重だったものの、キースが「ネイチャー」に発表した見解を非難し、化石の模型を展示できる機会を与えられたのは博覧会にとって幸運だと主張した[13]。

ダートが頭のおかしい変人ではないというお墨付きをスミスから得ると、博覧会委員会は嬉々として模型を展示し、ダートをたたえた。「新聞で取り上げられてこの博覧会への関心が大きく高まりました。これほどすばらしい化石の模型を展示することができて大変感謝しています[14]」(ダートはタウング・チャイルドの化石を移動に伴う破損や紛失の危険から守るために、本物ではなく模型を送ることにした)。化石の発見と発表がなされて以降、イギリスや南アフリカのほか、遠くオーストラリアはタスマニアの新聞までもが、この化石をめぐるダートとロンドンの科学界の主流派との対立や、人類の進化においてこの化石が正当かどうかという問題を取り上げて、一般の人々の関心を大いに高め、博覧会で実際にタウング・チャイルドを見たいという気持ちにさせた。

タウング・チャイルドの展示の仕方について、ダートには明確なアイデアがあった。博覧会の委員会に化石の模型や資料を送るにあたり、ダートは化石に関する情報をどのように整理すれば見た人が展示内容を理解しやすいか、さまざまな角度から検討した。ウィットウォーターズランド大学のレターヘッドがついた便箋に絵を描いて展示ケースのサイズを検討し、幅一・二メートルのテーブルの上にケースを置いて、来場者に向けて配置する構想を立てている。化石を見た目で簡単に比較できるように、ダートは人類や類人猿のさまざまな頭骨を展示に含めたいと考えていた。また、タウング地域の地理的な由来（地層の層序）を示した図を背景に展示したいという提案もしている。

ダートはこうしたスケッチの右側に「アフリカ　人類のゆりかご」と書いている。化石に対する自分自身の解釈が歴史的に正当であることを、さりげなく伝える言葉だ。ダートはジャワ原人などの発見を受けて科学界で当時大きく注目されていた東南アジアに目を向けるのではなく、「人類のゆりかご」（「ネイチャー」の論文でダートが言及した地域）という言葉で、人類の起源はアフリカにあるとするダーウィンの説を言外に示している。ダーウィン自身の言葉を使ってアフリカに言及することによって、自分自身とみずからの発見がダーウィンの考え方に沿っていることをうまく伝えている。

ダートのスケッチには、石灰岩採掘場の洞窟と岩壁の写真を掲げる位置などの注意書きもある。化石が出土した地質の状況が来場者にできるだけ理解しやすくなるようにとの配慮だ。展示ケースの左側には比較に使う頭骨一式が集められ、ケースの内側全体は黒いベルベットで覆われている。化石の模型はまた、誰もが平等に観覧できる展示物でもあった。教育者や専門家が特別扱いされることはなく、専門家もアマチュアの化石ファンも同じ場所で見られる。うんざりする目にあったの

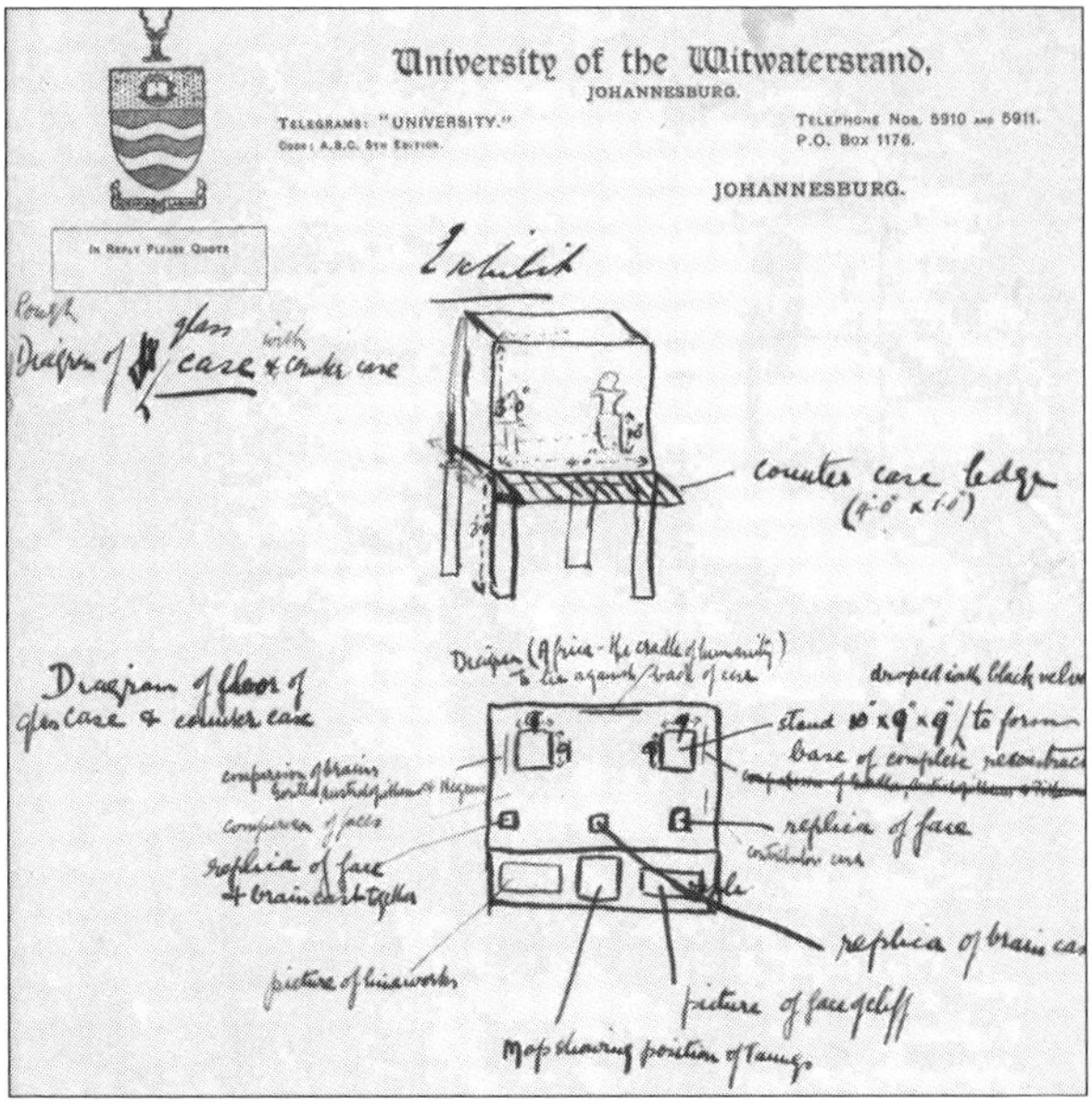

1925年、タウング・チャイルドは大英帝国博覧会の展示物の一つとしてウェンブリーで展示された。これらのスケッチは、化石を一般向けに展示する方法としてダートが当初考えていたアイデアだ。
(Raymond Dart Collection. Courtesy of the University of the Witwatersrand Archive)

PROFESSOR DART'S EXHIBIT.

THE FOSSIL APE FOUND AT TAUNGS.

MAN'S NEAREST RELATION.

The fossilized skull of a hitherto unknown type of man-like ape, casts of which are now exhibited for the first time in this country, was blasted out of the limestone (50 feet below the surface and 200 feet from the original edge of the cliff) at Taungs in Bechuanaland in November, 1924, by workmen of the Northern Lime Company.

The discovery is exceptionally important and interesting. For the first time the whole face and form of the brain-case of a fossil man-like ape was revealed. Moreover, the Taungs ape was found in a place thousands of miles distant from the domain of the gorilla and chimpanzee, and in a region where forest conditions such as are essential to these other anthropoid apes seem to have been lacking. More important still, this ape, which like man may have been emancipated from the necessity of living in forests, seems to reveal definite evidence of nearer kinship with man's ancestors than any other ape presents.

1925年に行われたウェンブリーでの展示のパンフレット。タウング・チャイルドの説明が書かれている。
(Raymond Dart Collection. Courtesy of the University of the Witwatersrand Archive)

はサー・アーサー・キースで、無知な一般庶民の雑踏をかき分けるように博覧会場を進んだあげく、化石の模型をひと目見ただけで終わったので、タウング・チャイルドを好ましく思う気持ちはまったくと言っていいほど抱かなかった。キースによる展示の所感は好意的というにはほど遠く、タウング・チャイルドの種は現生人類の祖先ではないとの主張を強めただけだった。「系譜学者が現代のサセックスの小作農を征服王ウィリアム一世の祖先だと主張するような誤りである」[15]

一方で、新聞の読者、古人類や化石の愛好家といった一般の人々も化石に興味をもち、この機会にぜひ見てみたいと列をつくった。「ネイチャー」に化石の報告と、ただの類人猿の化石だとして一蹴する痛烈な批判が掲載されると、世界中の新聞が両論文の概要とともにその論争の内容や、タウング・チャイルドが本当にヒトの祖先の一種なのかどうかについて最新の見解をこぞって伝えた（ある編集長に届いた手紙には「拝啓、タウング・チャイルドが本当にヒトの祖先なのかどうか教えてください」と書かれていた）[16]。一般の人々がこの化石を分類したがっていた（少なくとも理解したがっていた）ことが、こうした手紙からよくわかる。

南アフリカの地元の人たちのなかにはタウング・チャイルドの不滅の魂の状態を懸念して、進化論を否定する辛辣な手紙をダートに送ってくる人がいたものの、一般の人々は総じてタウング・チャイルドの化石とそれが意味するものに心引かれていた。人々が新聞で読んだり博覧会の展示で見たりした化石の「ストーリー」をどれだけ強く知りたがっているか、ダートにはわかっていた。たとえ模型であっても化石を公の場で展示することで、人々は化石を解釈したいと思うようになる。人々は化石に夢中になり、自分が謎解きの主役であるかのような感覚を抱く。

一九三〇年までにはダートも考え方を変え、タウング・チャイルドをヒトの祖先として科学界に認めてもらいたければ、従来の科学的手法にもっと沿った形で研究しなければならないと思うようになっていた。詳しい解剖学的な計測値や比較データを含めたタウング・チャイルドに関する長い報告書（モノグラフ）を準備し、ロンドンに赴いてサー・アーサー・キースをはじめとする著名な解剖学者に面会すべく、化石を箱詰めした。タウング・チャイルドは確かにヒトの祖先であり、真剣に検討すべき化石であるとの自分の考えをきっぱり伝えるためだ。

本物の化石を船でイギリスへ運ぶ旅には危険が伴うため、ダートは一九三〇年五月、移動中の事故に備え、ヨハネスブルクのジョゼフ・リドル金融保険会社を通じて化石に保険をかけた（ダートの懸念には根拠があり、一九一九年には、中国の周口店遺跡から送られた化石の箱が貨物船で輸送中、喜望峰を回るときに船もろとも沈没して失われてしまう事故があった）。ジョゼフ・リドルの保険は、ヨーロッパまでの往復のほか、ヨーロッパ内をめぐる一年の旅にも適用され、保険期間中はダートが化石に付き添わなければならないという条件が設定されていた[17]。

＊　＊　＊

こうしてロンドンに着いたタウング・チャイルドを、科学界の重鎮たちは温かく迎えてくれたものの、その雰囲気は明らかに冷めていた。あからさまに無礼な態度をとる人も、断固として拒否する人もいなかったのだが、一方で、ヒトは脳の小さな直立二足歩行の人類から進化したというダートの主張を受け入れる人もいなかった。詳細な研究結果を講演しても、相手にされなかった。ダートはこの旅の経験を寂しげに語っている。「世間に衝撃をもたらした日々は過ぎ去り、新鮮味を失った主張の正しさを今さら訴えるような場所ではなかった……あの質素で寒々しい部屋に立った私は、話しているうちに、目の前ですました顔をしている八〇人が興味津々で目を輝かせないものかと、期待しながら胸を高鳴らせていた。しかし、講演は大した盛り上がりもなく尻すぼみに終わった[18]」

タウング・チャイルドの化石が研究者たちの想像力をかき立てた日々は終わったかのようだった。科学界の関心はほかの標本に移っていたのだ。化石の研究者たちが「次の目玉」と考える標本が中国の周口店で出土し、イギリスの解剖学者たちはそれらの化石の重要性に関心を抱いていたのだ。それはタウング・チャイルドよりもはるかにはっきりとヒトの系統と呼べそうなものだった。タウング・チャイルドの短い栄光の日々は終わった。少なくともこの瞬間は。

南アフリカに戻ったダートは、新たな化石を見つける仕事をおおむねロバート・ブルーム博士らほかの研究者に任せ、自分はウィットウォーターズランド大学医学部に解剖学科を創設する仕事に注力した。南アフリカ周辺の民族誌研究プロジェクトと連携して集めた骨格のコレクションはやがて、世界屈指の規模にまで発展する。ダートはまた、ヨハネスブルクのいくつかの裁判で法医学の専門家としての務めも果たした。タウング・チャイルドなど、アウストラロピテクスの化石に関する研究や著述も続けてはいたが（とりわけ後年、血なまぐさい暴力を基盤として人類は進化したという持論を唱えている）、全体的にダートの意欲や興味は、化石から医学や解剖学に移っていったかのようだった[19]。

とはいえ、南アフリカのトランスヴァール地域周辺の石灰岩採掘場では化石が次々と発見され、化石に興味をもった人々が、専門家もアマチュアも研究に乗り出した。スコットランド出身のロバート・ブルーム博士もその一人で、南アフリカでは開業医として働いただけでなく、カルー地域で出土したトカゲ化石の目録作成にも取り組んだ古生物学者でもある（生物学者のJ・B・S・ホールデーンはブルームを天才と呼び、劇作家のジョージ・バーナード・ショーや作曲家のベートーヴェン、画家のティツィアーノと肩を並べると評した。ブルームの伝記を書いたジョージ・フィンドレイは、優れたポーカープレイヤーと同じ程度の正直者だと述べている）。ブルームがトカゲ化石に関する研究に加えて、ヒトの祖先の化石にかかわるようになったのは一九二五年のことだ。ブルームはタウングでのすばらしい発見を知ると、それを祝福する手紙をダートに送った。ダートがその手紙を受け取った二週間後、ブルームはダートの研究室を突然訪れた。まるでハムレットの演劇のような振る舞いで、ブルームは「私たちの祖先を崇拝するように」化石の前にひざまずいたという[20]。

＊　＊　＊

一九二五年にブルームがダートの研究室を訪れたとき、二人は人類の進化という大きな枠組みのなかでタウング・チャイルドがどこに位置づけられるかをめぐって、異なる複数のシナリオを論じ合った。タウングはピルトダウン人よりも前か後か？　東南アジアでデュボアが発見したジャワ原人の化石はタウングと同時代のものなのか？　脳が大きいから、ジャワ原人のほうが後なのか？

それならネアンデルタール人はどこに位置づけられるのか？　タウング・チャイルドが祖先の化石であるという点でブルームとダートの見解は一致していたが、ほかの化石と比較してどこに位置づけられるかははっきりしなかった。ブルームの訪問は化石を見る機会以上のものをもたらした。タウング・チャイルドの化石がヒトの祖先として受け入れられるために解明しなければならない問題を、はっきりと浮かび上がらせたのだ。

タウング・チャイルドについてきわめて大きな問題の一つは、それが十分に成長する前に死んだ若い標本だということだった。そのため、大人になったときにその種の解剖学的な特徴がどのようになるかを理解するのが難しい。実際のところ、ダートがタウング・チャイルドをアウストラロピテクス・アフリカヌスという種の模式標本として使ったせいで、二一世紀に入っても、種の特徴を論じたり復元したりするうえで、深い哲学的な熟考が必要になっている（この化石は未成熟で完全に成長した大人ではないため、この種の大人がどのような姿だったかを予想する必要があり、成人の標本をこの種に分類する作業に困難が伴う。模式標本――分類するうえで理想的な標本――がタウング・チャイルドならば、アウストラロピテクス・アフリカヌスの成人個体は研究者たちの推測にもとづいてこの種に分類されることになる）。ブルームは問題のこの部分に気づいていた。化石の解剖学的・形態学的な特徴を本当に知りたければ、成人の標本が必要だと。

こうしてブルームはみずから大人のアウストラロピテクスの探索に乗り出し、タウング・チャイルドが最初に発見されてから二〇年余り経った一九四七年、ついに共同研究者のジョン・ロビンソンとともにそれを発見した。スタークフォンテンで見つけた大人のアウストラロピテクスは当初プレシアントロプス・トランスヴァーレンシス（「トランスヴァールの猿人」という意味で、愛称は「ミセス・プレス」）と命名されたが、のちにアウストラロピテクス・アフリカヌスに分類された。このアフリカヌスへの変更は、ブルームとロビンソンが発見した頭骨がタウング・チャイルドと同じ種であることを示している。成長しきった大人の標本が正当な種、しかもホモ属の祖先と関連しているかもしれない種として、ようやく科学界に認められたということだ。しかもこれで、人類の系統を構築するために未成年の化石を使うという、古人類学界を長年わずらわせていた問題も解消された。サー・アーサー・キースでさえも「私が絶対に見つからないと思っていたものを、きみは発見した」と認めざるをえなかった。つまり、類人猿のような頭骨と人間のような下顎の組み合わせという、ピルトダウン人と正反対の特徴をもった化石だ[21]。

一九四〇年代のヨーロッパ（とりわけイギリス）では、数十年にわたって受け入れられていたピルトダウン人の化石の解釈に対して、古人類学界の数名の重鎮が異議を唱えるようになっていた。この頃までにタウング・チャイルドの化石は数多くの模型が作成され、研究や計測も十分に行われていた。一九四六年にオックスフォード大学の解剖学者ウィルフリッド・ル・グロ・クラークがタウング・チャイルドの解剖学的な特徴を検証し、きわめて有望な見解を示したのを含めて、この化石がヒトの祖先であることを裏づける証拠が徐々に積み上がっていた。化石が発見される場所が多様になるにつれて、ヒトの祖先の系統も複雑になっていく。一九五三年にピルトダウン人の捏造がすっかり暴かれると、タウング・チャイルドがヒトの祖先の地位に入り込む余地ができた。

その頃にはタウング・チャイルドの化石を支持する証拠が数多く集まり、ダートがもともと示し

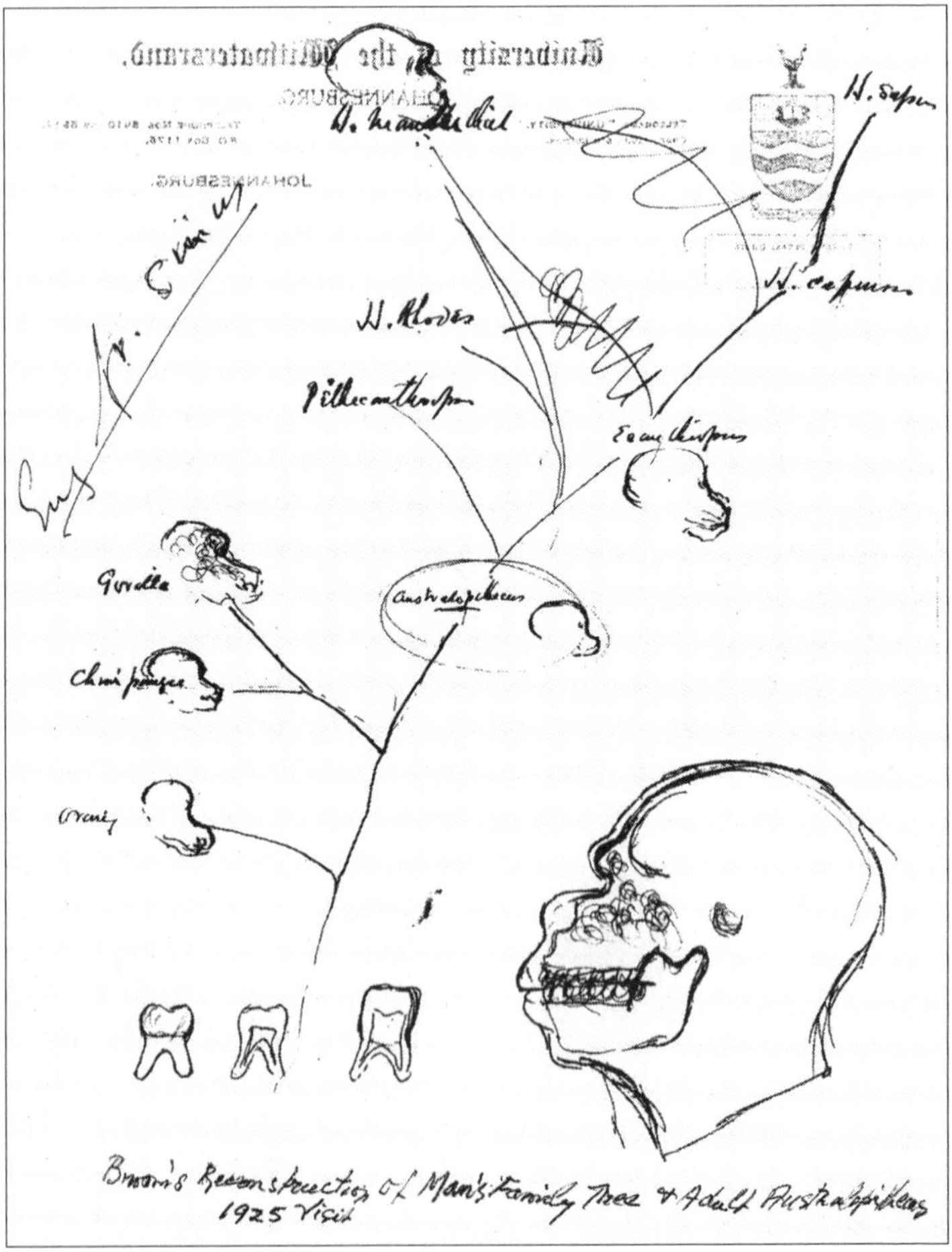

この人類の系統を示したスケッチは、ロバート・ブルームとレイモンド・ダートが1925年に会ったときに描かれた。(Raymond Dart Collection. Courtesy of the University of the Witwatersrand Archive)

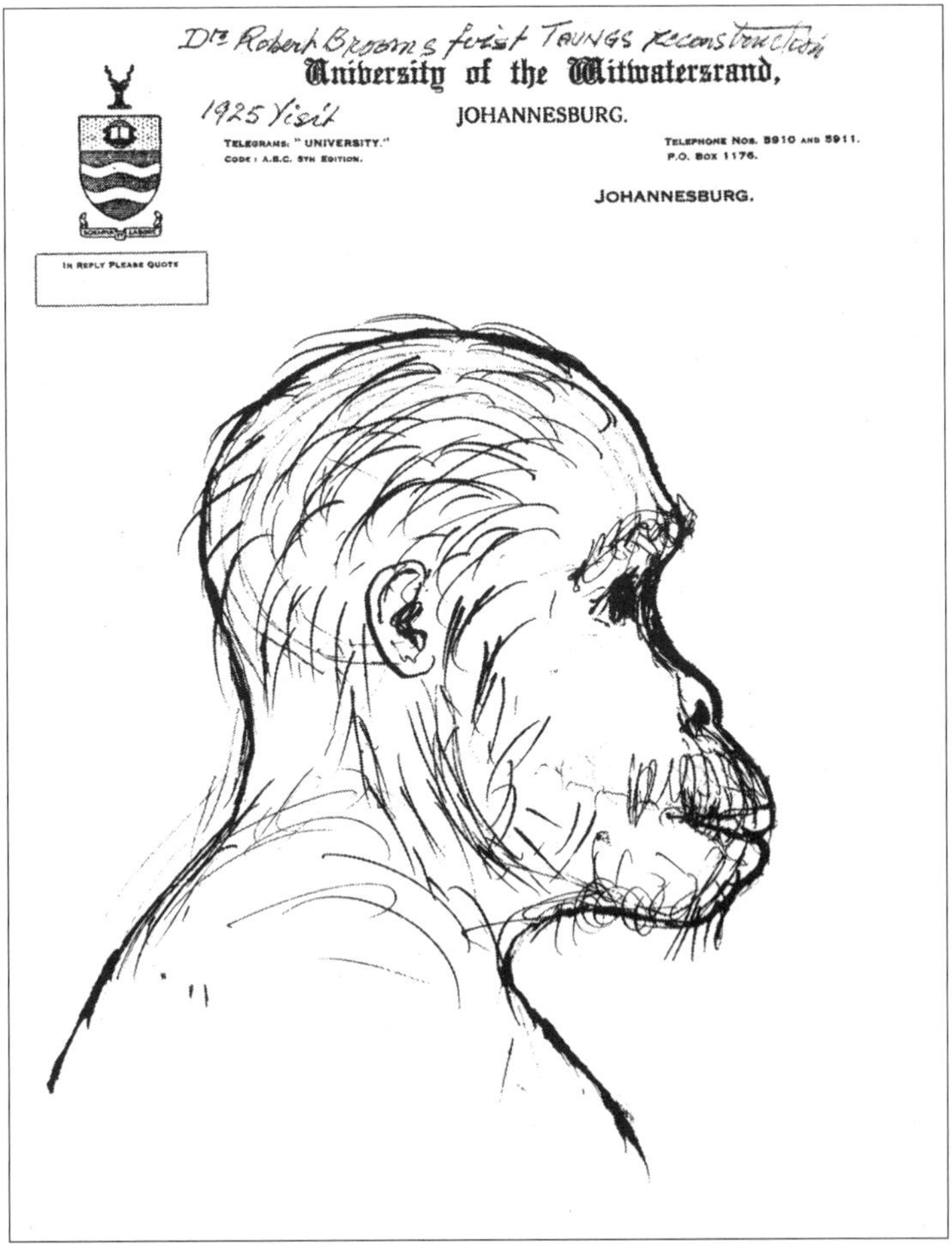

1925年にロバート・ブルームとレイモンド・ダートが会ったときに描かれた、タウング・チャイルドのスケッチ。(Raymond Dart Collection. Courtesy of the University of the Witwatersrand Archive)

ていた解釈を覆すことはできなくなっていた。「ダート教授は正しい。私が間違っていた」と、サー・アーサー・キースも化石の発見や論争から数十年経ったあとに認めている。一九八五年までには、タウング・チャイルド（そしてアウストラロピテクス・アフリカヌス）は人類の正当な祖先として古人類学界で十分に認められるようになっていた。実際のところ、一九八五年にタウング・チャイルドの発見六〇周年を祝う式典がウィットウォーターズランド大学で開かれた際、周囲の大騒ぎに対するダートの反応はいくぶん控えめだった。この化石はすでに古人類学研究で主流として受け入れられていた。何かの生と死を考える方法はいくつもあるが、化石の来歴を考えることほど、それにふさわしいものはないだろう。かつて生きていた何かの新たな生涯を理解する行為には、途方もなく再帰的な部分がある。「なんとすばらしい場だろうか。一九二五年に私が受けた扱いをつらいと思ったことは一度もなかった。人が信じてくれないだろうと思っていたからね。あせってもいなかったし」と、ダートは発見六〇周年の式典で語っている。(22)

＊＊＊

タウング・チャイルドのストーリーは古人類学における外伝のようなものだ。このストーリーは科学自体の特徴や価値を示す役割を果たしているが（「優れた科学は誹謗中傷に打ち勝つ」）、それだけでなく、レイモンド・ダートと化石それ自体に勇敢なイメージをもたらしてもいる。科学界から一般社会へと露出の幅をだんだん広げるにつれて、タウング・チャイルドはウェンブリーで展示された化石の模型から、詩や文学、パロディー、冗談の対象となっていった。英雄物語や叙事詩で語られる旅が読者をヒーローの冒険に引き込むように、タウング・チャイルドの長い旅は文化的な物語のなかに取り込まれていった。
ダートが科学界と激しい論争を繰り広げていた一九三〇年代に、ケープタウンのウォルター・ローズ博士という著名な爬虫類学者が、この化石のストーリーから英雄物語をつくり上げた。タイトルはずばり「アウストラロピテクス」だ。

はるか昔の鮮新世、
母なる地球の良き時代、
穏やかな気候のアフリカで
私は育った。
母は大地で根を探し、
藪で新芽を噛み、
私は果汁したたる果物で
養われた。
……
まもなく私は塵に埋もれ、
何もできなくなる
一〇〇万年あるいは二〇〇〇万年

そのままじっと横たわるだけ
やがて石灰岩の採掘場で
彼らは眠る私を発見して
大喜び。「見つけたぞ、
こんなに古いものを」
もう一人が叫ぶ。「大したことない
このちっちゃな生き物は
ただのチンパンジーだ
うそじゃない」
舌打ちするドクターD……
「なあ、よく聞いてくれ
話があべこべじゃないのかい
私は悲しいよ」
……
「私は確信する。かつて森を
歩き回ったこの小さな頭の持ち主は
アフリカが人類のふるさとだと
立派に証明してくれる。

私は主張する。アフリカこそが
人類を最初に生んだ土地だと。
この小さな頭骨がそれを
はっきり伝えている」
私の発見者が勝利の歌を歌い
こう言う。「タウングの頭骨は
念願のミッシング・リンクだ、
ついに発見した。
これから周りで
もっと見つけて
南アフリカに栄光を
もたらそう[23]」

ここに引用したのはローズの傑作のうちわずか三節にすぎない。彼の詩にはタウング・チャイルドの化石のストーリーが大衆の心に浸透していくまでの過程で重要な要素が盛り込まれている。ローズの熱気あふれる語りで、タウング・チャイルドの生と死、そのすばらしい発見、科学界での勇敢な戦いが生き生きと描かれ、この化石の重要性が未来へと伝えられる。この詩はタウング・チャイルドがどのような有名化石なのかを教えてくれる――叙事詩として語るにふさわしい国民のヒーローだということだ。

とはいえ、その行間では、タウング・チャイルドをめぐる科学と大衆の激しいせめぎ合いが繰り広げられている。まず、この化石を正しい地質年代「はるか昔の鮮新世」に割り当てようとする努力の跡がある。ダートが持っていたこの詩のコピーでは「更新世」という単語が線で消され、「鮮新世」と訂正されている。ほかの節ではダート自身が何行か加えて、祖先の環境におけるタウングの位置について自分の主張をはっきりと伝えている。タウング・チャイルドが南アフリカにもたらした、ナショナリズム的な誇りといったようなものもある。そして最も興味深いのは、一人称で書かれたことで、この詩はアウストラロピテクスが英雄の力のようなものを備えているとの感覚を最後には読者に抱かせることだ。タウングは環境がもたらす試練を乗り越えて（母親がワニに食べられ、愛しい父親が大蛇に巻きつかれて死んでも、自分は鮮新世の厳しい古環境を生き延びて）みずからのストーリーを現代に伝えている。

詩の設定には驚くほど人間主義的な傾向が認められる。最初の二つの節では、アウストラロピテクスが暮らす場所としてエデンの園にも似たのどかで理想的な環境が設定されている。ローズの詩を読む南アフリカの人々がまさに直面していた人種差別もなく、家計の不安もなく、社会悪もない世界だ。そうした環境のなかでタウングと兄が両親を亡くしたあと、タウングはみずからの死について語る。「ある日、骨をめぐって言い争っていると／彼［タウングの兄］が私の頭を石で殴った／そして、その頭を洞窟にぽつんと置き去りにした／風化するに任せて」。これはきわめて強力な文学的モチーフを暗に指している。兄が弟を殺すという話は、旧約聖書の創世記さながらのアーキタイプだ。詩の一節のなかで、環境決定論、堕罪の比喩、カインとアベルのストーリーが認められ、さらには、タウングの孤独な英雄物語ができあがっていくのがわかる。人間とは何者で、どこから来たのかを人間に伝える役目を託された化石のストーリーだ。

こうした詩がもっている説明の力はきわめて大きく、その主張や見解から、計測値が示すものだけが化石の物語ではないことがわかる。この英雄叙事詩はヒーローの偉大さを伝える散文で締めくくられる。

タウング・チャイルドの化石に関するほかのタイプのストーリーもダートのもとに届いた。その多くはまったく予期しなかったものだ。なかでも奇妙なものの一つに、匿名のファンから送られてきたヤングアダルト向け中編小説『ミッシング・リンクのファンタジー』がある。一九三〇年代半ばに書かれたとみられるその原稿には「支持者より」という署名があり、ダートとタウング・チャイルドを擁護する内容となっている。ストーリーはタウングそのものが舞台で、ジンジャーという名の鉱夫が岩石に混じった化石について文句を言っている場面で始まる。「またあのサルの化石が出てきたぜ、ジョー。今年いったい何回見たかわからねえ」。文句はさらに続く。「いつの時代か知らないが、やつらの王国があったにちげえねえ、おサルさんの立派なハーレムがよ」

話は大げさで込み入っていて、混乱することも少なくないのだが、タウング・チャイルドという言葉がすぐに大衆に浸透していったことを、『ミッシング・リンクのファンタジー』ははっきりと伝えている。ヒトの祖先か、それとも単なる「おサルさん」なのか。この化石が「大いなる連鎖」でどこに位置するかという問題は、ストーリーの展開の鍵を握っている。教養のある鉱夫ジョー・

チェンバーズがこの化石のことをデイ博士に知らせると、博士はバクストン石灰岩採掘場の博物館にやってきた。デイ博士やジョーによる長いモノローグはダーウィンや進化、系統樹の本質といった内容を随所に盛り込み、読者が科学の世界にすんなりと入り込めるようになっている。

『ミッシング・リンクのファンタジー』で興味深いのは、進化やダーウィンが社会的に問題をはらむ要素として扱われていることだ。ぶっきらぼうな鉱夫のジンジャーを通じて、進化論と宗教を戦わせている。ジンジャーはダーウィン進化論を受け入れたがらなかった。「ジョー、俺があの古ぼけたサルみてえだと今度ぬかしたら、これでおまえの顔を絶対にぶった切るかんな」。ジンジャーはつるはしを振り回しながら、そう言う。「顔をめちゃくちゃにしてやるから。おまえの母ちゃんでもわかんねえぐらいに」。人類の起源の話として興味があるのは、エデンの園のような聖書に出てくる物語だけだ、とジンジャーは語る（本の最後では、出土した化石がさらなる研究のためにイギリスに送られるが、ダートは著者が書いた「エリオット・スミス教授」と「サー・アーサー・キース」という名前に線を引いて消し、代わりに「エランド・スウィフト教授」と「サー・アンドリュー・ケリー」と書き込んでいる――架空の名前としてはあまりいい出来ではないかもしれないが）[24]。発見の経緯や場所から、ダーウィン進化論に関する論争まで、タウング・チャイルドのストーリーを構成する一つひとつの要素が『ファンタジー』には入っている。起源の問題をめぐるダーウィン派と宗教の対決は平行線をたどり、未解決のままストーリーが終わる。進化論をめぐる実際の裁判を扱った映画『風の遺産』はファンによってつくられたものではないが、そのテーマと心情は確かに『ファンタジー』と重なっている。

＊　＊　＊

一九四〇年代に、ダートはほかの骨や遺物の研究に乗り出した。南アフリカのある地方で教師をするウィルフレッド・エイツマンがタウングに近い複数の遺跡で集めたものだ。なかでもスタークフォンテンとマカパンスガットの遺跡では、化石化したアンテロープの角や整形した石器が数多く出土していた。こうした道具は誰がどんな目的で作ったのか。その謎を解き明かそうと、ダートはそれぞれの遺跡からの出土品を何度も調べ、化石化した骨と石器はタウング・チャイルドが属する種が作ったもので、アウストラロピテクスはこの一帯を暴れ回っていた「捕食性の猿人」だったと結論づけた。ダートは石や骨でできた道具をひっくるめて「骨歯角文化」と呼び、特定の道具がいつどのような順序で登場したかを詳細に分析した議論を数多くの論文として発表した。骨歯角文化では、タウングや仲間の猿人はこの一帯を支配するハンターだとされている。

ヒトの祖先は骨や棍棒《こんぼう》を振り回す血に飢えた暴力的な集団だと、ダートが推測する一方で、ほかの研究者（ウィルフリッド・ル・グロ・クラーク博士など）はダートの骨歯角文化が科学的な証拠や解釈の限界を超えていると主張した。ル・グロ・クラーク自身はタウング・チャイルドがヒトの祖先であるという説を支持していたものの、ダートの骨歯角文化が成り立っているのは、科学界が検証に使える仮説がほかにないからにすぎないと訴えた（たとえば、骨の集まりを作ったのがタウング・チャイルドの属する種でないとしたら、ほかにどんな説明が考えられるか、といったような議論だ）。とはいえダートの仮説は、考古学と古人類学のなかに新たな研究分野を生む一助となった。たとえば、マカパンスガットのような洞窟に土壌や骨、岩石がどのように堆積していくかを研究する、化石生成論（タフォノミー）などの分野だ。シャーウッド・ウォッシュボーン博士やチャールズ・ブレイン博士といった研究者によるこうした新たな研究で、骨が一カ所に集まる原因となった自然の要因が特定された。ブレインの研究では、南アフリカのスワートクランスという地点で出土したアウストラロピテクスの頭骨に残った傷痕とヒョウの歯を照合することで、タフォノミーという新たな分野を骨歯角文化のような解釈から一歩前進させた。これらの歯形やほかの発見から、この一帯の人類は弱い存在だったことがわかった。かつてハンターと考えられた人類は、今では肉食動物の餌食だったと解釈されている。

とはいえ、一九六一年にロバート・アードレイの『アフリカ創世記』が出版されると、残虐なヒトの祖先がいたという説は大衆のイマジネーションをかき立てることになる。ヒトは武器を振り回す血に飢えた肉食の祖先の子孫だと主張する同書には、ダートやその著作への言及が何カ所かあり、アードレイは骨歯角文化で予期されるような攻撃性が「キラーエイプ」と呼ばれるヒトの祖先の残虐性を理解する最良のモデルであると考えた。ダートが骨歯角文化に関する最初の論文を発表した一年後の一九四八年には、SF作家のアーサー・C・クラークが短編「前哨」を執筆している。この作品をもとにしたスタンリー・キューブリックの映画『2001年宇宙の旅』には、腿の骨を振り回す全身に毛を生やした祖先が登場する。タウング・チャイルドが属する種に対する解釈には、意味や道徳性が込められるようになった。こうしたテーマは大衆の心に深く刻み込まれ、人類の命運が環境に大きく左右されていたという科学研究がどれだけ数多く発表されても、長年タウングのような化石と結びつけられていた。[25]

化石を取り巻く文化的な環境のほかに、一般の人々がタウング・チャイルドを知るきっかけとなったのは、博物館に展示されたジオラマと、それに付随した絶滅種のストーリーだ（それ以前にもこういうことはあり、たとえば一九三〇年代にフィールド博物館に展示されていたネアンデルタール人の姿勢や顔、配置から、来館者たちはネアンデルタール人が原始的な野蛮人であるとのストーリーを見てとった）。化石にもとづいた復元模型では筋肉や皮膚、毛髪、体の動きといった見た目の要素が化石に「本物らしさ」をもたらす。こうした感覚は化石そのものをどれだけ詳細に記載しても得られないものだ。

タウング・チャイルドのジオラマのなかでもとりわけ興味深いのは、南アフリカにあるディソング博物館が制作したものだ。一九六〇年代後半につくられてから五〇年にもわたって、南アフリカのアウストラロピテクスに関する膨大な化石記録から構築した人類進化のストーリーを明示的にも暗黙的にも来館者に伝えてきた。ジオラマのなかにはおもちゃのように小さな人類が配置された小規模なものもあれば、三〇〇万年前の南アフリカの環境を来館者が歩き回れる実物大のシーンもある（このジオラマは二〇一三年に清掃や修復、改修のために閉鎖された）。ジオラマが最初に制作されて以降、アウストラロピテクスに対する解釈や、そうした化石種が周囲の環境とどのようにかかわっていたかに対する考え方は大きく変わった。ジオラマが再び公開されるときには、化石記録に対するそうした解釈の変化（ハンターか、それとも獲物か？）が、来館者に伝えられるストーリーに反映されるべきだ。[26]

私がタウング・チャイルドについて知った課外授業では、ディソング博物館（当時はトランスヴァール博物館と呼ばれていた）のこうした見事なジオラマも見学した。私のお気に入りは二階にあるジオラマで、ヒョウの剝製が大人のアウストラロピテクスを引きずってねぐらに向かっている場面だ。ヒョウの歯ががっしりと食い込んだアウストラロピテクスの頭部からは、血が不気味にしたたり落ちている。このシーン全体は明らかに過剰演出で、ほかの一角では樹上でヒョウがアウストラロピテクスの子どもをむさぼり、その下の地面には人類の手や足が折り重なるように横たわる。母親と父親が子どもたちを遊ばせながら、木の上のほうにとまっている肉食の猛禽類を警戒する。よちよち歩きで家族のあとをついていく、全身に毛を生やした小さな子どもが「タウング・チャイルド」だ。ほかには当時の道具使用に焦点を当てたシーンもあり、そこでは大人が棍棒を振り回している。壁に埋め込まれた小さなジオラマでは、アウストラロピテクスの若者が目を覚ました仲間たちの前で、朝日を浴びたアフリカの大地に向かって手を大きく広げている。

こうしたジオラマはいくつかのストーリーを伝えている。初期の人類は周りの環境に対しては無力で、南アフリカの古環境では格好の獲物だった、といったものだ。頭部をくわえたヒョウの展示がブレイン博士による洞窟のタフォノミー研究に従っているように、ジオラマには当時最新だった科学研究が盛り込まれている。アウストラロピテクスの核家族はこのシーンに人間らしい特徴を与え、来館者は大人が子どもたちを守りながらいっしょに遊んでいる光景を思い浮かべて、目を離せなくなる。こうしたストーリーはアウストラロピテクスのコミュニティーに入り込むような効果をもたらす。人類の進化という大きなコンテクストのなかで、アウストラロピテクスを現生人類に近づけたのだ。なじみのあるシーンに自分を重ね合わせて、アウストラロピテクスに共感し、感情移入する。スタンリー・キューブリックの影響で、振り回される棍棒が明快な文化的モチーフになったように、ジオラマは厳格な科学の外側でヒトの祖先の物語を伝える場所となった。

タウング・チャイルドの顔を復元する試みは、化石発見からいくらも経たないうちに始まった。ロバート・ブルームは一九二五年にダートの研究室を訪れたときに、成長したタウング・チャイルドの横顔のスケッチを描いている。大人になったタウング・チャイルドは眉がかなり太く、顔の特徴は類人猿そっくりで、チンパンジーのように毛を生やし、とまどったような表情をしている。ダ

タウング・チャイルドの復元模型。2013年、南アフリカのディソング博物館。(Justin Adams)

ートが大学の仕事場に額に入れて残していたもう一つのスケッチには、いたずら好きの妖精「パック」のような、にっこり笑った若い人類がペンで描かれている。

漫画にしろ博物館のジオラマにしろ、化石の芸術的な表現は一つの静物に顔と体を与えることで、化石についての説明板をただ読むよりも多くの「理解」をもたらしうる。ディソング博物館のジオラマは一例でしかないものの、タウング・チャイルドが復元された姿で送る第二の人生は数多くの博物館に展示されたジオラマを通じて、多種多様な状況で表現されている。ジオラマのなかには出来の悪いものもあるが、化石について来館者に何らかのストーリーを伝えている点はすべてのジオラマに共通している(27)。

タウング・チャイルドのポートレートや写真は、いささか格式張った公式のレンズを通してアートと科学の交差を映し出しているが、ほかのアート表現がきっかけとなって、人々がタウング・チャイルドの化石と出合うこともあった。二〇一一年五月にヨハネスブルクのオリジンズ・センターで開催された展覧会「骨の来歴」はその一例で、大成功を収めた。この展覧会（およびその図録）は南アフリカの三人のアーティスト（ジョニ・ブレンナー、ゲルハルト・マルクス、カレル・ネル）が描いたアートとサイエンスの共存に焦点を当てた。アーティストたちが語っているように、三人の作品は直接的にしろ間接的にしろ人間や化石の骨にもとづいて制作され、「骨が人類の起源や進化、悠久の時間、系統、祖先、所属の問題とどのように関連しているか」を示している(28)。三人の作品ではまた、南アフリカの歴史も大きな要素となっている。

ブレンナーが展覧会のために制作した水彩画では、タウング・チャイルドの絵が暗く抑制された赤と黒であらゆる角度から描かれている。いくつかの作品では、絵の具のしずくが頭骨の一部を横切っていて、タウング・チャイルドのストーリーにブレンナー独特の表現が加わっている。「人類の骨格化石やその模型の前では、展示の理解の仕方や描き方、語り方、私たちの歴史についてわかることとわからないこと、こうした化石や私たち自身に対する理解の仕方に影響を及ぼす自然や社会の力についてよく話されていた」とブレンナーは説明している[29]。

＊　＊　＊

二〇〇九年、ウィットウォーターズランド大学のフィリップ・V・トバイアス化石霊長類・ヒト科研究室が、タウング・チャイルドの遺産の一部として、興味深い標本を化石保管庫に加えた。それは小さな木箱だ。一九二五年、ウェンブリーの大英帝国博覧会が終わったあと、ダートはタウング・チャイルドの保管用にこの木箱を作らせた。ほどよく濃いこげ茶色に塗られたその箱で唯一の細工は、真鍮の掛け金に施された巻きひげ状の精緻な花柄だ。表面にできた小さなへこみや引っかき傷は、輸送などで人々に扱われてきた長い歳月を物語る。この箱にはタウング・チャイルドの顔面の骨、下顎骨、頭蓋の内側（脳のエンドキャスト）という、化石の三つの部分が収められていた。一九三一年八月には、ダートがロンドンを訪れていた際、妻のドーラがロンドンで（伝えられるところではこの木箱に入っていた）化石を誤ってタクシーの車内に置き忘れてしまった。箱に化石の頭骨が入っているのを見つけたタクシー運転手が慌ててロンドン警察に届けたのだという話を、ダートは好んで話していた。警察のほうも驚いただろうが、翌朝、ドーラに無事化石を引き渡すことができた。

その後、木箱と化石が共有する歴史が長くなるにつれ、木箱と化石をいっしょに見せることが必須の習慣となっていった。ダートの学生の一人だったフィリップ・トバイアス博士がさまざまな団体に化石を披露するとき、この木箱から取り出すことがタウング・チャイルドを鑑賞する体験の一つとなった。自然人類学者のクリスティ・リュートンはトバイアス博士の講義で木箱を見たときのことを、こう回想する。「古人類学でも最も重要な化石発見の一つであるという、タウング・チャイルドに与えられた象徴的な場所と、地味な木箱に入った状態で鍵付きの保管庫に保管されているという、タウング・チャイルドが実際に置かれた場所の対比が印象に残りました。保管庫といっても実質的にはクローゼットです。あのすばらしい化石がクローゼットに保管されているなんて、誰も知らなかったでしょう？[30]」

何十年も木箱に保管されていた化石は、アクリル製の新しい箱に入れられることになる。これが発表されると、ヨハネスブルクのメディアが研究室にやってきてその瞬間を目撃した。使われなくなった木箱には、ヒト科標本保管庫で「タウング1」という標本番号が付けられた。これはタウング・チャイルド自身に付けられている標本番号だから、木箱がこの標本と永遠に結びつけられたということだ。今や木箱はきちんとラベルが貼られた状態で、タウング・チャイルドの隣に保管されている。

化石保管庫に入れられた古い木箱はまさに、九〇年近く前に発見された化石人類の文化的な広がりを示す一例となった。興味深いのは、これが化石保管庫に入れられた唯一の「文化的な」人工物

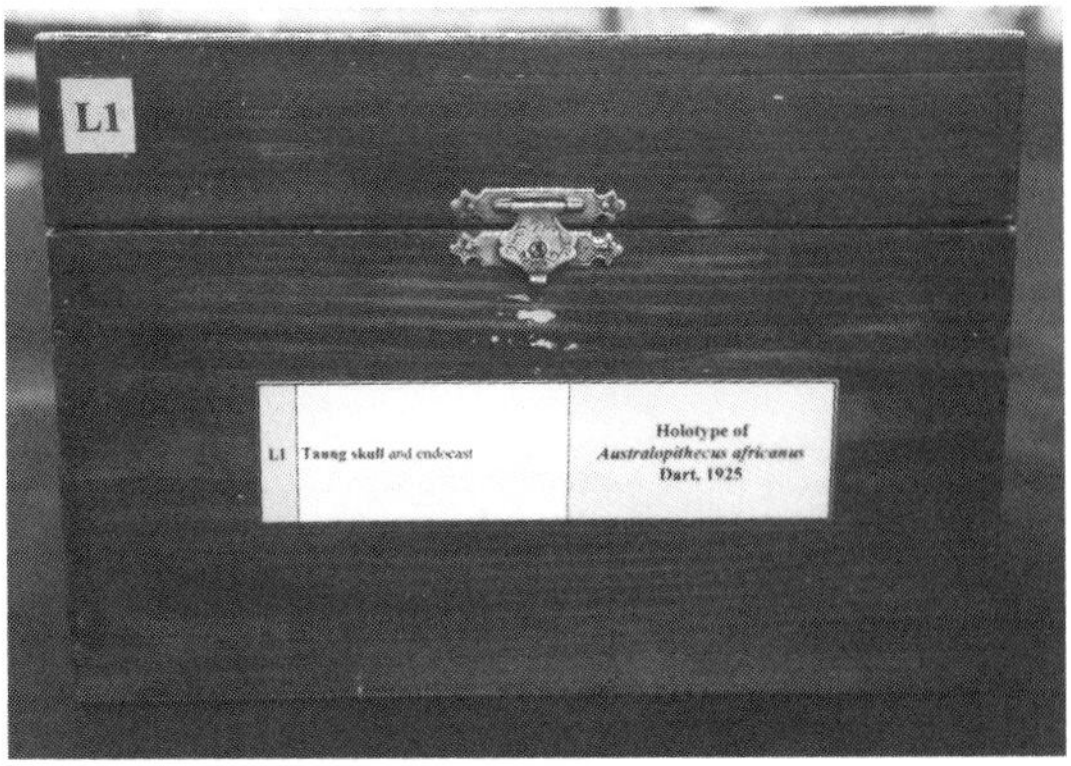

タウング・チャイルドがもともと保管されていた木箱。今は使われておらず、標本番号を与えられて記録され、ウィットウォーターズランド大学のヒト科標本保管庫でタウング・チャイルドの化石の隣に保管されている。(L. Pyne)

だということだ。人工物は遺物になった。この木箱は、化石のほか、ダートが妻の編み針を使って化石を取り出したあとの角礫岩の基質とともに保管庫に入っている。タウング・チャイルドの木箱をヒト科研究室の標本として加えることは、それがなぜ、どのようにして保管されるにいたったのかについて、多くのことを教えてくれる――タウング・チャイルド自身の文化史を物語るものだ。この研究室は南アフリカの有名な人類標本の多くを所蔵しているので、木箱の追加によって科学と文化の標本が共存する興味深い状況がもたらされた。この事例はまた、科学的なコレクションは変わりゆくものだということも示している。ヒト科研究室は化石（実際に触れられるものとしての化石）だけでなく、化石の歴史やストーリー、古人類学全体とのかかわりをも所蔵しているということだ。

化石のヒーローにはファンが必要だが、タウング・チャイルドには確かに多くのファンがいる。人々はタウング・チャイルドの化石とどのように向き合うのか。現在ウィットウォーターズランド大学で化石の管理人を務めるバーナード・ジップフェル博士は、そうした人たちを観察した経験をこう語ってくれた。「私は化石の管理人として、タウング・チャイルドの頭骨を日常的に見たり扱ったりする特権を与えられた数少ない一人だ。研究者にしろそうでない人にしろ、この頭骨を見せたときには、ほぼ予想どおりに感嘆の表情を見せるのだが、それはこの小さな頭骨がアウストラロピテクス・アフリカヌスの模式標本であるという科学的な重要性だけでなく、純粋な美しさによっても、もたらされているのは明らかである[31]」

＊　＊　＊

有名な化石としての器量を備えたタウング・チャイルドと、新たな計測技術の導入には興味深い関係がある。有名な化石というのは古人類学界を支える柱の一つで、理解や研究が十分になされ、一般の人々にも十分に知られている。そうした化石はさまざまな手法を試すテストケースとして用いられてきたため、さらに新しい手法を試すときにも、ほかの標本よりはるかに大きな重要性を帯びてくる。たとえば、物体の情報を三次元でとらえる手法として化石のデジタル化技術が古人類学に初めて導入されたとき、いち早くデジタル化された化石の一つがタウング・チャイルドだった。その3Dスキャン画像は化石の発見から六〇年余り経った一九八五年、「ナショナルジオグラフィック」誌でほとんど芸術的な肖像写真のように紹介された。CTスキャン技術が導入されたときにも、タウング・チャイルドはいち早くスキャンされた化石の一つだった。これほど精査されている化石であっても、有名な化石は保管庫で過去の栄光に安んじているわけではない。今でも科学界に疑問を投げかけ、それに答える存在となっているのだ。古人類学者のリー・バーガー博士はずばりこう語る。「タウング・チャイルドは偶像のような存在です[32]」

そうした地位を維持している化石でさえもまだ、新たな種類の試験を受けている。研究例が多い化石ほど今後も研究される機会が増え、研究例が少ない化石ほど研究されなくなる。まさに古人類学界でも、好機に恵まれた者ほどさらなる好機に恵まれやすくなる「マタイ効果」が見られるということだ。研究例が多い化石がさらに研究されると、それを取り巻く名声がよりくっきりと浮かび上がり、強調され、存在感を増す。このように科学界で有名な化石にかかわっている発見者や研究者自身も、科学界で名声を獲得する。

タウング・チャイルドを有名な国民のヒーローにした資質を掘り下げていくのは、一筋縄ではいかない。「これは有名な化石であり、有名なおかげで、英雄的な科学研究を通じて実証され、だから有名なのだ」というだけでは足りないのだ。名声は三段論法で論じられるものではない。化石に対する現在の世間の見方は、その発見によって形成されたのはもちろんだが、その歴史や意味、神秘性によっても形づくられている。クリスティ・リュートンはタウング・チャイルドの化石をじかに見たときの体験をこう振り返る。「タウング・チャイルドを目の当たりにしたとき、心をわしづかみにされました。歴史が目の前で現実に繰り広げられているようでした。あの化石を見たのは二〇〇〇年初頭のことで、トバイアス教授は古人類学界の中心人物、まさに生きた伝説というべき存在でした。あの講義の場にいた誰もが、タウング・チャイルドの起源にまつわるストーリーを聞きました。化石をじかに見るというのはすばらしい体験です[33]」

タウング・チャイルドの化石は今もさまざまな人々に影響を与え続けている。古人類学の黎明期に発見された魅力的な物体というだけでなく、二〇世紀前半に「科学する」ことの歴史的な意味を伝えているのだ。ヒトとアウストラロピテクス・アフリカヌスの進化上の関係は二〇世紀半ばまでに解き明かされたものの、タウングとその種が五三〇万～二五〇万年前の南アフリカの古環境でどのような役割を果たしていたかという問題は今でも研究者の心をとらえ、大衆のイマジネーションをかき立てている。

タウング・チャイルドを有名にしたのは、数十年に及ぶ研究とピルトダウン人の捏造発覚、そして、この章で見てきたように、決定論の立場を貫いたレイモンド・ダート博士の献身的で粘り強い姿勢だった。こうした努力があったからこそ、この化石が最終的に人類の祖先として認められたのだ。タウング・チャイルドの化石は、古人類学におけるかつての定説のなかで現生人類の進化上の祖先として認められようと、勝ち目のない戦いに挑んだのである。

第4章

北京原人——闇に包まれた化石

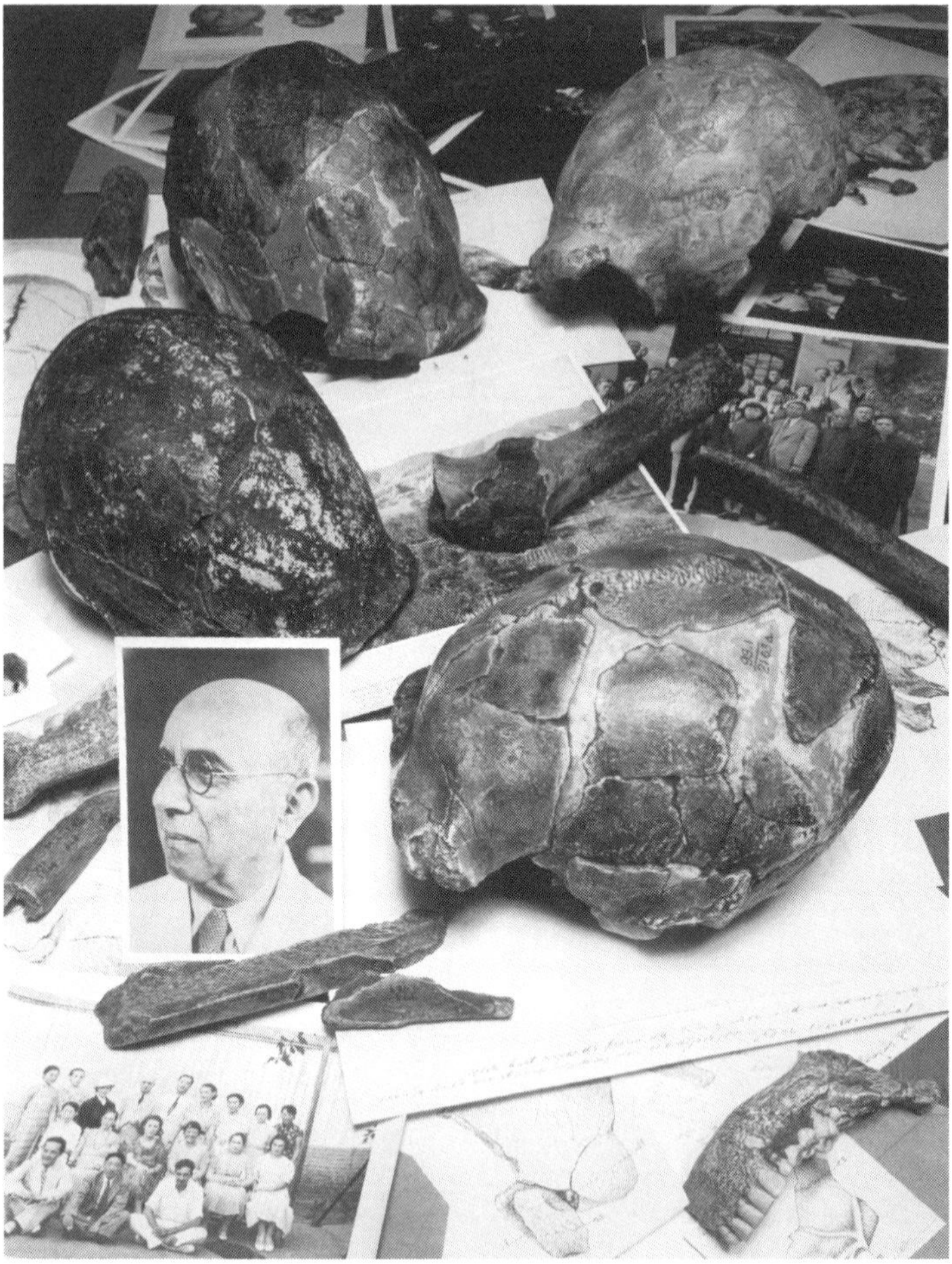

古人類学者のフランツ・ワイデンライヒが1941年に中国からニューヨークに持ってきた化石人類の頭骨や骨の破片、スケッチ、思い出の品を組み合わせた写真。これらの化石は1929年から1937年にかけて周口店で発見され、ワイデンライヒによってホモ・エレクトスに分類されたもので、北京原人としてよく知られている。(John Reader/Science Source)

二〇一一年、スウェーデンにあるウプサラ大学の進化博物館が所蔵する化石コレクションのうち四〇箱が開封され、内容物の一覧を作成する作業が始まった。作業にあたったのはペール・アールベリ博士とマルティン・クンドラット博士、キュレーターのヤン・オヴェ・エベスタッド博士だ。これらの箱は一九二〇年代から三〇年代に有名な中国の周口店遺跡の発掘現場からスウェーデンに輸送されて以来、一度も開封されていなかった。いくつもの箱に入った大量の動物化石のなかからスウェーデンの研究者たちが見つけたのは、一本の人類の犬歯だ。犬歯は欠けていて、表面の摩耗が激しく、こげ茶色の根元は歯肉線のすぐ下で折れていた。しかし、その見かけは驚くほどヒトの歯に似ていた。

スウェーデンの研究者たちは専門家に分析してもらおうと、北京にある中国科学院の古脊椎動物・古人類学研究所の古生物学者、劉武《リウウー》と同号文《トンハオウェン》にその歯を送った。劉と同の分析によって、その歯は確かに犬歯で、北京原人のものとみられることが判明した。北京原人は二〇世紀前半に周口店遺跡から発掘された頭骨や下顎骨、歯などの化石をひとまとめにして呼ぶ総称で、現在では、更新世に絶滅した人類であるホモ・エレクトス（*Homo erectus*）に分類され、その年代はだいたい七五万年前とされている。しかし、二人の分析結果は、この歯が歴史的に重要であることも示している。北京原人は二〇世紀前半に発見されたなかでもとりわけ有名な化石だ。北京原人のものだと特

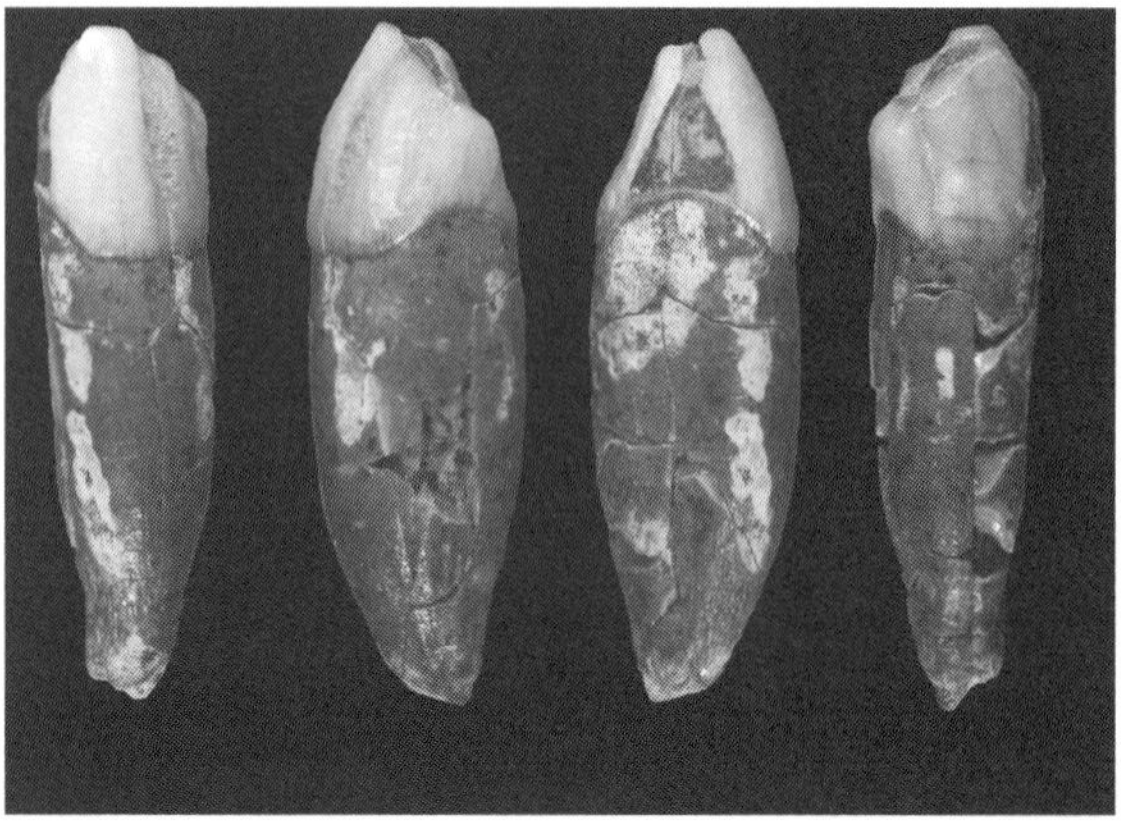

回収された北京原人の犬歯。2011年、ウプサラ大学進化博物館のアーカイブより。（Museum of Evolution, Uppsala University, Sweden. 許諾を得て掲載）

定されたことで、この歯の化石はそれまで行方がわからなくなっていた化石の一部だったことが明らかになった。[1]

＊　＊　＊

ばらばらの断片だけから筋の通った物語を構築するのは至難の業だが、北京原人のストーリーにはそうした部分が山ほどある。数多くのストーリーの寄せ集めであり、はっきりした始まりもなく、中間部分だけが数多く存在して、終わりも不確かだ。ラ・シャペルの老人やタウング・チャイルドには明確な発見の瞬間があり、科学界や文化の世界で注目された日々もあるが、北京原人には繰り返し語られるストーリーが数多くあるだけで、ナショナリズムや科学、歴史の要素から一つの重要な神話が形成されている。

二〇世紀の最初の一〇年には古人類の化石はあまり見つかっておらず、アジア大陸ではまだ一つも発見されていなかった（当時アジアで唯一の出土例は一八九一年にインドネシアのジャワ島でウジェーヌ・デュボアが発見したジャワ原人だけで、学名は当初ピテカントロプス・エレクトスとされたが、現在ではホモ・エレクトスに分類されている）。一九二〇年代までには、中国での化石や人類進化にまつわる研究がさまざまなグループから発表された。中国国内で地質学や人類学への興味が芽生えたほか、中国の考古学や古人類学上の記録を残した遺物や化石に国外の研究者たちも関心をもち、研究が進んだからだ。

北京原人のストーリーは、表面上はそれほど複雑でないように思える。北京原人に分類されることになる化石が最初に発見されたのは、一九二一年夏のことだ。オーストリアの若い古生物学者オットー・ズダンスキーが、北京から四〇キロほど離れた周口店の洞窟を調査していたときに、化石人類の大臼歯を発見してポケットに入れた。やがてその化石がほかの考古学的な出土品とともに分析され、骨格を形成する出土品はすべて一九二七年の「中国古生物誌」でシナントロプス・ペキネンシス（*Sinanthropus pekinensis*）という新種として発表され、北京原人と呼ばれるようになった。そして一九二七年一〇月一六日に発掘調査でシナントロプスの新たな歯が発見されると、カナダの古人類学者デヴィッドソン・ブラックは、これらの化石がヒトの祖先にあたる未知の新種であると確信した。その後一五年ほどのあいだに頭骨や下顎骨、歯、骨の破片といったシナントロプスの化石が次々に発見される。すべて合わせると、四〇体のシナントロプスになる量だ。化石の模型や博物館の展示物が制作され、国家の歴史がつくられた。そして一九四一年一二月、日本軍が侵攻してくる前に国外へ輸送しようとしているあいだに、北京原人の化石は失われた。その後、化石の名声は模型や写真を通じて維持されたものの、消失をめぐる謎や、本物の化石のありかといった問題に対しては中国政府が関心をもっているのはもちろんのこと、科学界も興味を抱き、一般の人々の心もとらえた。化石のありかを特定するためにさまざまな試みがなされたが、すべてが空振りに終わっている。

北京原人の実際のストーリーは当然ながらはるかに入り組んでいて、興味をかき立てる。一九一四年、スウェーデンの地質調査所の所長ヨハン・グンナル・アンデション博士〔英語読みでアンダーソンと表記されることも多い〕が中国政府に鉱業の顧問として雇われ、中国を訪れた。アンデションは「鉱業の専門家で、化石収集家、考古学者」を自称し、一九〇一年から一九〇三年にかけて南極大陸でスウェーデンの調査隊を率いた経験もあった。[2] 化石に興味をもっていた彼が到着したことが一つのきっかけとなって、中国北部で中国とスウェーデンの研究者による一連の調査が始まり、現代的な新しい調査手法が導入された。中国の歴史や先史、古人類や古生物の歴史への関心が高まるなか、二〇世紀半ばまでには、中国は考古学や地質学で科学研究の主要な勢力となる明確な軌道に乗っていた。「一九二〇年代の多くの人類学者にとって、『人類のゆりかご』の候補地として最も可能性が高いとみられていたのがアジアだった」と歴史家のピーター・ケアゴー博士は述べている。「人類最古の祖先を見つける研究には名声と威信、お金が密接に結びつき、その研究者には大きな期待がかかっていた。いくつかの国々が中国を『古生物学のエデンの園』とみて、競うように現地調査の道を探っていた[3]」

アンデションが中国の化石に興味をもったのは、ドイツの古生物学者マックス・シュロッサーがその一〇年余り前に入手した中国の「竜骨」に刺激されたからだった。竜骨とは伝統薬の原料にする化石のことで、当時の化石コレクターの多くはそれを採集する地元の中国人を通じて入手しようとやってきた。一方、考古学者は案内や助言、薬屋が収集した化石を目当てに竜骨ハンターのもとへと赴いた。シュロッサーの化石コレクションはアンデションが中国に到着した頃には九〇種の哺乳類に分類されていたが、そのなかでもアンデションがアジアでヒトの起源を調べる有望な現場としてこの地に注目するきっかけとなったのが、ヒトの歯に似た上顎第三大臼歯、いわゆる親知らずだった。この一本の歯を見たアンデションは、中国に初期人類の存在を示す明確な証拠があると考え、それを見つけなければならないと決意した。一九一四年から一九一八年にかけて、アンデションは地元の専門家（彼が言うところの助手）を何人も雇い、竜骨などの興味深い遺物を首尾良く見つけられないものかと、山西省や河南省、甘粛省で化石探しにいそしんだ。アンデションの助手たちが見つけたものはすべて、ウプサラ大学の古脊椎動物学研究所のカール・ウィーマンのもとへすぐに送られた。そして一九二〇年の秋が終わろうとしていた頃、アンデションの助手である劉長《リウチャン》山《シャン》が、石でできた斧やナイフなど数百点の石器を北京に持ち帰ってきた。河南省の仰韶《ヤンシャオ》という村の一地点ですべて発掘したのだという。

　アンデションの仕事で特筆すべきなのは、発掘調査に地質学的な手法を採り入れ、科学的な方法論にこだわっていたことだ。「時間という次元を調査する手法として、地質学と層序学の原理を用いれば、出土品が発見された状況の描写だけに着目した科学的な考古学や発掘調査というのはありえなくなる」と歴史家のマグナス・フィスケショ博士は述べている。「アンデションは地質学の手法によって中国の考古学の黎明期に名を成した。具体的には、層序のパターンを観察し、新たな発見につながりそうな古生物やヒトの遺物の痕跡を現場で入念に調べるという手法である」[4]。遺物を特定の層と結びつけて記録すると、遺跡はさまざまな出来事の連なりとして解釈できる。それぞれの出土品がそうした出来事を推定する手がかりになるのだ。地質学という科学的な枠組みを採用したことによって、当初の発掘調査だけでなく、周口店遺跡でのその後の発掘調査も、中国で信頼できる現代科学が実践されているという確固たる評価を得た。

一九一八年までには、化石への興味がアンデションの仲間たちにも波及し、北京で化学を教えていたJ・マグレガー・ギブが、赤土に覆われた化石の破片をアンデションに見せた。北京からおよそ四〇キロ離れた周口店に近い鶏骨山で発見したという。一九一八年三月二二日、アンデションはラバに乗り、北京の自宅から一日かけて周口店に行き、一帯の探検に乗り出した。現地にはいくつもの石灰岩の洞窟が広範囲に分布していて、断層が走る厚い堆積層が露出していた。周口店一帯は宋（九六〇～一二七九年）の時代に生石灰をつくる石灰窯があったことが考古学調査でわかっていて、伝説や言い伝えによれば、当時すでに化石の産地として知られていたという。地下水による長年の浸食によって石灰岩の洞窟や裂け目が形成されており、水が集まりやすい地形で、竜骨の産地として昔から有名だった。

最初の調査を終えたアンデションは、この地がより系統的な研究を行う場所として理想的であるという考えを強くし、一九二一年、オーストリアの若い古生物学者オットー・ツダンスキーにこの一帯の調査を任せることにした。ツダンスキーはウィーン大学を卒業してまもない学者で、ウプサラ大学の化石収集チームに参加していた。「ここにヒトの祖先の化石が埋まっている気がしている。きみがそれを見つけるだけだ」とアンデションは周口店に到着したツダンスキーにとうとう言い聞かせた。「じっくり時間をかけて、必要なら洞窟が空っぽになるまで粘ってくれ」[5]。ツダンスキーはこの仕事に対して必要経費は支給されていたものの、給料を受け取っているわけではなかったので、周口店での発掘調査で発見したすべての化石を記載する権利を協議のうえで勝ちとった。ツダンスキーが何となく気乗りしないまま周口店で発掘調査を始める一方で、アンデションはほかの科学研究機関からこの遺跡への興味を引き出し、助成金や寄付金を獲得したり、遺跡の重要性を周知したりするのに力を注いだ。あるときには、アメリカ自然史博物館が支援する調査隊の主任古生物学者ウォルター・グレンジャーを連れてきて「初期人類」の探索をもちかけた。先史研究における中国の価値と、発展途上の科学分野に中国が貢献できることに気づいてもらい、アジアへの興味を急速に高める古人類学界で中国産の化石を最優先の研究対象にしようという計画だった。

ツダンスキーが一本の歯（歯冠と三本の歯根が摩耗した歯）を発掘したのは、一九二一年の発掘調査でのことだ。ケアゴーはこう述べている。「ツダンスキーは周口店で石器の存在は認めていなかったものの、周口店に太古の人類の化石が存在することにはまもなく気づいた。しかし、彼はそれを誰にも話さず、見つけた歯をしまい込んだ。彼自身の説明によれば、ヒトの祖先が見つかったかもしれないと騒がれて、もっと重要な研究がかすんでしまわないようにしたかったのだという。とはいえ当然ながら、この発見が自分のキャリアにとってどんな意味をもつのか、そして、正当な給料なしで働いたことへの見返りになるということを完全に認識していたのだ」[6]

ツダンスキーは一九二六年にスウェーデンの皇太子が遺跡を訪れた際にその歯を訪問団にうやうやしく披露したものの、その大臼歯と、箱詰めされていた出土品から見つかった別の歯の破片について調査隊が発表したのは、一九二七年になってからのことだ。歯は右側の大臼歯として特定され、ツダンスキーは仮にホモ属に分類した（彼は種名の隣に疑問符をつけている）。ツダンスキーは周口店での経験を綴った著作を一九二三年に出版し、そこには出土して同定されたすべての種の化石一覧も含まれていたのだが、疑問符が付いたホモ属の歯のことはまったく書かれていなかった。ツダンスキーは一九二三年の発掘調査のあとウプサラに戻ってから、ほかの出土品とともにその歯を分析したのだった。彼は周口店でのその後の調査には加わらなかったが、人類の歯に関する発表はこの遺跡でヒトの祖先を探す本格的な調査の始まりとなった。

＊　＊　＊

たとえたった二本の歯しか証拠がなくても、「初期人類」や謎めいたヒトの祖先の存在は、ロックフェラー財団などの国際機関が周口店での発掘調査を助成しようという気にさせるのに十分だった。一九二七年までにはロックフェラー財団の助成金が到着し、丁文江《ディンウェンジアン》博士（プロジェクトの名誉主任）と翁文灝《ウォンウェンハオ》博士（のちに中国地質調査所の所長となる）という中国の研究者たち、そしてカナダの古人類学者デヴィッドソン・ブラック博士の主導のもとで、系統的な発掘調査が本格的に始まった。発掘調査や研究室での作業を取り仕切ったのは、アンデルス・ビルエル・ボーリン博士（および彼の妻）、李捷《リージエ》博士、劉徳霖《リウドオリン》博士、謝仁甫《シエレンフー》博士という四人の科学専門家だ。フィールド管理者や料理人など、ほかの作業員も雇われた。フィールド隊のメンバーが投宿したのは、劉珍店というラクダのキャラバン隊を泊める宿で、れんがづくりの湿っぽい小さな部屋が九つあるだけの場所だった。現場からわずか二〇〇メートルの位置にあり、李捷が一カ月一四元で借り上げて、一九二七年から一九三一年まで理想的なフィールド拠点として役立った。最初のフィールド作業が開始されたのは一九二七年三月二七日。それまで地図は北京原人の発掘現場のものしかなかったため、まずは周口店遺跡全体の系統的な測量を房山区の中心地まで実施した。そして一九二七年四月一六日、本格的な発掘調査が始まった。

ロックフェラー財団は発掘調査への助成金に加え、新生代研究室の建設と管理にも資金を拠出している。この研究室はデヴィッドソン・ブラックがロックフェラー財団から受け取った八万ドルを活用して、ブラックと丁文江、翁文灝によって北京協和医学院内に一九二八年に創設された。目的は北京原人に関する出土品を管理することだ。周口店遺跡からの出土品の量は驚くほど膨大だった。一九二七年の発掘調査で出土した化石標本は何と五〇〇箱にものぼった。出土した化石の大半はその後、スウェーデンの極東考古学博物館に送られた（北京からスウェーデンに化石を輸送する際も危険と無縁ではなく、一九一九年一一月にはスウェーデンの船「北京号」が八二箱の動植物の化石を分析のためにスウェーデンに運ぶ途中で嵐に遭って沈没して、アンデションの初期の研究は化石の喪失で多大な痛手を受けた[7]）。

一九二七年一〇月一六日、発掘調査の終了予定を三日後に控え、作業を切り上げる準備が始まりつつあったとき、現場で人類の歯が埋まっているのが発見された。そこはツダンスキーが何年か前に歯を見つけた場所の近くだった。一九二七年一〇月二九日付の手紙で、デヴィッドソン・ブラックはストックホルムにいるアンデションに宛てて次のように書いている。

ついに見事な人類の骨を発見しました！

本当に喜ばしいニュースではないでしょうか！

ボーリンは熱心なすばらしい作業員で、自分の調査のじゃまになる現地の不快な出来事や軍事演習を寄せつけません……私のほうは毎日の委員会の仕事があってここに来なければなりませんが。謝仁甫は地元で戦闘があったために周口店に到着できませんでした。一〇月一九日の夜、私が六時三〇分に会合からオフィスに戻ると、ボーリンがいました。着ていた作業着は泥だらけでしたが、彼の顔は幸せそうに輝いていました。戦争にもめげずに今シーズンの発掘調査を終え、一〇月一六日には歯を見つけました。土に埋まっていたまさにその場所から、歯を取り出したのです！　私はもう、興奮して有頂天になりました！　ボーリンは北京にいることを奥さんに知らせる前にここに来たんです――彼はまさに私が探していたとおりの人物です。中国での調査にボーリンのような人材を確保していただいて心から感謝していますと、ウィーマン博士にお伝えくださいい。

いま北京には、前回の軍事危機があった今年七月に届いた五〇箱ほどの出土品がありますが、周口店にまだ残っている出土品が大型の箱で三〇〇箱以上あります。地質調査所の李氏がこれを輸送できる貨車を探していますす。二台じゃ足りないでしょう！(8)

彼の興奮がよく伝わってくる。一九二九年まで、周口店での発掘調査では人類の歯がそれぞれ違う場所で新たに数点見つかっただけで、一九二一年から一九二七年にかけて出土した点数と比べてもそれほど多くなかった。一九二九年には、周口店の堆積層の中ほどで発掘調査が始まった。これらの堆積層は遺跡を横切る北の割れ目の西側に位置している。一九二九年は周口店での発掘調査において大きなターニングポイントとなった。それは、同年一二月に出土したものによるところが大きい。出土地は、アンデションの初期のメモで「地点53」とも呼ばれていた竜骨山で、のちのあらゆる文献では「洞窟1」と呼ばれている。竜骨山は石炭会社が所有する採掘地で、プロジェクトでは年間九〇元の借地料を支払っていたが、一九二七年以降は一八〇元にはね上がった。この「ゆすり」を防ぐために、新生代研究室は「破格」の四九〇〇元を支払って、遺跡を恒久的に利用する権利を手に入れた。

　ボーリンと李捷が発掘調査の統率や科学的な業務を受けもつ一方で、古生物学者で人類学者の裴《イ》文中《ウェンヂォン》教授はこのような大規模な現場を運営するための膨大な業務を担当しなければならなかった。数十年後のインタビューで、裴は一九二九年四月にブラックが去って現場を引き継いだあと憂鬱になって苦しかったと、当時を振り返っている。

　一九二九年一一月までに、遺跡にはきわめて豊かな動物相が見られることがわかってきた。たとえば、アンテロープの顎の骨が一日に一四五点も出土したことがある。この大量のアンテロープのほかにも、ブタとスイギュウの完全な頭骨、シカの角が出土したが、人類の歯はほんの数点しか見

1920年代に中国の北京原人の発見地で発掘する考古学者と作業員たち。
(Science Source)

つかっていなかった。しかし一九二九年一二月二日の午後遅く、中国の人類の起源をめぐるストーリーに新たな種類の化石が加わった。作業員たちが周口店の第五層で一点の頭蓋冠を発見したのだ。これは明らかに頭骨の存在を示すもので、人類の進化史と中国との古い結びつきを示す動かぬ証拠だ。こうした化石の発見が意味するのは、中国は地質学的な手法と科学を遅ればせながら使い始めたことによって、「中国の」歴史的な古さをめぐる調査に深く関与できるようになったということであり、この発掘調査全体がナショナリストの関心事となった。この一つの発見で、中国の歴史は更新世まで「正当に」さかのぼることになり、ヒトの起源を探る新たな研究分野で中国は無視できない重要な存在になった。

この発見で現場は興奮に沸き返ったに違いない。一九八〇年に行われた一連のインタビューで、王《ワン》存義《ツンイ》は一九二九年一二月二日の詳しい出来事をこのように振り返っている。

午後四時過ぎ、日が傾き、寒風が吹いて現場がぐっと冷え込んだときのことでした。みんな寒さを感じていたんですが、もっと化石を見つけたいと懸命に発掘を続けていました……大量の化石が出土すると、みんなで目を輝かせて、ひと目見ようと降りていきました。だから私には、現場がどんな様子だったかがわかるんです。

普段はガス灯を使っていました。そのほうが明るいですから。しかし、現場の縦穴はあまりにも狭く、それぞれが片方の手にろうそくを持って、もう片方の手で土を掘るしかありませんでした[9]。

＊　＊　＊

先史学者で考古学者の賈蘭坡《ジアランポ》博士は、北京原人の頭骨が発見されたときの様子をこのように振り返っている。

現場が寒かったからか、それとも夕方という時間帯のせいなのか、しんと静まりかえった空気のなかで、ときどきハンマーの音がリズミカルに響くだけでした。その音で穴の底に人がいることがわかるんです。「何だそれは？」と裴が突然大きな声をあげました。「ヒトの頭骨だ！」静寂のなかで、誰もがその声を耳にしました。

大量の化石が見つかったので、裴も穴の下へ降りていたんです。丸い物体があるという報告を受けると、裴もその場にとどまって技工といっしょに発掘し続けました。物体がさらに土から出てくると、彼は叫びました。周りの人たちも興奮して、待ちわびた念願の発見に大喜びでした。

このまま一気に掘り出したほうがいいという意見もありましたが、この遅い時間帯に急いで作業すると物体が破損するかもしれないと懸念する声もありました。「これまで何千年もここにあったものだ。もう一晩このまま残しても差し支えないだろう?」彼らはあれこれ議論しましたが、長い夜のあいだに作業を中断するのには耐えられなかったのです。[10]

裴がブラックに打った簡潔な電報には、その瞬間の気持ちが表れている。「トウコツハッケン。ムキズ。ヒトノヨウダ[11]」。当初、この知らせを真に受ける人はほとんどいなかった。裴の化石を同定する能力を疑問視する人もいたし、二年も発掘調査を続けていて歯が数本しか見つかっていないのに、そんな幸運があるわけがないと信じなかった人もいた。アンデションに宛てた一九二九年一二月五日付の手紙で、ブラックはこのように書いている。「昨日、周口店にいる裴から電報を受け取りました。明日、シナントロプスの完全な頭骨を北京に持ってくると言っているんです! それが本物であるといいのですが[12]」

とはいえ、化石を見つけただけでは終わらない。標本を慎重に発掘して、新生代研究室に運ばなければならなかった。化石の発掘と保存にはいささか慎重を要した。発掘した直後、シナントロプ

周口店の発掘現場で、化石を無傷で取り出すために原位置で保護している場面。1930年代前半のパラマウント・ニュースのひとコマ。(Film courtesy of the American Museum of Natural History Library and Dr. Milford Wolpoff)

スの化石は洞窟の堆積物の影響で軟らかく湿っていて、少しの衝撃で壊れそうだった。北京に輸送するにあたってはまず、標本をしっかりと乾かさなければならない。裴は仲間の考古学者、喬徳《チアオドゥー》瑞《ルイ》と王存義とともに昼も夜も焚き火のそばにいて、頭骨を乾かした。そして標本を何層ものガーゼで包み、それを石膏で覆って再び乾かす。それを二枚の厚い綿のキルトと二枚の毛布でしっかりと包んでから、ロープで縛った。土と洞窟の堆積物から細心の注意を払って掘り出されたものはいま、人工の層と物質でできた新たな層序に包まれている。裴が北京原人の化石群のなかで初めての完全な頭骨を新生代研究室のデヴィッドソン・ブラックに届けたのは、一九二九年一二月六日のことだった。

一九二九年一二月二八日、中国の地質調査所が特別会議を開いてこの発見を発表すると、翌日には外国の報道機関が化石の大発見を伝え、その二ュースは世界中の科学界へとすぐに広まった。イギリスの解剖学者グラフトン・エリオット・スミス（当時はまだピルトダウン人の解剖学的な特徴をまとめる作業に追われていた）は一九三〇年九月に北京を訪れて、北京原人の化石を調べている。新生代研究室はその後も数年間にわたって周口店遺跡での発掘調査を続け、頭骨や下顎骨、歯の破片をさらに発見した。それらすべてがシナントロプスに分類された(13)。

一九三四年三月一六日、デヴィッドソン・ブラックがこの世を去った。その朝、周口店で出土した標本の前で倒れていたのだ。仕事の遅れを取り戻そうと作業していた最中のことだった。ブラックの地位と仕事を一九三五年に引き継いだのは、ドイツの解剖学者フランツ・ワイデンライヒだ。優秀な科学者で細部に着目するワイデンライヒの姿勢も一助となって、科学界にもたらされた周口店の化石は、その最前線で注目されるようになった。ただ残念ながら、ワイデンライヒは前任者ほど社交的でも愛想がよくもなかった。組織運営や日々の業務を、研究室の同僚の中国人で、一九二八年から一九三三年にかけて周口店での発掘調査を指揮した楊鍾健《ヤンヂォンジエン》に任せっきりだった。ワイデンライヒが運営業務にかかわらなくなったことで、ロックフェラー財団は新生代研究室への直接の支援を打ち切った。ただし、周口店での発掘調査への資金援助は一九三七年三月三一日まで続けている。会議の議事録で、財団は周口店遺跡が中国だけでなく全世界にもたらす科学的な重要性をこのように認めている。

> 北京近郊に位置する周口店の洞窟での古生物学的な発見は、古代の人類に関する知識への貢献

という点で、きわめて重要で興味深い偉業の一つである。この研究の科学的な重要性は疑問の余地がなく、プログラムが破綻すれば科学界にとって多大な損失となるだろう。また、プログラムは当初から北京協和医学院との関係が深かった。同大学は中国と西洋の学者たちのすばらしい協力関係の象徴であり、その科学的な能力や実績は中国の歴史のなかでも傑出している。ブラック博士の他界でこのプロジェクトが実質的に終わったのではないかと懸念する声があるのはもっともではある。しかし、フランクフルト大学やシカゴ大学に在籍していたフランツ・ワイデンライヒ博士は一九三五年三月の着任以来、学識や運営能力、臨機応変な対応といった必須の能力をいかんなく発揮して、ブラック博士が始めたすばらしい仕事を前進させ、見事な成果をあげている。(14)

こうしたお墨付きを得たにもかかわらず、一九三七年に日中戦争が始まり、さまざまな困難が立ちはだかると、周口店での発掘調査は休止され、化石は研究室で厳重に保管されることとなった。日本とアメリカのあいだで戦争が勃発すれば、研究室が日本に乗っ取られるだろう。そう懸念したワイデンライヒは一九四一年夏、化石の模型をもっと制作するべきだと強く主張した。だが同年後半には、アメリカ自然史博物館に職を得て北京を離れた。

＊　＊　＊

北京原人はどのようにして「北京原人」になったのか。分類学的に見ると、北京原人は当初ヨハン・アンデションらがシナントロプス・ペキネンシスと名づけた種に分類されたが、現在はホモ・エレクトスに属する。一つの個体ではなく、複数の個体をひとまとめにして呼ぶ名称だ。デヴィッドソン・ブラックの当初の形態学的研究では、現生人類に似た種であり、脳は現生人類よりも小さいが、全体に頭骨や骨の大きさは似ていると記載されている。シナントロプスが異なるのは、眉の部分がひさしのように大きく出っ張り、おとがいのない大きな下顎をしている点だ。地質学的に見ると、遺跡の年代は七五万〜五三万年前だ。現在では、遺跡で出土した遺物が広範囲に分析されているおかげで、この種が高度な石器をもち、私たちホモ・サピエンス以外では初めて火を制御して系統的に使用できたことがわかっている。一方、歴史的な観点では、「北京原人」という名称は周口店で出土した化石群を指す。したがって、「北京原人」と言ったときには、分類学的な一つの時期と歴史上有名な遺物の名称の両方を暗に指しているのだ。

「化石には名声がついて回ります。とりわけこの化石が個性を与えられ、擬人化されるようになった一九二〇年代と三〇年代にはそうでした」と歴史家のクリストファー・マニアス博士は説明する。「メディアや大衆向けの話は、『北京原人』を完全に一個人として扱っているように感じます。彼は誰で、どこに住み、どの程度の道徳規準をもち、何を食べ、『私たち』とどのくらい似ていたのかなど、『彼』の姿を知ろうとするのです[15]」

ナショナリズム的な結びつきはほかの化石発見にもはっきり見られるが（ピルトダウン人が「最古のイギリス人」ともてはやされたのはその一例）、科学のめざましい発展と切り離しがたく結びついた発見は北京原人のほかにはない。中国の現代地質学は外国の帝国主義の影響で発展したと見なされることが多く、二〇世紀初頭から半ばにかけて欧米に留学した中国の学生が、その技術や理論を祖国に持ち帰った例は数少なかった。これはイギリスの植民地で行われていた科学とは異なる。その結果、中国には南アフリカのタウング・チャイルドをめぐる科学とは異なる種類の古人類学が根づくこととなった。古人類学にかかわるヨーロッパの知識層がタウングの発見を軽視していた理由の一つとして、化石と人類の祖先に関する解釈が植民地（南アフリカ）からもたらされたものであり、ヨーロッパ（具体的にはイギリス）の機関によって立証されなければならないと見なされていたことが挙げられる。

科学的な手法と枠組みを導入したおかげで、中国の地質学は世界標準にあり、そこに参加する正当性があるのだと示すことができた。「中国の地質学を切り拓いた先駆者たちにとって、国家と科学の結びつきはもっと根本的なものだった。岩石や化石を収集するにしろ、地球の活動を解明するにしろ、彼らはある意味で中国という国を直接研究し、地球規模の物語に当てはめているのだ」と歴史家のグレイス・エン・シェン博士は述べている[16]。中国にとってこうした地質学や考古学の新たな枠組みに加わることは、地質学という世界的な現代科学に参加する手段となり、中国は古人類学で重要な存在となった。実際のところ、「初期人類」の探索以上に地球規模の視点をもった研究はなかなか思いつかない。つまるところ、それこそが周口店の発掘プロジェクトで明らかになったことだ。発掘調査にかかわったのはさまざまな国籍のメンバーからなる国際チームであり、そうした現場から出土した貴重な化石であることから、シナントロプスも当初は国を越えた存在になった。発掘調査には中国人のほかに、カナダ人、スウェーデン人、オーストリア人、ドイツ人、フランス人が参加していた。周口店の発掘調査ではまた、考古学やヒトの進化、長大な人類史を研究するさまざまな研究者や学者のネットワークが活用され、長期にわたるスウェーデンとのつながりが生んだ国際的な関係やフランスの関与もあった[17]。このように国際的に注目されたにもかかわらず、化石自体は中国とその歴史を象徴する強力な存在となったのだ。

＊　＊　＊

周口店の化石が発見されたその瞬間については曖昧な点がある一方で、化石が消えた時期は明確だ。とはいえ、消失をめぐる状況は、何十年経った今でも明確というにはほど遠い。さらに、北京原人にまつわるたいていの側面がそうであるように、そのストーリーには短いバージョンと長いバージョンがある。

まずは短いバージョンを見てみよう。フランツ・ワイデンライヒをはじめとする北京協和医学院の研究者たちが、一九三九年から一九四一年にかけて中国と日本のあいだで緊張が高まっていたことから、化石の安全を懸念した。真珠湾攻撃を受けて一九四一年一二月八日にアメリカが日本に宣戦布告すると、日本軍は北京協和医学院を占拠した。化石が中国から略奪されたり、完全に破壊されたりする懸念を抱いた大学側は、北京原人の化石をていねいに梱包して、中国からアメリカかヨーロッパへ秘密裏に持ち出そうと画策した。化石は二箱に分けて梱包され、アメリカ海兵隊のキャンプ・ホーカムに運ばれ、アメリカ船「プレジデント・ハリソン」に積み込まれて輸送される計画だった。しかし、化石が基地に到着した数日後に、この基地は日本軍に対して降伏した。北京を出発してからハリソン号への積み込みまでのどこかで、化石は戦争の大混乱のなかで失われたのだ。

一方、長いバージョンでは、北京原人の消失をめぐるストーリーは『マルタの鷹』などで知られるダシール・ハメットのミステリー小説を読んでいるようで、謎や陰謀、そしていくつかの事実が入り混じるものの、フィクションのほうが多い。ハードボイルドな探偵サム・スペードが、計り知れないほど大きな価値をもつ科学界の希少品を発見する任務を与えられたかのようだ。

輸送の準備のため、解剖学の技術者である新生代研究室の吉廷卿《ジーティンチン》と胡承志《ホチョンヂ》が化石を一つひとつ白いティッシュペーパーで包み、それを綿とガーゼで覆って、さらにその上から白い紙で包んだ。梱包された化石は全面に数層の段ボールを敷いた小さな木箱に入れられ、さらにその木箱は白木で作った二つの大型の箱に収められた。一つは事務机ほどもある大きな木箱で、もう一つはそれよりわずかに小さい。二つの木箱は北京協和医学院の総務長Ｔ・ボーウェンのもとに届けられたが、その後、ある貯蔵室から別の貯蔵室へと移動され、まもなく北京の東交民巷にあるアメリカ大使館に届けられた。こうした移動はすべて、真珠湾攻撃の三週間前に行われた。真珠湾攻撃のあと、大学は日本軍によって占拠された。

二つの木箱の中身を見ると、周口店遺跡からの出土品がいかに多いかがわかる。たとえば、事務机ほどの大きさがある「大箱１」には七つの箱が収められている。箱１だけ見ても、歯（七九箱の小箱に分けて梱包）、大腿骨の破片九点、上腕骨の破片二点、上顎骨三点、鎖骨一点、手根骨一点、鼻骨一点、口蓋一点、頸椎一点、頭骨の破片一五点、頭骨の破片が入った小箱一箱、足指骨が入った小箱二箱、そして、下顎骨が入った小箱一三箱が入っていた。大箱１にはこれ以外にも頭骨が入った箱が六箱と、オランウータンの歯が入った小さな容器が収められていた。オランウータンの歯を除いて、大箱1に入ったすべての化石が北京原人のものだ。上顎骨が一三点、大腿骨が九点あることだけを見ても、北京原人の化石が性別も年齢もばらばらな複数の個体の集まりであることがよくわかる。もう一つの大箱にも似たような北京原人の化石が収められていたほか、マカク属のサルの頭骨も何点か入っていた。研究室はこれらの大箱について詳しいメモを残しており、誰がどんな梱包材を使ってどの箱を梱包したかが記録されている。大箱は失われて見つかっていないものの、中身の記録は後世に残ったのだ。

とはいえ、一九四一年一一月から一二月初めにかけて政治や軍事の緊張が高まると、中国地質調査所の翁文灝所長は北京協和医学院の学長であるヘンリー・ホートン博士に、北京原人の化石を安全な場所へ移すように訴えていた。そこでホートンは、北京のアメリカ大使館に駐留する海兵隊派遣隊の司令官だったウィリアム・W・アシャースト大佐に働きかけ、海兵隊の保護のもとで北京原人の化石を数日以内に安全な場所へ運んでほしいと頼む。そして一二月五日の午前五時、北京原人の化石を載せた海兵隊の特別列車が北京を出発し、日本が所有していた南満州鉄道を経由して、沿岸の小さな都市、秦皇島へと向かった。北京原人の化石は秦皇島でアメリカの定期船「プレジデント・ハリソン」に積み込まれ、上海を経て北へ向かうはずだった。

しかし、日本軍が真珠湾を攻撃するとすべての計画が頓挫した。ハリソン号が拿捕されるのを防ぐため、船員たちは船を長江の河口に座礁させたのだ。化石を載せた海兵隊の特別列車は秦皇島で日本軍に接収された。北京原人の化石が入った二つの大箱がどうなったかは、いまだに推測の域を出ない。その大きな理由は、目撃者によって証言がばらばらで矛盾が多いことだ。「それ以降に何が起きたかは、デマや戦争の混乱のなかでかき消されてしまった」。北京原人の消失をめぐる著作にそう書くのはルース・ムーアだ。「三国の政府による懸命の捜索にもかかわらず、竜骨山の地中に眠っていた頃と同じように、この世界から忽然と姿を消してしまった。ある話では、日本軍が列車から奪った箱をすべて艀《はしけ》に積み込み、天津沖に停泊していた貨物船まで運ぼうとしたのだが、艀が転覆し、北京原人の化石は水面に漂って流出したか、海底に沈んでしまったのだという。ほかには、列車を略奪した日本軍が骨のかけらの価値を知らずに捨ててしまったとか、『竜骨』として中国人の商人に売ったという話もある。そうであれば、化石はとっくの昔にすりつぶされて薬になってしまっただろう(18)」

＊　＊　＊

北京原人のストーリーには確かな答えがないことから、多くの人々は化石がまだどこかに眠っていて再び発見される日を待っていると信じている。そうした人たちは何十年も探索を続けてきた。

一九七二年に北京原人のストーリーへと加わった、アメリカ・シカゴの資本家で慈善家のクリストファー・ジェイナスもその一人だ。ジェイナスは以前から世間の怒りを買ってきた人物で、ヒトラーのリムジンを所有して乗っていたことで知られる。さらに一九五〇年には、綿花のプランテーションと「五〇人のエジプトの踊り子」を受け継いで、少女たちを演芸の舞台に出演させていた。エジプト大使館は、エジプトでは奴隷は違法であると何カ月もかけて説得した。エジプト憤慨したエジプト側は彼が政治家から嫌われていると見るようになり、ジェイナスからできるだけ距離を置こうとした。

まるで犯罪映画の登場人物のように、ジェイナスは北京原人のストーリーにみずからの一章を書き加えようと心に決めた。ジェイナスが化石の消失事件に興味をもったのは、中国が欧米に対して再び扉を開き、入国が許された最初のアメリカ人グループの一人として一九七二年に中国を訪れたときだった。彼はもともと活動的で、歴史や文化にも強い興味をもっていた。ジェイナスは人類学者として教育を受けた経験はなかったものの（周口店遺跡博物館を訪れるまで北京原人の化石の話は聞いたこともなかったと、彼は認めている）、この博物館の博士から化石を発見して中国に戻す使命を与えられたと感じた。北京原人の化石の発見は個人的な使命になったと、ジェイナスは書いている。アメリカに戻るとすぐに、消えた化石の探索に乗り出し、その所在に関する情報を提供した人に五〇〇〇ドルの報奨金を出すと申し出た。

彼の著書『消えた北京原人』は密会、スパイ映画のようなほのめかし、国際的な策略といった、謎と陰謀に満ちている。最初の数章では化石の消失について記述され、ハーマン・デイヴィス博士が木箱を台にしてポーカーをしていたらしいことが事細かに書かれている。ジェイナスの「調査」によれば、米軍基地に日本軍が侵攻してきたとき、デイヴィスはマシンガンを安定させる土台としても、化石の入った木箱を使ったのだという。ジェイナスの書籍には、化石の所在を知っている、さらには化石を実際に持っているなど、北京原人の情報を提供したいという人物がどこからともなく次々に出てくる。たとえば、アメリカへ移住した中国人のアンドリュー・ジー氏は、化石が台湾にあり、親友がその詳しいありかを知っているという。化石探索のクライマックスは、ある女性との密会だ。死んだ夫が第二次世界大戦で従軍したときに、海兵隊の小型トランクに化石を入れて持ち帰ってきたのだという。ある春の日の正午、ジェイナスはエンパイアステートビルの最上階でその女性と会うことになった。サングラスをかけているから、それを目印にしてほしいと彼女は言った。最上階で会った女性は、化石のように見えるぼやけた写真をジョイナスに手渡すと、そのあと忽然と姿を消した（写真は都合よくピントが外れ、びっくりするほどぼやけていて、アメリカ自然史博物館のハリー・シャピロに写真を見せて化石の鑑定を依頼すると、どう好意的に見ても疑わしいとの答えが返ってきた）。さらにジェイナスは（まずありそうにないことだが）ＦＢＩやＣＩＡから「国益のために」化石の所在地を見つける手助けをしたいと持ちかけられているから、化石の探索を続けると言い張っていた。[19]

北京原人の化石を探すジェイナスの活動には、一九八一年二月二五日に急ブレーキがかかる。ジェイナスは連邦大陪審から三七件の詐欺容疑で起訴されたのだ。検察側の訴えでは、化石の国際的な探索は総計六四万ドル（探索活動と映画製作の資金として銀行から借りた五二万ドルと、投資家から集めた一二万ドル）に及ぶ詐欺であり、ジェイナスはその大部分を個人的に利用したという。「シカゴ・トリビューン」紙のインタビューで、ジェイナスは借りた資金はすべて化石探索と計画中の映画に充てるものだと言い張った。起訴されたあと彼は、連邦政府が自分に対して行動を起こすと、アメリカと中国との関係が崩壊するとほのめかす発言をしている。「これは北京原人の探索にとどまらないものだ」とジェイナスは報道機関に語った。「詳しくは言えないが中国とのある種の関係、連邦政府と進めているプロジェクトにかかわってくる[20]」

大陪審はジェイナスが北京原人の探索にも映画製作にも真剣に取り組んでいないと結論づけたものの、集めた資金の大部分を具体的に何に使ったかまでは特定できなかった。「彼はこう言っていました。『私はハリソン・フォードみたいだ』とね」。『消えた北京原人』の共著者であるウィリアム・ブラッシュラーは「ウォールストリート・ジャーナル」紙のインタビューで、そう回想している。「映画に投資しないかと、すぐさま連絡してきました。彼は嫌いになれない人物なんですが、片方の腕を肩に回してきたかと思うと、もう片方の手を財布に突っ込んでくるんです[21]」。最終的には、ジェイナスは二件の詐欺を認めた。

ジェイナスのように、北京原人のストーリーにずかずかと強引に入り込んだ人物がいる一方で、もっとさりげなく加わった人物もいた。その一人が、北京協和医学院の技術者で、化石を最後に見た人物の一人であるクレア・タシジアンだ。タシジアンは化石消失をもとにしたフィクション『北京原人失踪』を執筆している（この本はどれだけ大目に見ても扇情的というしかなく、文章はつまらないし、話の筋もおもしろいほど簡略化されている）。とはいえ、化石が消失したときに北京の研究室で秘書を務めていたという経歴の持ち主で、化石を実際に見たことがある最後の人物の一人でもあったことから、思いがけない歴史の気まぐれによって、化石に関する彼女のコメント（そして著作）は衝撃の告白であるかのような印象を与えている。一九七五年一月、アメリカのテレビドラマ『ハワイ・ファイブ0』のオリジナル版で「骨をめぐる争い」というエピソードが放映された。スティーヴ・マギャレットのチームが「世界最古の行方不明者」を捜索し、ハワイにある軍の保管庫で北京原人の化石を発見するという筋書きだ。化石を探すスリル、宝物、謎がこのフィクションを牽引する。そして、まさにこのセンセーショナリズムこそが、北京原人のストーリーに対する私たちの考え方の核心にあるものだ。今や、化石の名声はそれを取り巻く謎と陰謀に左右されている。だからこそ、この化石について生み出され、繰り返し語られるストーリーが、化石それ自体と同じように美化されてしまうのだ。

さらに最近では二〇〇六年七月、北京の房山区の行政機関が化石の探索活動を再開すると発表した。それを受けて、周口店遺跡博物館の職員四人からなる委員会が、中国の全域で化石の所在を示す手がかりを集め始めた。化石探しのホットラインの番号は複数の地方新聞にも掲載された。委員会の発表では、同年の秋までに合計六三件の手がかりが寄せられたという。そのうち四つの手がかりが「きわめて有望」に思えるとの委員の一人の発言が、複数の新聞に掲載されている。一つ目の手がかりは、孫文の政権で高官を務めていた「一二一歳の男性」から寄せられ、化石がどこにあるかを正確に知っているという。二つ目の手がかりは、中国北西部の甘粛省出身の「高齢の教授」が日本を訪れた際に東京裁判の記録で米兵が告白した証言を見つけたというものだ。三つ目の手がかりは、頭骨を所有している「高齢の革命家」を知っているという北京の人物から寄せられた。そして四つ目は北京在住の別の男性から寄せられた手がかりで、北京協和医院で医師をしていた自分の父親が、ある日仕事場から頭骨の一つを持って帰宅し、近所の庭に埋めたのだという。[22]

どの手がかりも、化石の発見にはつながらなかった。

＊＊＊

化石が失われたのだとしたら、北京原人はどうすれば科学的な遺産を残せるだろうか？　二〇世紀前半には、化石標本の模型が古人類学にとって重要な役割を果たしていた。希少かつ貴重な化石を船に積んで他国の研究者に送るわけにはいかなかったので、化石の模型が博物学の研究機関のネットワークを通じて送られた（レイモンド・ダートが南アフリカからロンドンへ船で旅するとき、海上輸送するタウング・チャイルドに特別に保険をかけたのを思い出してほしい）。ヒトの起源を探る研究の初期の頃には、古人類学者たちは自分が見つけた化石の模型を、世界のほかの地域にいる研究者が所有しているほかの標本の模型と交換していた。化石の模型は社交上の通貨のようなものだった。研究者は（共同研究者も批判的な研究者も）自分自身で解剖学的な特徴を調べるために、化石の模型を見たがっていたのだ。学者以外の人々は有名な化石の話を聞いて、公共の博物館で見たいと思うようになる。研究用にも展示用にも流通させるため、化石の正確な模型を作らなければならなかった。[23]

「すべて［シナントロプス・ペキネンシス］の模型が細部の細部まで細心の注意を払って制作され、色づけされています。これを使えば、確信をもって研究できます」と、化石の調達や模型制作を手がけるR・F・デイモン社はカタログで宣伝している。[24]一九三〇年代前半に周口店で発掘された化石が同社の新しいカタログに掲載されると、世界中の研究者が北京原人の化石の模型を手に入れられるようになった。ロンドンのサー・アーサー・キースから、南アフリカのレイモンド・ダートま

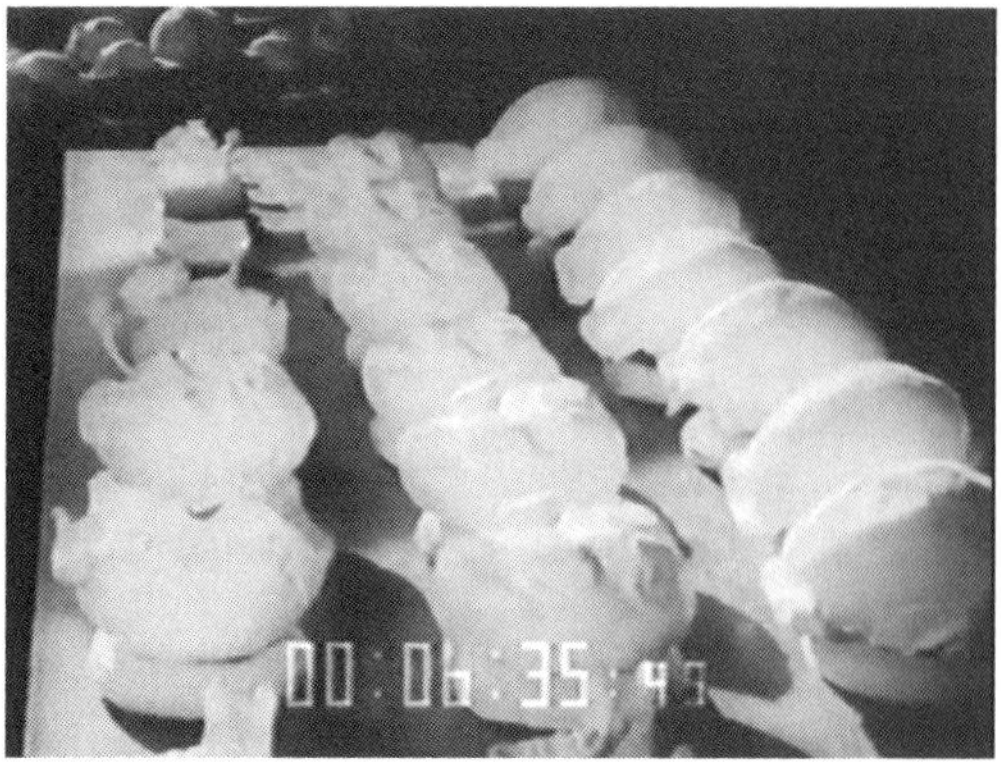

新生代研究室の作業台で乾燥される、北京原人の頭骨の模型。1930年代前半のパラマウント・ニュースのひとコマ。(Film courtesy of the American Museum of Natural History Library and Dr. Milford Wolpoff)

で、あらゆる研究者が周口店で発見されたすばらしい化石を調べられるようになったのだ。

一九三〇年八月二日には、ピエール・テイヤール・ド・シャルダンがマルセラン・ブールに手紙を書き、周口店での胸躍る発見と、異なる化石の分類群を比較して分析するという自身の研究について触れている。テイヤール・ド・シャルダンは二〇世紀前半の古人類学界で有力者の一人で(ラ・シャペルのネアンデルタール人とピルトダウン人の化石を研究していた)、周口店での発掘調査が始まると、研究対象を中国に移していた。「北京に戻ると、ブラックの研究室でシナントロプスの二つ目の頭骨を目にしてうれしい驚きを得た。形だけでなく(さいわいなことに)保存状態も一つ目の頭骨と同じだった。二つ目の標本では、鼻骨の始まる箇所や、いくつか細かい部分がはっきりわかる」とテイヤールは書いている。「ブラックは個々の破片すべてについて(きわめて完成度が高い）模型を数点制作した。今から二週間後には、完璧な模型をもとに、頭蓋の容積の推定値を出してくれるはずだ」[25]

化石の模型は科学的な情報の交換を容易にしてくれるとはいえ、その制作には膨大な時間や資金、労力がつぎ込まれる。「模型は化石の外形をそのまま保っているという点で、化石骨の形を恒久的に複製した記録である。これを使えば、何千マイルも離れた場所で発見され、ほかの大陸に保管されている動物化石の研究や比較ができるため、本物の化石に代わって日々の研究に活用されている」と博物館のキュレーターであるジャネット・モンジュ博士とアラン・マン博士は説明する。「古生物を取り扱う博物館や学部はほぼどこでも、研究や教育に使う優れた模型を手に入れるために膨大な時間をかけている」[26]

R・F・デイモン社がシナントロプスの模型のコレクションを増やしていた一九三二年までには、ロバート・フェリス・デイモンが父親のロバート・デイモンから会社を引き継いでいた。父親が化石の仕事を始めたのは一八五〇年。古生物学者や先史学者からの依頼を受けて、芸術的にも技術的にも優れた化石の模型を制作してきた。模型は石膏を原料に作られ、博物館の収蔵品や展示品として使われた。一八五〇年から一九〇〇年にかけての初期の頃には、制作した化石の模型や復元模型の大半が貝や魚だった。人類の化石が見つかり始めると、同社は人類の化石の模型や復元模型も取り扱うようになり、古生物のコレクションを拡大していった。ヒトの祖先や人類学的な標本の模型を手に入れたいという声が高まるにつれて、同社はヒトとその祖先の頭骨や下顎骨、歯に注目するようになる。一八九一年に東南アジアでジャワ原人が、一九一二年にヨーロッパでピルトダウン人が、そして一九二四年にアフリカでタウング・チャイルドが発見されると、多くの研究者や博物館がみずから標本を調べられるように、化石の模型を手に入れたいと考えたからだ。

一九三〇年代半ばになり、見つかった北京原人の標本がどんどん増えてくると、R・F・デイモン社はデヴィッドソン・ブラックと翁文灝の認可を得て、取り扱うシナントロプス・ペキネンシスの模型の種類を増やしていった。新たに追加されたのは、若者から成人まで、さまざまな年齢の個体の下顎骨の破片が八点、「E地点」から出土した頭骨などで、デヴィッドソン・ブラックが一九三一年に「中国古生物誌」に発表した論文で記載した化石の複製だった。そうした模型の価格は通常、数ポンドだった。

本物の化石がまったく残っていないため、研究者は周口店での初期の発掘調査の物的証拠や実際にさわれる遺物として、模型を使うしかない。ほかの化石の模型は本物の化石の情報を伝える役目を果たしているにすぎないが、北京原人の模型は本物の化石の役割を果たすようになったのだ。「さいわいなことに、中国で研究が行われていた頃には、周口店で出土した骨のほぼすべてについて良質な石膏模型が制作され、世界中の主要な博物館に行き渡っていた」とモンジュとマンは述べている。「そうした模型には驚くほど多くの細部が残っているうえ、多くの場合、模型から得られた計測値と、元の化石から得られた計測値に大きな違いはない。一九三〇年代の模型制作技術のレベルと（現代の水準から見て）原始的な材料を考えると、これは偉業ともいうべきものだ。どんな模型でも厳密には元の化石の代わりにはならないのだが、このケースでは、模型は本物の化石標本の唯一の記録であり、失われた本物の化石に代わる妥当な代替品となる(27)」

一九五一年から一九五二年にかけて、中国が北京原人の本物の化石を懸命に探していた頃、模型が本物と混同されたことがあった。一九五一年一〇月六日、ベルリンにあるフンボルト大学の古生物学者ヴァルター・キューネ博士が、古脊椎動物・古人類学研究所の楊鍾健所長に手紙を書いた。それによると、同僚のD・M・S・ウォルソン博士がニューヨークにあるアメリカ自然史博物館で、周口店で出土した頭蓋冠2を目撃したうえ、ワイデンライヒ自身がその標本を扱っているのを見たのだという。化石にまつわるこの情報はすぐに、一九五二年一月一日の「人民日報」の社説で取り上げられ、アメリカ自然史博物館（そしてもちろんアメリカ合衆国）に対して中国への化石返還を求める論説が掲載された。しかし、英中友好協会のジョゼフ・ニーダム会長が一九五二年四月二九日付の手紙で、ウォルソンが化石の正体を誤解していたことを明らかにし、彼が見たのは単なる模型であることを指摘するケネス・オークリー博士（ピルトダウン人の捏造を暴いた人物）からの手紙を同封した。誤りを指摘されたウォルソンはすぐに自分の主張を撤回した[28]。

それならば、化石の模型しかない今の状況は私たちにとって何を意味するのか。そもそも、これは問題なのだろうか。「元の化石がなくても、消失前に制作された北京原人の化石の模型から、ホモ・エレクトスの形態学的な研究にとってあまりある情報が得られる」と、科学史が専門の厳暁《イエンシアオ》珮《ペイ》博士は述べている。「したがって、消えた北京原人の本物の化石が一部でも発見された場合に、ヒトの進化に対する現在の理解が著しく変わるかというと、それは考えにくい[29]」

あるレベルでは、この見解は確かに正しい。化石が単にその大きさや形を示すものであるならば、模型は本物の化石と遜色がないという厳の見解は正しい。とはいえ、元の化石には高さや幅といった情報以上の威光や文化的な価値があるものだ。この点を考えると、こうした主張は有名なブルーダイヤモンド「ホープダイヤモンド」や絵画「モナ・リザ」の複製が本物と「同じ」と言っているようなものになる。

＊　＊　＊

「一五三九年、マルタ騎士団がスペイン王への貢ぎ物として、くちばしからかぎ爪まで希少な宝石をちりばめた黄金の鷹の像を船で送った。しかし、この計り知れない価値をもつ宝物を載せたガレ

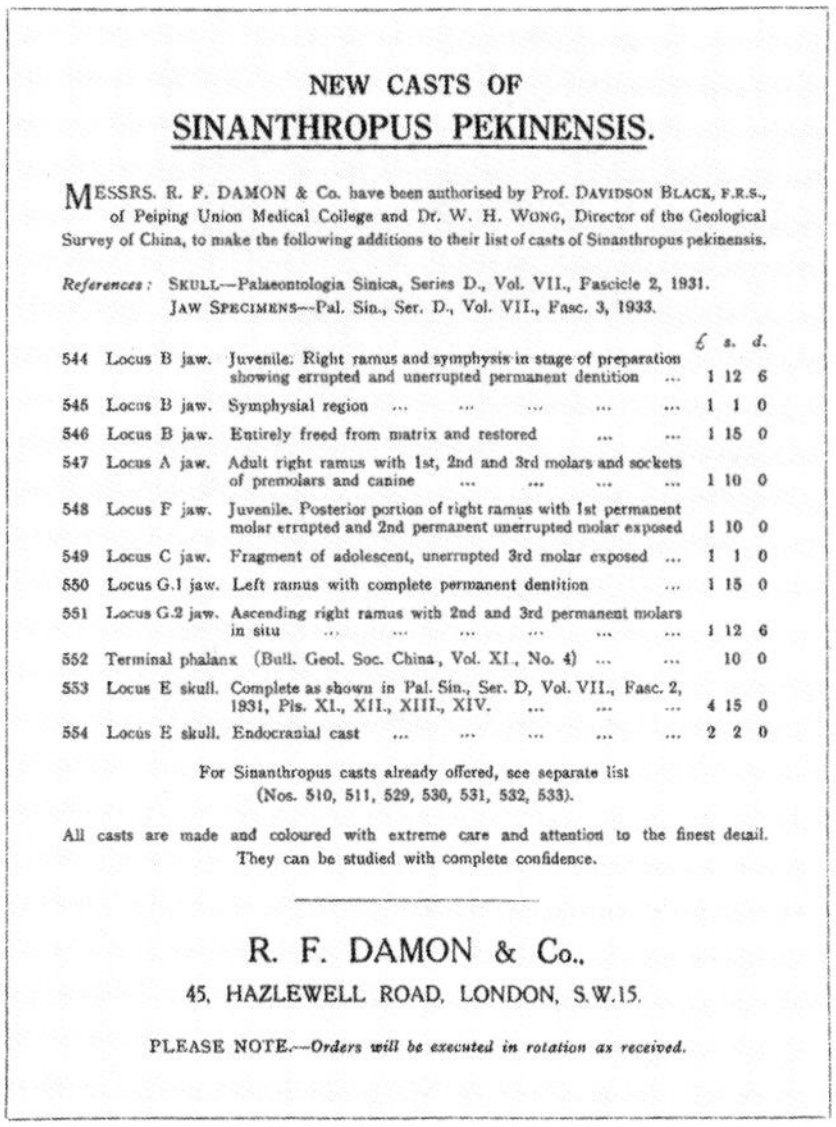

NEW CASTS OF
SINANTHROPUS PEKINENSIS.

MESSRS. R. F. DAMON & Co. have been authorised by Prof. DAVIDSON BLACK, F.R.S., of Peiping Union Medical College and Dr. W. H. WONG, Director of the Geological Survey of China, to make the following additions to their list of casts of Sinanthropus pekinensis.

References: SKULL—Palaeontologia Sinica, Series D., Vol. VII., Fascicle 2, 1931.
JAW SPECIMENS—Pal. Sin., Ser. D., Vol. VII., Fasc. 3, 1933.

			£	s.	d.
544	Locus B jaw.	Juvenile. Right ramus and symphysis in stage of preparation showing errupted and unerrupted permanent dentition ...	1	12	6
545	Locus B jaw.	Symphysial region	1	1	0
546	Locus B jaw.	Entirely freed from matrix and restored	1	15	0
547	Locus A jaw.	Adult right ramus with 1st, 2nd and 3rd molars and sockets of premolars and canine	1	10	0
548	Locus F jaw.	Juvenile. Posterior portion of right ramus with 1st permanent molar errupted and 2nd permanent unerrupted molar exposed	1	10	0
549	Locus C jaw.	Fragment of adolescent, unerrupted 3rd molar exposed ...	1	1	0
550	Locus G.1 jaw.	Left ramus with complete permanent dentition ...	1	15	0
551	Locus G.2 jaw.	Ascending right ramus with 2nd and 3rd permanent molars in situ	1	12	6
552	Terminal phalanx	(Bull. Geol. Soc. China., Vol. XI., No. 4)		10	0
553	Locus E skull.	Complete as shown in Pal. Sin., Ser. D, Vol. VII., Fasc. 2, 1931, Pls. XI., XII., XIII., XIV.	4	15	0
554	Locus E skull.	Endocranial cast	2	2	0

For Sinanthropus casts already offered, see separate list (Nos. 510, 511, 529, 530, 531, 532, 533).

All casts are made and coloured with extreme care and attention to the finest detail. They can be studied with complete confidence.

R. F. DAMON & Co.,
45, HAZLEWELL ROAD, LONDON, S.W.15.

PLEASE NOTE.—*Orders will be executed in rotation as received.*

北京原人の化石の模型を宣伝する、有名なR・F・デイモン社の広告チラシ。

(Raymond Dart Collection. Courtesy of the University of the Witwatersrand Archive)

新生代研究室の作業台に置かれた、北京原人の頭骨の着色された模型。1930年代前半のパラマウント・ニュースのひとコマ。(Film courtesy of the American Museum of Natural History Library and Dr. Milford Wolpoff)

ー船は海賊に乗っ取られ、マルタの鷹の行方は今も謎に包まれている」。これは一九四一年の映画『マルタの鷹』のオープニングクレジットのあとに現れる文章だ。この映画は計り知れない価値をもつ品を求める宝探しと、それを駆り立てる動機を描いたストーリーである。カスパー・ガットマンとサム・スペードが探し求める「黒い鳥」は、宝石がちりばめられた黄金の鷹ではあるが、その真の価値を隠すために表面が漆黒のさびで覆われていると一九四〇年代まではいわれていた。しかし、映画ではその鷹が偽物であることが判明するという驚きの筋書きで、鷹の話は実話というよりも作り話だったことが知らされる。つまるところ、鷹そのものの発見よりも、それが表すものを信じることのほうが重要だったのだ。サム・スペードはそっけなく言い放つ。「[鷹の像には] 夢が詰まっているのさ」

現在、中国で所蔵されている北京原人の化石は、一九五〇年代から六〇年代にかけての新たな発掘調査で発見された五点の歯と、頭骨の破片数点だけだ。スウェーデンのウプサラ大学の進化博物館には一九二〇年代の最初の発掘調査で出土した三点の歯が所蔵され、「コレクションの目玉」と考えられている。カール・ウィーマン教授所有の箱から歯が発見されたとき、保管庫から再び発掘されたその歯は北京原人のストーリーで重要な部分を占めるようになった。その歯と同様に、北京原人のストーリーも始まりと終わり、出現と消失が何の前触れもなく起こる。主役は化石ではあるが、これもまた『マルタの鷹』のように、こまごまとした要素や劇的な出来事で構成されるストーリーだ。

「よく知られているように、この発掘期間に出土したほぼすべての遺物（ウプサラ大学にある本物の歯以外）は一九四一年に失われ、いまだに回収されていません」と、スウェーデンの研究者ペール・アールベリ博士はインタビューで語っている。「戦後、中国の研究者たちは周口店の発掘調査を続け、さらに深い層で新たな化石をいくつか発見しました。しかし、この新たに見つかった歯は『もともとの』北京原人の発掘調査で出土した最後の化石になると言ってほぼ間違いありません。今後は見つからないでしょう」。アールベリは続ける。「歯を見ると、その持ち主がどんな生涯を送ったのかが詳しくわかる手がかりがたくさんあります。歯が比較的小さいのは、女性だったことを示しています。また、摩耗が進んでいるので、高齢で死んだに違いありません。さらに、歯のエナメル質が割れていることから、おそらく骨や木の実といったとても硬いものを噛んだことがあるのではないでしょうか」。中国科学院の劉武教授もこの見解に同意し、犬歯は割れてはいるが良好に保存されていると観察している。「これはきわめて重要な発見です。存在している唯一の犬歯です

北京原人の歯と元の博物館のラベル（ラグレリスカ・コレクション）。(Science Source)

から。ホモ・エレクトスが中国でどのように暮らしていたかについて、重要な情報を与えてくれるでしょう[30]」

北京原人の遺産——伝説、そして名声——は化石が失われたからこそ生まれた。それはまるで、行方不明になったアメリカの女性飛行家アメリア・イアハートのストーリーの古人類学版のようだ。北京原人はその結末が謎に包まれているからこそ、人々を魅了するのだ。歴史として見ると、未解決のストーリーというのは座りが悪く、大きな不満を残しうるものだ。ピルトダウン人の化石とその陰謀の物語でさえ、解決された部分がもっと多い。ピルトダウン人は捏造であり、その犯人は歴史のなかでいまだに確定されていないものの、化石自体のストーリーはケネス・オークリーの化学分析とうまく一致するうえ、ピルトダウン人の化石はロンドン自然史博物館の化石保管庫に厳重に保管されている。しかし、北京原人の化石はいまだに行方がわからない。科学史で闇に包まれ、迷宮入りした失踪事件だ。

ひょっとすると、黒い鳥というレンズを通して見ると、北京原人の化石の来歴を理解しやすくなるかもしれない。北京原人のストーリーのあらゆる側面には複数の階層がある。一つはもちろん科学という階層だが、それ以外にも、化石の発見という階層がある。未開封だった保管箱からごく小さな部位が発見されただけであっても、北京原人のストーリーに魅力的な別の側面が加わる。何しろ、失われたと思われていたものが見つかったのだ。

現在、北京原人は最近発見された犬歯と、当初の発掘調査中に周口店からウプサラ大学に送られた数点の臼歯を通じて知られている。しかし、北京原人の姿をより詳しく伝えているのは石膏模型や写真、ストーリーだ。この化石はもはや手に入らなくなったから有名になった。北京原人は有名な化石のなかでもとりわけ好奇心をそそる。古人類学界の闇と神秘に包まれたことによって名を知られた化石だ。

執筆時点で、その化石はまだ再発見されていない。

第5章　ルーシー——偶像の誕生

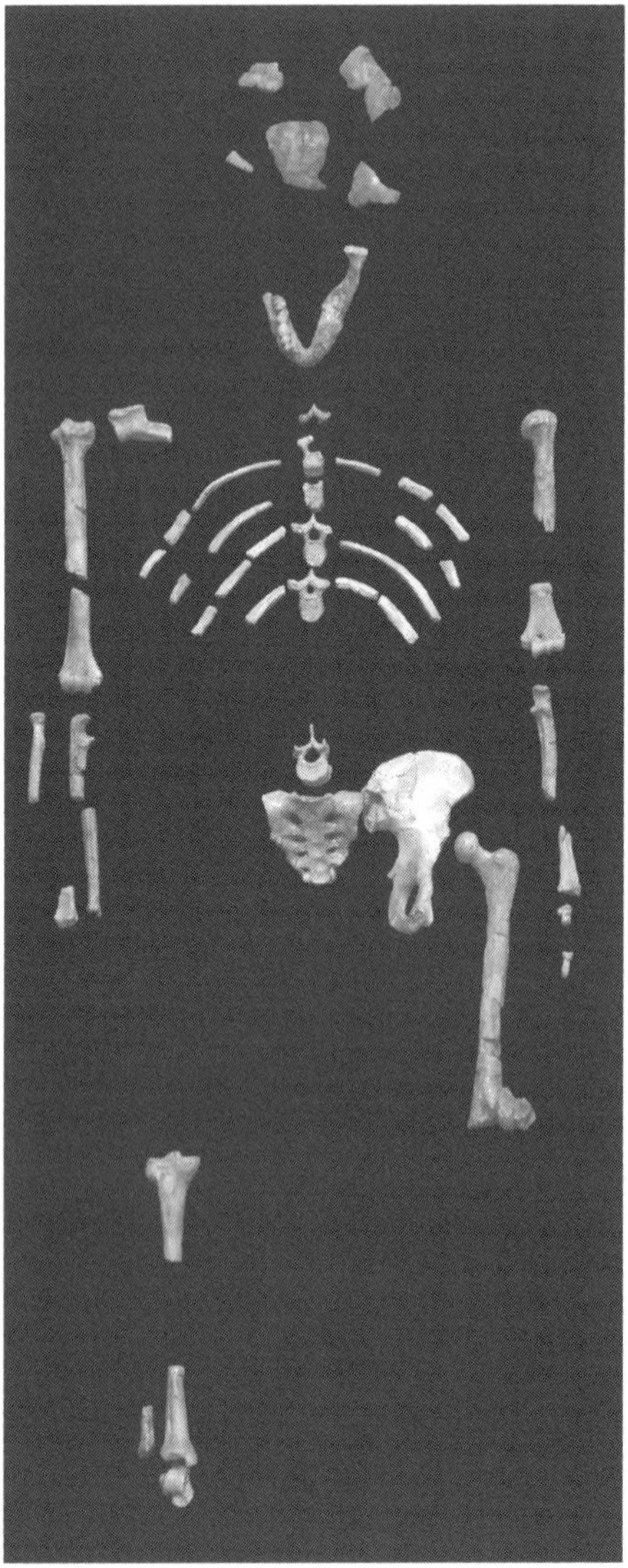

ルーシー（AL 288-1）のポートレート。(Photo permissions: CC-BY-2.5)

「午前、グレイといっしょに地点162へ。いい気分」。古人類学者のドナルド・ジョハンソン博士は、一九七四年一一月三〇日早朝のフィールド日誌にこう書いている。[1] ジョハンソンが日誌に記録した「いい気分」は、幸運の兆しだったことがあとで判明する。その朝、彼は大学院生のトム・グレイとともに驚くべき化石を発見したからだ。ジョハンソンの発掘隊はエチオピア北部にあるハダールという現場で調査を進めていた。二人がその現場の斜面で発見した驚くべきものとは、初期人類の骨格化石だ。古人類学界がもつ初期人類の骨格のなかで、最も多くの骨が残った標本である。発掘隊はすぐにその化石を「ルーシー」と名づけた。その後の研究で、ルーシーには三二五万年前に生きていた絶滅人類の新種としてアウストラロピテクス・アファレンシス（*Australopithecus afarensis*）という学名が与えられた。発見されて以降、ルーシーは二〇世紀で最も象徴的な化石発見の一つとなった。

化石が特別に重要視されたり有名になったりする理由には、「最初」や「最古」の何かであるから、あるいは、独自性があるからといったもの、さらには、きわめて独特な組み合わせの化石が出土する現場だからというものもある。ラ・シャペルの老人のように、はるか昔に絶滅した人類のアーキタイプとなる化石も少数ながらある。また、タウング・チャイルドのように模式標本となり、化石の生物学的なカテゴリーの典型という地位を得て重要視される化石もある。文化的な象徴になって、ある特定の科学的な見解や慣行の流儀をつくり出し、将来の研究の方向性に直接影響を及ぼす化石もある。しかし、一九七四年一一月のある朝に発見されたルーシーは、古人類学界における新たな種類の有名な化石となった。それは、一つの偶像の役目を果たす化石だ。科学研究の対象として崇拝され、人類進化というパズルの重要なピースとなり、文化の世界で試金石の役割を担う存在である。四〇年のあいだに、ルーシーはアウストラロピテクス・アファレンシスという絶滅した人類の一つの種という立場から、あらゆる化石を評価するうえで基準となる標本へと変わっていった。

＊　＊　＊

化石の発見が広く知られるようになるには人の心を動かすような「始まりのストーリー」が必要だが、ルーシーの物語は秀逸だ。レイモンド・ダートが結婚式の直前に化石の箱の中からタウング・チャイルドを発見したというエピソードのように、化石の発見物語は、古人類学というフィールドワーク中心の科学でわくわくするような出来事として繰り返し語られる。ルーシーの始まりも同じだ。

一九七〇年代半ばの古人類学界では、東アフリカでヒトの起源を探る研究が全盛を迎えていて、大地溝帯に沿って新たな化石の発掘地を探す複数の研究プロジェクトが進んでいた。地質学的に見ると、大地溝帯はアフリカプレートとインドプレートが徐々に分離しているためにできた火山性の地溝であり、エチオピア北部のアファール低地（アファール盆地）から南のマラウイやモザンビークまで連なるいくつもの盆地を指している。なかでも「アファール三角地帯」と呼ばれる地域は地質学的に興味深い。ここは地殻変動の「三重点」と呼ばれ、アフリカプレートとインドプレート、さらにはアラビアプレートが接し、互いに離れるように広がっている場所だ。古人類学的に見ると、アファール三角地帯は地殻が引き裂かれることによって化石層が露出した地点が数多くある点で、世界でも無比の地域だ。リーキー一家をはじめとする研究者たちはタンザニア北部のオルドヴァイなど、東アフリカの発掘現場で何十年も調査を続けていた。そうした現場は地溝の境界に沿って隆起した地域にあった（大地溝帯に沿っておよそ三〇キロ続くオルドヴァイ渓谷では、一九三〇年に系統立った発掘調査が始まって以来、古人類の化石を大量に産出してきた）。アファール地域は東アフリカの大地溝帯でも調査されていなかった新たな地域であり、その地質の複雑さが地質学者だけでなく古人類学者の興味もかき立てた。このように、アファール地域を詳しく調査すれば、ヒトの起源を探る研究に役立ちそうな新しい化石が出るのではないかとの期待が高まっていたのだ。

一九七四年、地質学者と古人類学者が参加する国際アファール調査隊（ＩＡＲＥ）が、アファール低地で調査されていない興味深い現場の一つ、ハダールで三回目の公式の発掘調査を開始した。一九七一年のＩＡＲＥの創設メンバーには、アメリカの古人類学者ドナルド・ジョハンソン、フランスの地質学者で古人類学者のモーリス・タイーブ、フランスの人類学者イヴ・コパンがいた。彼らが調査を進めるうえで土台にしたのは、テキサスの地質学者で古生物学者のジョン・カルブが論理的に定めた原則だった（ＩＡＲＥの最初の数年間には、カルブ一家がエチオピアに一年を通して住み、調査が休みのあいだもＩＡＲＥが機能し続けるようにしていた）。考古学者のメアリー・リーキーも創設メンバーの一人で、自身の名声や専門知識を生かしてプロジェクトに貢献したが、その後、調査隊を外れた。一九七三年秋までにほかの研究者や大学院生たちも加わってＩＡＲＥは規模を拡大し、一九七四年一一月には調査が軌道に乗っていた。ハダールの発掘現場ではさまざまな哺乳類の化石が出土し、地質図の作成も順調で、科学論文の発表も滞りなく進んでいた。前年の発掘調査には人類の化石（直立二足歩行が可能だったことを示す膝関節）も出土していた。およそ三〇〇万年前の化石であることから、この膝関節は直立二足歩行が人類の進化史できわめて古い特徴だったことを示している。

　一九七四年の発掘調査では、ほかの哺乳類の化石に加え、人類の新たな化石もＩＡＲＥのコレクションにどんどん加わった。「エチオピアン・ヘラルド」紙はその年の調査で最初に発見された化石について報道している。一九七四年一〇月二一日、「アファール中央部で太古のホモ・サピエンス発見」と報じたその記事では、エチオピア人隊員のアト・アレマエフ・アスフォーとジョハンソン、そして文化省の代表者が、完全な上顎骨一点と、半分だけ残った別の上顎骨、さらに半分だけ残った下顎骨が埋まっている箇所を調べている写真が一面に載っている。記事によれば、それらの化石は四〇〇万年前のものだという[2]。

　とはいえ、同年の発掘調査の目玉は、記者会見から一カ月後、ジョハンソンが日誌に記録した一九七四年一一月の朝に訪れた。一九八一年のベストセラーとなった彼の共著書『ルーシー　謎の女性と人類の進化』で、ジョハンソンはルーシーを発見したときのわくわくするような話を伝えている。

古人類学者として……私は縁起をかつぐ。私たちがやっている研究というのは運に大きく左右されるから、古人類学者の多くがそうだ。私たちが研究している化石はきわめて希少であり、一つも見つけられずに生涯を終えた著名な古人類学者も少なくない。私はそのなかでも幸運な部類に入る。発見したのはハダールで発掘調査を始めてたった三年目で、それまでにもいくつかの化石を見つけていた。自分が幸運だったことはよくわかっているから、隠すつもりもない。だから日誌に「いい気分」と書いたのだ。朝起きたとき、その日は調子に乗ってもいい日だと感じた。何かすごいことが起きそうな日だと……

その日の午前中のほとんどは、何も出なかった……問題の谷間は、その日の午前中にずっと作業をしていた斜面の向こう側にある。ほかの作業員がそれまでに少なくとも二回はくまなく調べたが、めぼしい成果がなかった場所だ。とはいえ、目覚めて以降ずっと「運がいい」気がしていたから、最後に少しだけもう一度足を運んでみようと決めた。谷間にはまったくといっていいほど骨は見つからなかったのだが、引き返そうとして振り返ったとき、斜面の途中の地面に何かがあるのに気づいた。

そして、ルーシーの発見を伝えるこの一人称の語りによって、古人類学の回想記に「化石発見」というジャンルが確立された。

「ヒトの腕の骨だ」と私は言った。「きみの手のすぐ右側にあるかけら、それもヒトだな」
「何てこった」とグレイは言うと、「確かにそのとおりだ!」と大声をあげた。「ここにあった。ついに見つけたぞ!」その声はもはや雄叫びだ。私もいっしょになって声を張り上げた。気温四三℃にもなる猛暑のなかで、私たちは跳びはねた。この気持ちを分かち合える人がほかにいないので、焼けつくような砂利の上で汗くさい二人が抱き合い、ありったけの大声で歓声をあげた。私たちの周りに散らばっていたのは、小さな茶色い化石だった。それが人類の一個体の骨格であることはほぼ確実のように思えた。……

キャンプでも興奮が冷めやらなかった。その日の夜はまったく寝つけず、いつまでも話を続けながら、ビールを何本も飲み干した。キャンプにはテープレコーダーがあり、夜空に向けてビートルズの「ルーシー・イン・ザ・スカイ・ウィズ・ダイアモンズ」が大音量で流れていた。私たちはボリュームを最大にして何度も何度も数えきれないくらい再生した。その忘れられない夜のある時点で……新しい化石は「ルーシー」と名づけられ、それ以来ずっとその名で知られるようになった。(3)

発見されたのはきわめて古い人類の女性の部分骨格だった。身長が一メートルほどしかない小柄な標本で、生きていたときの体重はせいぜい三〇キロほどしかなかっただろう。二〇〇九年の「タイム」誌のインタビューで、ジョハンソンは化石と切り離しがたく結びついた名声や個性を認めていた。「彼女が世間に注目された理由はいくつかあると思います。一つは、彼女が完全な骨格にまずまず近いこと。手の骨と足の骨を除くと、骨格の四割が残っていることになりますから、見る人は一人の個人を想像するんです。歯が何本か残った顎の骨を見ているのとは違って、身長一一〇センチもない小柄な女性が歩き回っている姿を思い浮かべることができます。それと、怖い存在ではなくなり、親しみやすくなったのは間違いなく名前の効果でしょう。彼女を生身の人として見てくれますから[4]」

現代において、知識を測る基準が国の議会図書館だとすれば、化石の科学的な意義や文化的な重要性を測る基準はルーシーになるだろう。とはいえ、彼女はなぜ今のように偶像視される存在になったのか。そして、そこにいたる道のりはどのようなものだったのだろう？

＊　＊　＊

ルーシーが出土したあと、ジョハンソンとエチオピアの文化省は一九七四年一二月二〇日に再び記者会見を開いた。その翌日の「エチオピアン・ヘラルド」紙の一面にはこんな見出しが踊った。「アファール中央部で、世界で最も完全な人類の骨格を発見[5]」。会見後、ＩＡＲＥの三回目の発掘調査が終わると、ルーシーはアメリカのクリーヴランドへと輸送され、五年かけて化石の取り出しやクリーニング、模型の制作、研究が行われた。そして一九八〇年一月三日、ルーシーはエチオピア国立博物館に返還された。

とはいえ当然ながら、ルーシーの発見をめぐる出来事は簡単な説明から受ける印象よりも複雑で、その始まりの物語の舞台裏をのぞくと、科学と政治の入り組んだ関係が垣間見える。地質学者のジョン・カルブは著書『化石取引の冒険』で、一九七四年(エチオピア暦で一九六七年フダル)のエチオピアの不穏な政治状況に、ルーシーの発見を冷静に当てはめて語っている。研究者のチームがアファール地域で発掘調査を行っていたとき、エチオピアは革命のまっただ中で、政治的な混乱は首都では落ち着いたものの、地方へ広がっていた。ルーシーが発見される何日か前の一一月二四日の早朝には、軍人のメンギスツ・ハイレ・マリアムが皇帝ハイレ・セラシエと関係があった政治犯を処刑したと、カルブは指摘している(ルーシーの発見日は、ジョハンソンらの一九八一年のベストセラー『ルーシー　謎の女性と人類の進化』では一九七四年一一月三〇日となっているが、二〇〇九年の共著書『ルーシーの遺産』では一九七四年一一月二四日となっていて、一般的にはこの一一月二四日がルーシーの発見日とされ、ダーウィンの『種の起源』の出版日と同じになっている)。その黙示録的な夜の出来事について、歴史家のポール・ヘンツェはこう書いている。「一九七四年一一月二三日、メンギスツが軍隊を派遣した……その夜、帝国の高官だった五九人が即座に射殺された。全員がその前の夏に降伏したか逮捕され、取り調べのために拘束されていた。エチオピア革命は一夜にして、流血の惨事となったのだ。以来一七年にわたって、血はとめどなく流れ続けた[6]」。革命(レボリューション)と進化(エボリューション)という二つの出来事を並列することで、科学というものは社会活動の一つであり、社会状況とは切っても切り離せないのだという現実を突きつけられる。それゆえに、ルーシーはエチオピアの明らかにナショナリズム的な物語の中心に置かれることにもなる。

「夜が明けた同じ日の午前には、ジョハンソンがハダールで『ルーシー』を発見した……したがって、アディスアベバの人々が目を覚まして人間性の終焉を知ったその日に（少なくとも殺された人々の遺族はそう受け取っただろう）、ＩＡＲＥは人間の始まりを発見して喜びに沸き返っていたのだ」とカルブは振り返る。「これら二つの出来事で皮肉なのはまず、エチオピアの高官の多くが処刑された理由がウォロでの飢饉を隠蔽したことだった。そこはルーシーが発見された地域で、政府が飢饉を放置したために数万人ものアファールの遊牧民が命を落とした場所だ。一九七四年一一月のその日に起きた二つの重要な出来事によって、おそらくエチオピア史上初めて、アファールの人々とその独特の土地が大きく注目されたのだった[7]」

カルブはルーシーの化石の重要性を率直に認めている。「ルーシーは大発見だった」と彼は断言する。「この発見は一二月二〇日にアディスアベバで開かれた別の記者会見で発表され、全体の四割が残った骨格化石で、直立二足歩行ができる身長およそ一メートルの小柄な成人女性だとされた……骨格を構成する六三点の骨はリチャード・リーキーと妻のミーヴ、メアリー・リーキーがハダールを訪れた翌日に発見され、その夜キャンプでは盛大な祝賀会が開かれた」。カルブはまた、一九七四年の発掘調査で一躍注目された地点についても鋭く指摘する。「デニス・ピークと私自身がつくった地図を見ると、ルーシーが発見されたＬ２８８地点の周囲には、ほかの七つの化石の出土地点が集まっている。一九七三年のどこかの時点で、ジョハンソンも含めて、キャンプにいた誰もがおそらくＬ２８８地点を素通りしていたということだ[8]」。ジョハンソンの回想録で大々的に取り上げられたビートルズやテープレコーダー、ルーシーというニックネームに関する話には、ひと言も触れられていない。政治の激変という状況のなかで取り上げるのはあまりにも分別に欠けるといわんばかりだ。

＊　＊　＊

化石が発見されたあとの次の段階は、どのような化石人類が見つかったのかを公式に記載する作業になる。ルーシーが当時知られていた化石種のどれに当てはまるのかという問題が持ち上がると、まもなく彼女は既知の種のどれにも該当しないことがわかってきた。新たに発見されたこの種を考慮に入れると、進化の系統樹を書き換えることになる。一九七六年三月二五日、ドナルド・ジョハンソンとモーリス・タイーブは「ネイチャー」誌に「エチオピアのハダールにおける鮮新世から更新世のヒト科の発見」という論文を発表した（鮮新世から更新世というのはおよそ五〇〇万～一万二〇〇〇年前を指す）。この論文にはＩＡＲＥの三回目までの発掘調査の成果がまとめられているほか、ハダール周辺の堆積層から出土した一二体のヒト科の化石が記載されている。化石の年代はおよそ三〇〇万年前と推定された。論文の要旨では「これらの化石は三〇〇万年前にホモ属とアウストラロピテクス属が共存していたことを示している」と言い切っているものの、問題の核心部分はあまりにも控えめだ。「一体の部分骨格はこの時代で知られているなかで最も完全なヒト科の標本である」(9)。この部分骨格というのがＡＬ２８８－１、つまりルーシーだ。これが彼女の科学誌デビューとなったのだが、発見後にアディスアベバで開かれた記者会見よりもはるかに表現が抑えられ、言葉が慎重に選ばれている。論文の表現はかなりそっけない。

The Ethiopian Herald

MORNING NEWSPAPER

In Afar

Most Complete Remains Of Man Discovered

The International Afar Research Expedition announced yesterday that it recently discovered a partial skeleton of a three-million-year old hominid in the Awash Valley. This specimen is said to be representing the most complete early man discovery ever made in Africa.

(Contd on page 5 col. 5)

Most Complete ...

(Contd from page 1 col. 6)

This is the third year of research for the expedition after the discovery of the site in 1968 by Dr. Taieb. Funding for the expedition has come predominantly from the National Science Foundation (United States) and the Centre National de la Recherche Scientifique (France).

ルーシーの最初の記者会見を報じる1974年12月21日付の「エチオピアン・ヘラルド」紙。「ルーシー」という名前が初めて印刷物に載った。

浸食された砂から一一月二四日に発見された部分骨格（ＡＬ２８８－１）は、一九七四年の発掘調査で出土したヒト科の標本のなかで最も傑出したものだ。この発見で、初期人類の解剖学的な特徴をこれまでよりもはるかに詳しく復元できる絶好の機会が生まれた。部分骨格ＡＬ２８８については今後の研究で記載と比較を広範囲に行う計画であり、身長や四肢、身体の比率、関節、生体力学的な側面が詳しく解明されるであろう。現場からすべての骨の破片を確実に回収するために、三週間かけて徹底的に発掘とふるい分けを実施した。研究室での化石のクリーニングや分析はまだ開始したばかりであり、本稿では重要な点をいくつか述べるにとどめる。[10]

「ネイチャー」に掲載された論文では客観的な言葉づかいが用いられ、科学論文に期待されるようにいっさいの感情を排して研究者の視点で解剖学的な記載がなされている。同じ分野の研究者に向けた論文として、測定値や野外調査の手法の記述でいっぱいだ。化石発見の記述からは社会状況の解説や細部が省かれ、化石が発見されたと述べるにとどまっている。これもまた、科学誌で公式に発表する際に求められるものだ。「ネイチャー」の論文では、発見されたのはAL288－1でしかない。それは驚くべき可能性を秘めた骨格標本ではあったが、化石の解剖学的な記述と、骨格のクリーニング後の分析に対する期待についてては、短い四つの段落で触れられているだけだった。

＊　＊　＊

「ルーシーが命名されるまでのストーリーには……研究者による命名以上のものが含まれている」と、サイエンスライターのロジャー・ルーウィンは『骨をめぐる争い』で述べている。「これはフィールドで起きた知的な激変に対する専門家の反応と個人としての反応が入り混じったものだ。根底に潜む先入観の高まりが、さまざまな度合いで明らかになる」[11]。化石の名前は物語で大きな重要性をもっている。ハダールのIAREチームにとって、化石の名前はAL288－1だった。化石発見から四〇周年を記念したインタビューで、ジョハンソンは「ルーシー」という化石のニックネームの由来を改めてこう語っている。『『サージェント・ペパーズ・ロンリー・ハーツ・クラブ・バンド』というアルバムに収録されている『ルーシー・イン・ザ・スカイ・ウィズ・ダイアモンズ』という曲が流れていて、チームのメンバーの一人が化石の名前としてルーシーはどうだと提案して、それがいいという話になったんです[12]」

「ルーシー」というニックネームはビートルズの曲に由来するが、標本番号のＡＬ２８８−１は、一九七四年の発掘調査のフィールドでの整理手順に従って付けられた。ＡＬは Afar Locality（アファールの地点）の略で、２８８−１は地質学上の地点と標本番号を示す。とはいえ、標本番号や愛称を付けるだけでは、化石を記載したとはいえない。古生物学界で分類学や進化の観点から位置づけを示すためには、学名が必要だ。化石を特定の種に分類することは、その化石を進化の枠組みで生かすための重要なステップとなる。愛称や標本番号は文化や方法論のコンテクストに化石を当てはめるものだが、標本を進化の枠組みに当てはめるのは学名だ。特定の種（とりわけ新種）に分類することで、その化石は進化のストーリーに書き加えられる。ホモ・サピエンスに直接つながる祖先である場合、その種は系統樹から枝分かれした種に比べて、ドラマでもっと中心的な主役級の役を演じることになる。言い換えると、新たに記載された種が数点の骨のかけらにもとづいたものならば、そのわずか数点の骨のかけらに、化石種の正当性を支える科学的に重い役割がのしかかるということだ。

とはいえ、学名であっても歴史的な目印になり、特定の科学的な問題や有名な発見者を指し示せることもある。たとえば、ダートがタウング・チャイルドに付けたアウストラロピテクス・アフリカヌスという学名は「アフリカ南部の猿人」という意味をもち、古人類の進化にまつわる二〇世紀初めの定説に真っ向から挑むものだった。ピルトダウン人に付けられた「ドーソンの夜明けの人」という意味の学名エオアントロプス・ドーソニは、この種とその発見者であるチャールズ・ドーソンを冷徹に結びつける。同じように、ホモ・ネアンデルターレンシスという学名は、この種が最初に発見された場所であるドイツのネアンデル谷から付けられた。

ルーシーに関していうと、発見された四年後の一九七八年に、ドナルド・ジョハンソン、ティム・ホワイト、イヴ・コパンが論文「東アフリカの鮮新世から出土したアウストラロピテクス属（霊長目ヒト科）の新種」を発表し、アウストラロピテクス・アファレンシスという新種をつくった。このことで、ルーシーの形態が説明され、彼女が進化論の観点で語られるようになった。ジョハンソンは地質学者のモーリス・タイーブとともにAL288－1の全般的な記載を一九七六年に発表していたものの、学名が付けられたのはアメリカの科学誌「カートランディア」に一九七八年に掲載された論文だった。その論文で、ルーシーは一つの種となったのだ。

ルーシーは発見後、メアリー・リーキーが何十年も調査してきたタンザニアのラエトリの発掘現場から出土した数々の興味深い化石の仲間入りを果たした。ルーシーは歴史の上では最も有名なアウストラロピテクスという地位をすんなり獲得したのではあるが、じつは模式標本ではない（アウストラロピテクス・アファレンシスの模式標本は、タンザニアのラエトリで発見された成人の下顎骨の化石LH－4だ）。エチオピアとタンザニアで出土した化石を結びつけたことは、古人類学界でちょっとした議論になった。鮮新世から更新世にかけてこの新種の分布域が東アフリカ全域にわたっていたというじつに興味深い主張が登場したのが一つ。もう一つは、メアリー・リーキーの発見とジョハンソンの発見のあいだに社会的な暗黙のつながりができたことだ。模式標本が何であろうと、この種の地理的分布がどうであろうと、鮮新世から更新世にかけての人類の歴史を語り、理解するうえで、ＬＨ－４ではなくルーシーが基準の役割を果たす文化的な試金石となった。[13]

ルーシーが発見される以前、アウストラロピテクス属のどの種にしても正確に復元するのには困難が伴った。たった一つの下顎骨や数点の小さな骨のかけらから全身の姿を想像するのは、非常に難しかったのだ。しかし、ルーシーのように全体の四割が残った骨格化石からは、全身の復元に十分な形態の情報が比較的容易に得られる。腕や脚、肋骨、頭骨、さらには骨盤の左側、顎骨のかけら、歯、何点かの椎骨が残っているため、化石を体の部位に容易に当てはめることができた。さまざまな種類の骨を含んだ骨格は、発見を視覚的に伝える大きな枠組みになるだけではない。鮮新世から更新世の化石でそれまで発見されていなかった部位が数多く見つかったために、その人類が環境のなかでどのような生態的地位（ニッチ）を占めていたかを研究できる道が一気に開けたのだ。腕と脚の化石があるので、人類の歩行に関する疑問を投げかけ、その謎を解くことができる。初期人類がどのように移動していたかが研究できるということだ。骨盤の化石からは初期人類の性的二形に関する研究ができる。歯と下顎骨があれば、古人類学者や古生態学者がアウストラロピテクス・アファレンシスの食生活のほか、彼らが周囲の環境から得た食物をどのように食べたかを研究できる。

ルーシーがアウストラロピテクス・アファレンシスとして科学界に発表された当時、人類に新たな種が加わるのは一四年ぶりの出来事だった。この学名は分類学や進化論だけでなく、歴史にも大きな影響を及ぼした。アウストラロピテクスという名前は、タウング・チャイルドが名前を通してアフリカと結びつけられたように、ルーシーとアフリカをつなぐだけでなく、進化の上でほかの化石種との関係を築いた。アウストラロピテクス属のこの新種はホモ属の祖先であると同時に、タウング・チャイルドが属する種と近縁であることになる――これは化石種どうしの進化上の関係を示している。また、アファレンシスという種小名は最初の発見地であるアファール地域と標本を結びつけ、ある種の文化的な由来を示してもいる。

とはいえ、ルーシーには「ディンキネシュ」というエチオピア名もある。『ルーシーの遺産』で、ジョハンソンは文化省のエチオピア人の共同研究者ベケレ・ネグシエとのあいだで一九七四年にこんなやり取りがあったと書いている。ネグシエは化石にはエチオピア名が必要だと述べ、ディンキネシュという名前を提案した。アムハラ語で「きみはすばらしい」というような意味で、アファール語ではない。種小名のアファレンシスが暗示している地方主義よりも広くエチオピアという国を意識した格好だ。一九七四年の発掘調査に関する記者会見を報じた「エチオピアン・ヘラルド」紙の記事で、ルーシーはディンキネシュではなく「ルーシー」と紹介されていて、このアムハラ語のニックネームが口述や文字で伝えられる歴史記録に登場したのはもっと最近になってからだ。ジョハンソンは『ルーシーの遺産』でアファール語を使った別の愛称として「ヒーロマリ」という名前を提案している。彼の翻訳によれば「彼女は特別」という意味だという。とはいえ、ルーシーはその来歴の大半で、単にルーシーと呼ばれてきた。

エチオピアの首都アディスアベバの繁華街に掲げられている広告。ルーシー（ディンキネシュ）がこの国の歴史を語るうえで象徴的な役割を果たしていることがわかる。（L. Pyne）

アウストラロピテクス・アファレンシスという学名が科学界に衝撃を与えた一方で、一般の人々の心をつかんだのはＡＬ２８８－１のニックネームとビートルズにまつわるストーリーだった（名前とストーリーが大きく貢献したが、もちろん記者会見とテレビ出演も名声の確立をじゃましたわけではない）。化石にニックネームを付けるのはルーシーに限ったことではないが（ラ・シャペルの老人やタウング・チャイルドはその一例）、とりわけルーシーの場合は昔も今もそのニックネームが強い力をもっている。エチオピアでは「数多くのコーヒーショップのほか、ロックバンドやタイピング学校、フルーツジュースのバー、政治雑誌」にルーシーの名前や文化的な威光が利用されているだけでなく、「アディスアベバではルーシー杯のサッカー大会が毎年開かれる」と、ジョハンソンは『ルーシーの遺産』に書いている（ちなみに同書は二〇〇九年のルーシーのアメリカ巡回展に合わせて出版された)。ルーシーはエチオピアでは大々的にマスコットのようなシンボルになり、エチオピアの悠久の歴史と先史に声や独自性を与えたのだ。

背景、陰謀、歴史、文化のなかで使われる略称、科学。化石にとって、名前はあらゆるものを表す。ルーシーとその名前のストーリーは、元の文字を消して上書きされる羊皮紙の写本(パリンプセスト)のようなものだ。さまざまなコンテクストに応じて命名され、改名され、形づくられ、つくり変えられる。彼女の名前は——誰がどのようなコンテクストで彼女を何と呼ぶかは——偶像としての彼女の地位を取り巻く社会的慣習と複雑性を表している。

ルーシーはなぜ、どのようにしてほかのあらゆる化石を比較する際の基準になったのか。その鍵となったのが彼女の名前であり、それが暗に示す威光や遺産だ。ルーシーのあとに発見された化石は、ルーシーを基準にして科学や大衆文化に「居場所」を得る。ルーシーよりも古い化石。ルーシーよりも新しい化石。ルーシーとだいたい同じように木に登った化石種。つまり、ルーシーは化石として進化史で一つの静止した瞬間を表している。そこは、生物学、心理学、そして化石の文化的な重要性にまつわる意味がバランスをとっている三重点だ。

＊　＊　＊

一枚の絵は一〇〇〇語に匹敵するというが、化石の「公式の」ポートレートほど意味に満ちた絵を見つけるのは難しいだろう。歴史家のリチャード・ブリリアントによると、実在する人物を描いているという事実によって、ポートレートにはほかの種類の絵画よりも高い信憑性が備わるのだという。「ポートレートが作品の外に実在する一人の人物を暗に示しているという厳然たる事実は、この世界におけるその作品の役割を明確にし、それが生み出される理由となる」とブリリアントは書いている。[14] そのためにも、化石には数種類のポートレートがあり、それらは見る者にまた違ったレベルの信憑性をもたらす。三次元の復元模型やジオラマのような表現もあれば、化石の写真や静物画もある。

一九七六年に「ネイチャー」に発表された論文には、ルーシーの解剖学的な特徴に関する詳細な計測データのほかに、ルーシーを象徴するポートレートも掲載された。黒い背景に置かれた化石が解剖学的な位置に平面的に注意深く配置された写真で、「ハダールから出土した部分骨格（ＡＬ２８８－１）」という説明だけが添えられている。このポートレートはアウストラロピテクス・アファレンシスが記載された一九七八年の「カートランディア」の論文にも使われている。「ネイチャー」に載った写真はロールシャッハテストに使われるインクのしみのようなもので、読者はその写真を読み解いて、骨格からどんな姿を想像できるかを自分なりに解釈する。とはいえ、このポートレートは論文に収録された図版の一枚というだけでなく、まさにアート作品ともいえ、発表後もまもなくルーシーを象徴する代表的な一枚となった。黒い背景にルーシーの白い骨が浮かび上がり、それが崇《あが》められている姿は、祭壇に飾られている宗教画の一枚を見ているかのようだ。

その後に発見されたほかの化石もＡＬ２８８－１にあやかって、黒い背景に白い骨が解剖学的な位置に並べられた写真で紹介されている。一例として、二〇〇九年の「サイエンス」誌に掲載された論文「新たな種類の祖先、アルディピテクス属の発表」を挙げよう。これは一九九四年に発見されたアルディピテクス・ラミダス（*Ardipithecus ramidus*）の化石を初めて記載した論文で、やはり黒い背景に解剖学的な位置に従って骨が平面的に配置されていて、ＡＬ２８８－１を象徴する写真を思い起こさせる。この目を引く写真は同誌の表紙を飾った。ホモ・フロレシエンシスからアウストラロピテクス・セディバ、ホモ・ナレディまで、新しく発見された化石人類はすべて、同じ手法で撮影された標本が、故意にしろそうでないにしろルーシーの有名なポートレートを連想させる。ルーシーが科学や文化の世界で確立した正当性に訴えているかのようだ。

一方、三次元の像の世界では、化石の専門家で現代の著名な古生物復元作家であるジョン・ガーチーが復元模型を制作するプロセスについて語っている。とりわけ、ルーシーのように社会的にも文化的にも重要な標本の場合、形のある身体を与える行為は、作家が外見をつくり、生命を化石に授けるということだ。それは静的なものから、移動や行動、思考ができる動的な存在をつくり出すプロセスである。ガーチーの復元模型を見た者は、数十年に及ぶ厳格な科学研究にもとづいて作家が下した何百、いや何千もの決断の結果を見ているとは気づかないかもしれない。三〇〇万年以上前、ルーシーの外見はそこにいたる進化の歴史によって決まったのだろうが、二一世紀のいま、彼女の姿形は作家と研究者たちの推論のバランスによって生み出される。化石を見る人々に顔（彫像、ポートレート、復元模型）を提示することで、その化石に関する物語が生まれる。写真や彫像、復元模型、ジオラマはその物語の瞬間をとらえ、見る者を化石が生きていた頃の世界へといざなって、その生前のストーリーを読み取らせる。復元模型や視覚イメージのなかには、文化的に記号化されて知識層や一般大衆の世界に組み込まれ、文化的空間にとって重要な意味をもつようになったものもあった。そうした絵やそこで描かれたポーズは、化石にとって公の場で過ごす「第二の人生」の一部となる。

「ルーシーの体が私の指の下で形を成してくるにつれて、現在生きているどんな生き物にも似ていないことがだんだんわかってきた。彼女の解剖学的な特徴には類人猿のような部分だけでなく、なじみ深い人間の特徴もあるのだが、そのどちらとも同じでない」。ガーチーはルーシーの復元作業をこのように語っている。「解剖学的な特徴に沿って作業するというのは、ルーシー自身の特徴に合わせて復元しなければならないという意味だ。この独特な骨格から小柄なヒトをつくることも、小柄な類人猿をつくることもできなかった。作業を進めるにつれてできあがってきたのは、彼女の種に特有の体だ。強靭、有能、そして少し用心深い。完成したルーシーの姿から、そんな言葉が思い浮かんだ。木から降りて、ちょうど直立した姿勢になる。しかし、ここで気を抜けない。地上は危険な場所なのだ[15]」

ガーチーは祖先たちの古い復元模型やその後の物語を解体し、いったん化石の模型に戻したうえで、スミソニアンのために特別に新たな復元模型を制作した。来館者たちは大がかりなジオラマの場面ではなく、古人類の顔をまるで生きていたときのようなすばらしい復元模型で見るのだ（ガーチーの仕事は見事で、彼の復元模型を見ると、ほかのほとんどの模型が『２００１年宇宙の旅』に登場するみすぼらしいエキストラみたいに見えてくる）。ガーチーの復元模型は独りでたたずんでいる。場面やストーリーをもたず、周囲の環境から隔絶されて単独で存在しており、それだけで古人類が個人として際立っている。

アウストラロピテクス属のそれ以前の復元模型、とりわけタウング・チャイルドなどの南アフリカのアウストラロピテクスを描いた二〇世紀半ばのジオラマは、もとになった科学や表現が時代遅れで、もはや科学界では支持されていない学説や仮説を使っているとして、現代の科学界から大きな批判を浴びている。一見、ジオラマで描かれている場面は否定しやすい。道具の作成や社会の変遷、古環境に対する科学的な理解は大きく変わっているため、こうしたジオラマは時代遅れの古い科学の遺物として捨て去るべきだと言うことはできる。来館者に「間違った」情報を与えてしまうという意味では、これらのジオラマは弊害であると主張するのはたやすいし、復元模型の提示の仕方に異議を唱えることもまた簡単だ。ジオラマが伝えるストーリーは不正確だから、博物館からその場面を取り去って、化石の模型とその説明だけを展示すべきだと。[16]

とはいえ、そうしたストーリーはアウストラロピテクスを人間らしく見せている点で、大きな力をもっている。研究者だけでなく、一般の人々も化石記録を理解しやすくなるのだ。見ている化石に共感し、感情移入しやすくなる。私たちはヒトの祖先を考えるとき、『2001年宇宙の旅』のような棍棒を振り回す姿をはっきりした文化的なモチーフとして見がちなのと同様に、ほかの状況ではありえないような物語を与えてもよいと思っている。化石に体を与える作業は、私たちが意識しているかどうかにかかわらず、そうした場面や人類の進化をより大局的に理解しようとする姿勢に影響を与える。ルーシーは名声（ブランド名の認知度とでもいおうか）のおかげで、スミソニアンをはじめとする博物館で、人類の進化を伝える展示に不可欠なキャラクターとなった。スミソニアンの「人類の起源ホール」では、ルーシーの三次元の復元模型が人類進化の展示を見に来た人たちを迎えてくれる。来館者を展示に導く案内人のような存在で、彼ら自身の進化のストーリーへと導いてくれる。シカゴのフィールド博物館では、肉食恐竜ティラノサウルス・レックスの「スー」が来館者を迎えてくれ、ジュラ紀の世界へ案内してくれる。ちょうどそのような役割を、ルーシーが果たしているのだ。ルーシーはホールの展示の説明文で言及されているほか、数えきれないほどの博物館や科学館で、来館者に人類進化の物語を案内するうえでおなじみのキャラクターとして活用されている。

とはいえ、本物のルーシーは本拠とするアディスアベバの博物館を含め、どの博物館にも展示されていない。エチオピア国立博物館を訪れた人が見るのはルーシーの骨の模型で、エチオピアで発見されたほかの化石人類についても近くのガラスケースに骨の模型が展示されているだけだ。ルーシーの本物の骨は数軒隣の研究室の保管庫に厳重に保管されている。国立博物館に展示されているほかの文化的・歴史的な遺物が昔と今の深いつながりを伝え、ルーシーにさまざまなコンテクストを与えている。だから、ルーシーの本物の骨が巡回展のためにアメリカに上陸したとき、「博物館に展示されているルーシー」が放つ力が変わった。人々が展示を見に来る目的ががらりと変わり、有名な化石の模型を通して進化や科学を学ぶのではなく、有名な物体――象徴となる偶像――を見るために列をつくるようになったのだ。

＊　＊　＊

二〇〇七年、ヒューストン自然科学博物館がエチオピア政府とアメリカ国務省の協力を得て、六年間にわたるルーシーの巡回展を開始した。巡回展の目的はシンプルで、エチオピアの名宝として最もよく知られた象徴的な古人類を多くの人に見てもらうことで、その文化に対する認知度を上げ、エチオピアがもつ数々の遺産を披露する機会を与えたいという願いがあった。「この巡回展によって、エチオピアは人類と文明のゆりかごとして認知されることでしょう」。当時エチオピアの文化観光大臣だったモハムド・ディリルは、二〇〇六年にそう述べている。ツタンカーメンの墓から出土した財宝や、マチュピチュで発見された遺物をひと目見ようと人々が列をつくるのと同じように、ルーシーの本物の骨を披露する展示は、エチオピアのより広い歴史に関連づけることができ、博物館での体験がまさに異文化体験へと変わる。この点がまさに、本物の化石を貸与されるという前代未聞の取り組みがいかに特別なものなのかを表している。サイエンスライターのアン・ギボンズはこう書いている。「ツタンカーメン王の財宝がエジプトに貢献したように、ルーシーもエチオピアの役に立ってほしいと、エチオピアの高官は強く願っている」[17]

本物のルーシーを展示する可能性が浮上すると、大きな議論が巻き起こった。このようなかけがえのない有名な化石を巡回展の一環として祖国から出すことに、多くの人々が不安を抱いた。スミソニアンやアメリカ自然史博物館、さらにはかつてルーシーを保管していたクリーヴランド自然史博物館など、多くの博物館が骨の破損を恐れて展覧会の開催を断った。ケニアの古人類学者で著名な活動家でもあったリチャード・リーキーも、古人類の本物の化石をその出土国から持ち出すことに反対した。リーキーを含めた反対派の主張によれば、この行為はユネスコの関連団体である国際古人類学研究協会が採択した一九九八年の決議に違反するという。化石人類を発見地から移動することに反対し、博物館の展示には化石の模型を使うことを強く求める決議だ。「こうした化石を国外へ送り出したら、ケニアやエチオピアは化石を研究できる場所ではなくなってしまう。そうすればたちまち、科学研究の場という博物館の役割は一変してしまうだろう」と、ケニアの国立博物館でかつて館長を務めたリーキーは語った⒅。

ディリルは、ルーシーやエチオピアの豊かな文化遺産を広めることで観光客を呼び、イメージを変える一助となるだろうとのエチオピア当局の考えを引き合いに出して、リーキーの姿勢に反対の

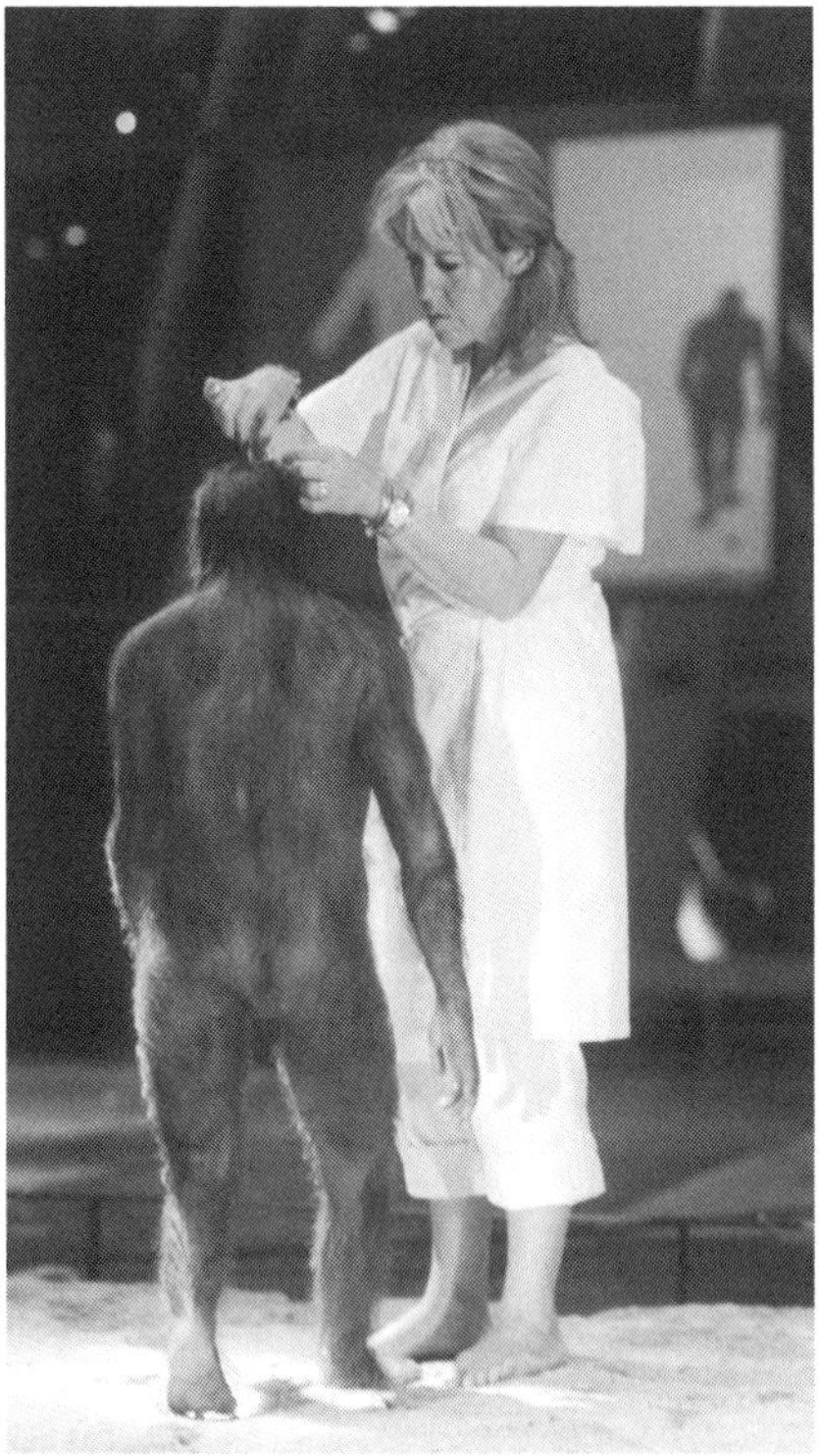

パリのデネス・スタジオのフランス人彫刻家エリザベット・デネスが、ルーシー（アウストラロピテクス・アファレンシス）の復元に取り組む。ルーシーは1976年にタンザニアのラエトリで発見された化石の足跡のとおりに歩いているように展示されている。
(P. Plailly/ E. Daynes/ Science Photo Library)

立場をとった。「お金は博物館にしか入りません」とディリルは話す。「化石をエチオピアにとどめておくばかりでは、科学も博物館も発展しないし、化石の管理者も育成できないでしょう」（ルーシーのアメリカ巡回展は、エチオピアの歴史や人類の進化に関する認知度を高めるだけでなく、化石から新たなデータを得る機会にもなった。テキサス州ではテキサス大学オースティン校で化石のCTスキャンが実施され、そのデータは将来の研究のためにアディスアベバの国立博物館に提供された）。二〇〇一年にセラム（「ルーシーの赤ちゃん」とも呼ばれた）を発見したエチオピアの著名な古人類学者で、当時ドイツのライプチヒにあるマックス・プランク進化人類学研究所に所属していたゼレゼネイ・アレムゼゲド博士は、この見解を冷めた目で懐疑的に見ていた。「エチオピア人にとって何の利益があるのでしょう？　エチオピア国立博物館の役割を明記した文書など見たことがありません」と二〇〇六年に「ネイチャー」のインタビューで語っている。「エチオピアの古人類学者がかかわっているという話も聞いたことがありません。収益が得られるのだとすれば、その何パーセントがエチオピアの科学界にもたらされるのかを明確にすべきです(19)」

ルーシーは一九八〇年にクリーヴランドからエチオピアに返還されたあと、アディスアベバの国立博物館に厳重に保管された。エチオピアでナショナリズムが新たに台頭するさなかには、こうした偶像視されている化石は先史時代にまでさかのぼれるため、エチオピアの歴史の古さを伝える非常に強力な文化の象徴となる。エチオピアで発見された化石や遺物を研究したいと思ったら、研究者は国立博物館に足を運ばなければならない。ルーシーを研究したい科学者は博物館と化石管理者の許可を得たうえで、ルーシーの保管場所に赴いて調査や計測を行うことになる。データを求める

「巡礼」のようなものだ。

ここで時計の針を三五年ほど一気に戻そう。テキサス出身の下院議員ミッキー・リーランドは、食料援助や人道支援の組織と協力してエチオピアに資金をもたらそうと尽力し、その仕事を通じて、同国のさまざまな大臣と強い関係を築いた。一九八〇年代に何度も足を運んだことで、リーランド議員はエチオピアの人々のなかで確固たる名声を得たのだ。一九八九年にエチオピアを襲った深刻な飢饉に対する支援活動にあたっているときに飛行機事故に遭い、悲劇的な死を遂げたのだが、それから数十年が経った頃、エチオピアの総領事がリーランド議員の仕事や彼が残した成果を記念するために何かをしたいと考えた。そして、エチオピアで最もよく知られた偶像の巡回展の開催を申し出た。一九八〇年代前半に返還されてから一度も博物館を出たことがない化石、一般の人々にも研究者にもひょっとしたら世界で一番よく知られている化石の巡回展だ。二〇〇七年に巡回展が始まるのに先立ち、何年もかけて交渉が行われ、綿密な計画が立てられた[20]。

二〇〇三年、ヒューストン自然科学博物館の人類学部門のキュレーター、ダーク・ヴァン・トゥレンハウト博士のもとに思いがけない電話がかかってきた。特定の展示物がどの程度の市場規模をもつかという問い合わせをさばいたり、博物館に遺贈された個人蔵の珍品を遺族の奇妙な要請に合わせて展示したりすることには慣れている。ヴァン・トゥレンハウトはそれまでに、死海文書（二〇〇四年）、古代エジプトのミイラ（二〇〇五年）、シルクロードの秘密（二〇一〇年）、ラスコー洞窟の壁画（二〇一三〜二〇一四年）、マグナカルタ（二〇一四年）といったそうそうたる展示の企画を担当してきた。ある日、ヴァン・トゥレンハウトが昼食をとっていると、電話がかかってきた。博物館で最近行った展示についての変な問い合わせに違いないと思って受話器をとったのだが、その電話の内容に彼は腰を抜かすことになる。[21]

受話器の向こうの女性は、テキサス州観光局の者だと自己紹介し、こんな質問をしてきた。ヒューストン自然科学博物館は考古学に関する展示を行ったことがあるのでしょうか、もしあるならば、ホテルに宿泊しなければならないほど遠くから展示を見に来た人はいましたか？　ヴァン・トゥレンハウトはどちらの質問にもていねいに「はい」と答えた。とはいえ、「ヒューストン市内のホテルに泊まった来館者は何人いましたか？」という質問は、やや答えに窮するものだった。それについてはわからないと答えると、これは何のための質問なのですかと逆に聞き返した。観光局職員の答えはこうだ。エチオピアについての展示がテキサス州ヒューストンで行われる可能性があり、「そのなかにミズ・ルーシーが含まれることになる」のだと。

まともな考古学者で「ミズ・ルーシー」と聞いてあの有名な化石人類を思い浮かべない人はまずいないはずだ。ヴァン・トゥレンハウトは当時を思い返して笑みを浮かべた。その会話こそが、ヒューストン自然科学博物館とエチオピア国立博物館の長い協力関係の始まりだった。それ以降、ヴァン・トゥレンハウトはほかのスタッフたちとともに、ルーシーをはじめとするエチオピアの遺物や工芸品の展示を取りまとめた。[22]

二一世紀にルーシーの巡回展を開催すべく交渉を進めるのは大仕事だった。展示を実現できるかどうか、そして実現するとすればどんな形になるのか。キュレーター、研究者、美術史家、政治家、さらにはエチオピアのさまざまな団体がそれぞれ違う関心をもっていて、それが時には相反することもあった。アメリカとエチオピアの博物館のあいだで展覧会そのものや、ルーシーとともに巡回する展示物をどれにするのかといった交渉のための会議が何カ月も続いた。さらに、博物館からどの宗教的な遺物やトリプティク（三枚続きの祭壇画）、ほかのイコン（聖画像）の貸し出し許可を得たらよいかという問題以前に、エチオピア正教会の主教から重大な問題提起があり、貸し出し中に展示物がどのように扱われるのか、そして、無事に返却されるのかという疑問が投げかけられた。とはいえ、貸し出しについて祭壇画や行列用の十字架よりも何よりも多くの時間を割いて議論されたのが、ルーシーを無事に戻せるかどうか、そして化石の破損や紛失に関する懸念だった。ルーシーが失われれば、エチオピアの現代史や先史できわめて重要な部分を失うことになる。

しかし多くの点で、そうした懸念はルーシーをどのような物体として考えるかで異なっていた。物体としてのルーシーの「種類」を定義するということは、博物館や来館者がどのように彼女を見るべきかと言い換えられるが、さらにそれは、来館者たちがもつさまざまな専門知識が、展示物としての「ルーシー」の形成に影響するということでもある。化石という科学的な物体が、宗教的な偶像がもっているような社会的な威光をいかに得られるかを理解するということだ。そして当然ながら、エチオピアのコプト正教会の伝統でイコンには特別な地位や役割がある。目を大きく強調して単純な色合いで大胆に描かれたイコンは確実に宗教を思い起こさせるが、それとともに、物語と文化での位置をはっきりと伝えてもいる。イコンは受胎告知、キリストの降誕、磔刑、昇天など、宗教画の典型的なテーマを示した聖書の場面が特徴で、ひと続きの絵の一部やトリプティクとして描かれることが多い。キリストの生涯の一場面に加え、聖ゲオルギオスと竜といったモチーフもよくある。こうした絵画は特定の環境やコンテクストを排して人物（あるいは場面）を描いているのが特徴だ[23]。

しかしこれは、宗教画の典型的な表現が特定の文化的なコンテクストに浸透していることを示しているだけではない。コプト正教会のイコンと関連づけてルーシーを考えることで、彼女の文化的な役割や説明の力が深まるのだ。ルーシーは偶像として、エチオピアという国のストーリーのなかで道徳的な世界や倫理を表現するキャラクターとなる。彼女のストーリーは化石という偶像（イコン）が昇天した物語であり、このイコン（アムハラ語の「ディンキネシュ」あるいは一般によく知られた「ルーシー」）は単なる科学的なコンテクストを軽々と超えて解釈される。

アートやキュレーターの世界では、展示物の「物体性」をめぐる問題がこれまでも繰り返し論じられてきた。そうした展示物は保険がかけられ、展示や巡回展のために世界各地に送られる。博物館では骨の化石の模型を展示することもよくあるが、美術館ではピカソ作品の複製やマティスの贋作を展示していると宣伝することはない。アートの世界では美術館の展示物は本物であるとの暗黙の考え方があるが、それは古人類の展示には必ずしも当てはまらない。ルーシーが希少な物体であることが問題だったとしても、世界に二つとない希少な品を輸送したり展示したりする方法はいくつもある。とはいえ、科学と明確な関係があるかどうかにかかわらず、あらゆる物体は文化的な記号や象徴として振る舞い、人々の感覚に入り込み、人へ情報を伝えて、物体に内包されている意図した意味を伝達する。

シアトルのパシフィック・サイエンス・センターやヒューストン自然科学博物館のように、ルー

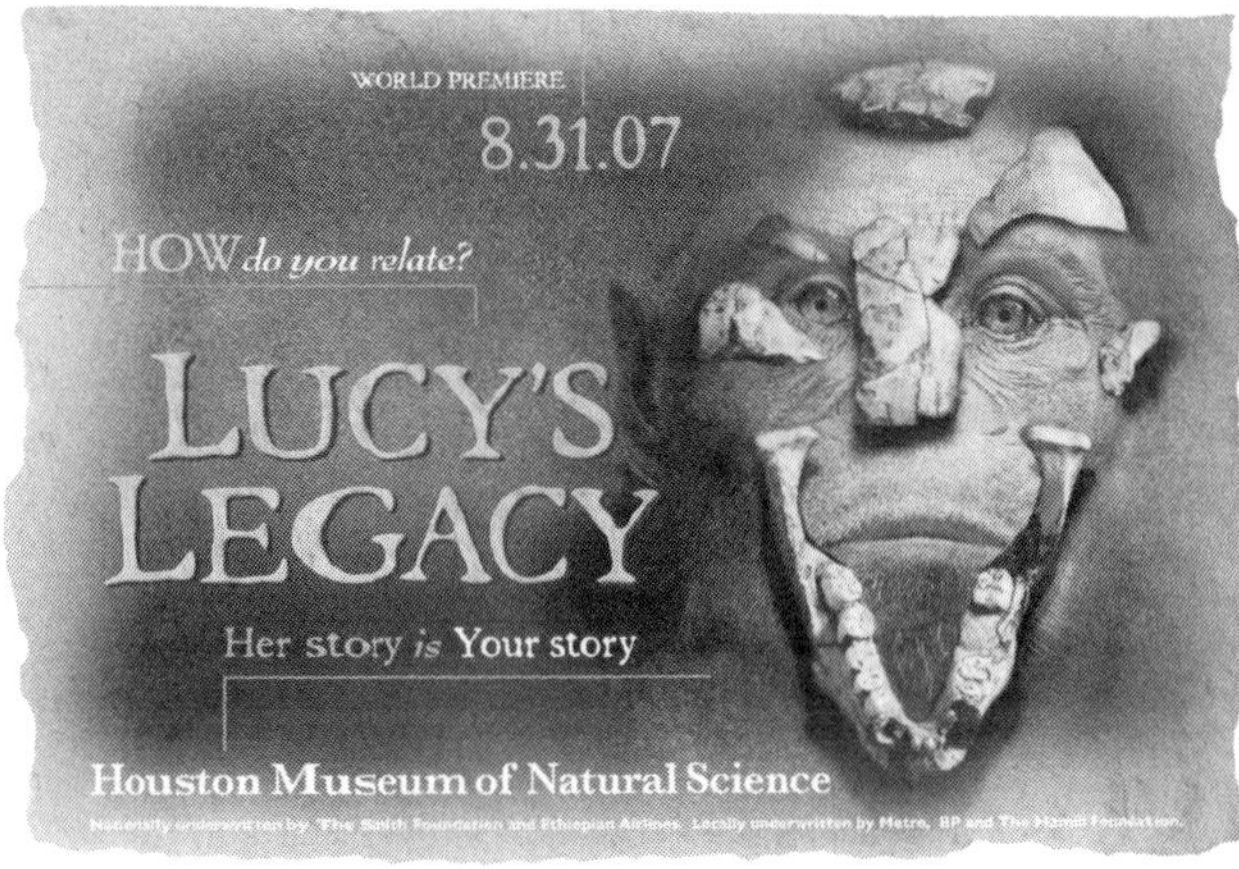

2007年の「ルーシーの遺産」展の広告。
(Image courtesy of Houston Museum of Natural Science)

シーとエチオピアの展覧会を主催した博物館は、ヴァン・トゥレンハウトが言うところの、唯一無二の重要な教育機会を来館者に提供することができた（「ニューヨークタイムズ」のインタビューで、ヒューストン自然科学博物館のジョエル・バーチ館長はルーシーが展示された年におよそ二一万人の来館者があったと語っているが、これはエチオピアの歴史や先史、化石の歴史を見にきた人の数としては相当なものだ）[24]。有名な化石の模型や復元模型、画像は、科学にまつわる会話や古人類学の「やっていること」を人に意識させる一助となる。そしていうまでもなく、本物には力がある。古人類学者のクリスティ・リュートンと私はタウング・チャイルドを見たときに同じ反応を示した。ピルトダウン人の「本当」の捏造犯が誰かを知りたい、「本物」の北京原人の化石を発見したいという飽くなき欲求が、人々にはあるものだ。化石の模型や写真、それをモチーフにした商品を

2007年の「ルーシーの遺産」展の広告。
(Image courtesy of Houston Museum of Natural Science)

見たときの印象は、本物の化石を見たときと同じではない。

＊　＊　＊

どのような展覧会も数百、いや数千もの大小さまざまな選択によって形になる。何を、どこに、どのように展示するかといった選択だけではない。その選択に応じて、展覧会の前後や会期中にどのように展示物を輸送し、保管し、その展示を企画するかも選択して決めなければならない。アメリカを巡回した「ルーシーの遺産」展も例外ではなかった。

巡回展のキュレーターのチームには、トゥーソンにあるアリゾナ州立博物館で収蔵物の保存や管理を取り仕切るナンシー・オーデガード博士や、ロナルド・ハーヴィー、ヴィッキー・キャスマン博士などがいた。ルーシーの巡回展にまつわる途方もない業務を指揮したのがこのチームだ。「収蔵物の保存管理者として、私は展示物の代弁者のような役割を果たしているのだと気づきました」とオーデガードは語る。「いったん展示物を輸送するという決定がなされたら、考えられる問題に対処してリスクのバランスを取ります。とはいえ何よりもまず、私は展示物の代弁者なんです。物はしゃべれませんから」(25)。六年間にわたる巡回展に訪れた大勢の人々にとって、自分の目で見た本物のルーシーは、エチオピアを離れるはるか前からキュレーターのチームが下してきた何千もの決断の結果なのだ。

古人類学者は一つの化石からその化石種の進化史を読み取るかもしれないが、キュレーターはその化石が発掘後にどのように扱われてきたかを通じて化石の文化史を読み取ることができる。キュレーターは「遺物を扱う技師」ではなく、化石がどのように科学者に研究され、博物館で展示されるかについて知識をもっている専門家だ。化石の接着に適した接着剤の種類や、黄ばみや劣化を引き起こす接着剤の種類を知っているし、遺物を適切に管理・保管する方法にも詳しい。「私たちには骨や化石に生じる変化が見えます」とオーデガードは話す。「保存管理者として、化石に刻まれた文化史や、接着剤が変色しそうな部分、博物館の管理番号が消えた箇所といったものがわかるんです。ノギスで化石を計測しているだけでも、時間が経つと骨がすり減ったり裂け目ができたりしますから[26]」

オーデガードとキャスマン、ハーヴィーはエチオピア国立博物館で実際にルーシーを見て、彼女の輸送に何が必要かを詳しく把握しようとした。三人は骨格化石の目録を作成し、博物館でどのように管理されていたかをじっくりと検討した。輸送用のケースを作成してルーシーの化石の模型を運び、税関を通ったりさまざまな博物館を訪れたりしながら、一つひとつの化石をどのように収めるか、どのように取り出すかを確かめた。「ルーシーは飛行機のファーストクラスに乗り、頭上の荷物入れに収納されました。七六点の化石は二つのペリカンケース（堅牢な防水性ケース）に分けて梱包され、そのケースは万が一、飛行機が海に墜落しても海に浮かぶようになっています」とハーヴィーは話す[27]。

オーデガードはルーシーのそれぞれの骨を入れるファスナー付きの小さなビニール袋をみずから設計してつくり、税関でケースが開けられた場合に誰も化石に触れないようにした。それぞれの骨を収めたビニール袋には、その化石を前と後ろから撮った写真が貼られている。「何かがなくなった場合や何かに不都合があった場合に、すぐにわかるシステムです」とオーデガードは当時を振り返る。「化石に実際にさわれるのは、エチオピア国立博物館のキュレーターであるアレム・アドマスだけです。ルーシーの梱包や荷解きのときに部屋にいるのは、ハーヴィーのほかにアレムと博物館の館長だけでした。化石にさわれる人の数を制限することで、破損の可能性を小さくできるんです[28]」。（二〇一五年七月、当時のアメリカ大統領バラク・オバマが東アフリカを歴訪中にエチオピアを訪れた際、ルーシーと対面した。オバマ大統領もルーシーの化石も特別な車列を組んで市内を移動した。エチオピアの国立宮殿での公式晩餐会に先立って、エチオピアの古人類学者ゼレゼネイ・アレムゼゲド博士がルーシーの解剖学的な特徴を非公式に即興で解説し、オバマ大統領に化石にさわるように促した。「ワシントンポスト」紙によれば、数人の同僚からその行動を問題視されたとき、アレムゼゲドはこう答えたという。「並外れた人は並外れたものに近づけるものだ[29]」）

　オーデガード、ハーヴィー、キャスマンはルーシーを収めるケースを使ってリハーサルを重ねた。化石の模型の梱包や取り出しを繰り返して、輸送の方法に残っている問題点を洗い出し、化石に加わる破損の可能性をできるだけ小さくする方法はないかと知恵を絞った。ハーヴィーはルーシーが博物館に到着するたびにその前後の写真を撮影した。それらの写真はルーシーがエチオピアに返還されたときに化石を評価するために使われた。「巡回展のあいだに破損はまったくありませんでした」とオーデガードは語る。「世界に類を見ない取り組みでした[30]」

　私はヒューストン自然科学博物館でルーシーを目の当たりにしたが、それは古生物に関する展示では見たことがない独特なものだった。従来の化石展は照明で明るく照らされた大きな展示室で行われ、家族連れがジオラマや復元模型に群がり、大騒ぎする生徒たちの前で声を張り上げる先生の姿を目にするのがふつうだ。しかし、ルーシーの展示の雰囲気はそれとはまったく違った。彼女の骨が展示された部屋は、同じ博物館のほかの展示室とは異なる雰囲気を醸し出し、エチオピアの展示物がずらりと並んだ明るい近隣の部屋とも違った感覚を抱かせるものだった。騒々しいほかの展示室とは対照的に、ルーシーが横たわった暗い部屋は静まり返り、おごそかな雰囲気が漂っていた。台の上に解剖学的な配置に従って並べられたルーシーの前を来館者が列をなして通り過ぎる様子は、さながら通夜の参列者のようだった。あるいは、聖遺物の前を来館者の列が通り過ぎるといった表現のほうがよいだろうか。暗い部屋、おごそかな展示、そして無生物のような化石の配置は、その二つ隣の展示室にあるマンモスや恐竜の今にも動き出しそうな骨格模型とルーシーは異なるのだという雰囲気をつくり出している。巡回展では偶像となった有名な化石がもつ複雑性や、開催地から開催地へ輸送する苦労が浮き彫りになった。巡回展は一般大衆にとっての巡礼であり、同時に化石にとっても巡礼であるという複雑な様相を呈していた。数えきれないほどの研究者、古人類や博物館の愛好家が、ルーシーの化石を自分の目で見られる一生に一度の機会を求めて博物館に足を運んだのだ。

ほかの科学博物館では従来、ルーシーの化石の模型が当時の環境を描いた背景の前でポーズをとって展示されているが、そうした博物館から見ると、ヒューストン自然科学博物館でのおごそかな演出は人類の祖先を中世の聖骨箱に収めたかのようだ。ヒューストンでは、ルーシーは現代の偶像としてコプト教会の十字架や絵画（さらには、東アフリカの大地溝帯で出土した石器や、古地磁気を帯びた岩石標本）と混ざり合っている。科学と文化、感情の混淆だ。

「ルーシーを『神話的な』言葉で語ることで、私は一人の科学者として危ない橋を渡っている。当然ながら、ルーシーの本当の重要性は象徴にあるのではない。進化の過程、とりわけ、ヒトという種の進化の起源を理解するために観察できる証拠をもたらしてくれる点にあるのだ」と、ドナルド・ジョハンソンは一九九〇年のベストセラー『ルーシーの子供たち』に書いている[31]。とはいえ、一九世紀の言語学者フェルディナン・ド・ソシュールによれば、記号や象徴は文化的な意図や意味を示しているという。私たちはそうした社会的手がかりを呼吸と同じように無意識に読み取っている。これらは私たちの周りの物質文化を理解するための一種の言語であり、自分が取り込もうとし

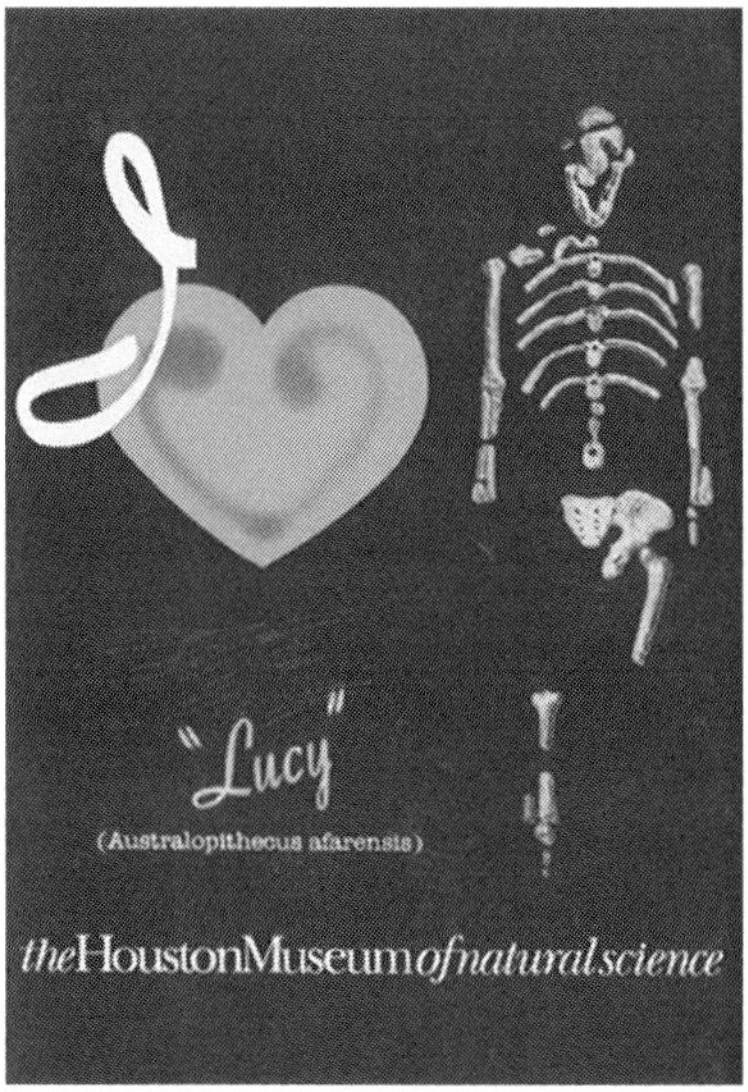

2007年にヒューストン自然科学博物館で開催された「ルーシーの遺産」展の土産物。
(L. Pyne. Image courtesy of Houston Museum of Natural Science)

ているものを解釈するうえで社会的手がかりを使わないのは実質的に不可能だ。[32]

＊　＊　＊

ルーシーは発見されて以来、ほかの化石発見に関する報道で必ずといっていいほど引き合いに出される。新たに発見された化石はルーシーやヒトの祖先であるのかどうか、といったことだ。セラム（二〇〇一年にゼレゼネイ・アレムゼゲドが発見した三歳のアウストラロピテクス）の化石にいたっては「ルーシーの赤ちゃん」と呼ばれ、この比較的新しい化石発見（発表は二〇〇六年）が文化の世界で親しみやすくなった。『大昔のルーシー』『ルーシーの子供たち』『ルーシーから言語へ』『ルーシーの遺産』といった一般向け科学書は、ルーシーが文化的な記号や象徴であることを知ったうえで、タイトルに名前を使って読者の興味を引こうとしている。

保存管理者のハーヴィーはルーシーが博物館から博物館へと移動する旅に、六年にわたって付き添った。「彼女はまさに科学界の貴婦人です」とハーヴィーは当時を振り返る。「ほかの展示物では見たことがないほどのレベルで、人間との関係を築いたと思います」[33]。ルーシーは専門家でない人に自分の研究を説明するときに役立つのだと、クリスティ・リュートンが教えてくれた。ほかにも何人かの人類学者が同じことをしているのを知っているという。こんなふうに説明する。「私は手や足、体の動き、骨盤の進化について研究しています。ルーシーって聞いたことがありますか？ ルーシーにはこういう特徴がありましたが、私たちホモ・サピエンスにはそれとは違う特徴がありますす」[34]

こうして一つになったルーシーのストーリー（あるいは偶像）は、繰り返し語られる。化石模型で著名な企業ボーン・クローンズは、ルーシーの模型の売り上げはここ一〇年順調で、その主な要因には教育関係からの引き合いが多いことがあるという。「ルーシーは一般の人々のあいだで偶像となったので、学校で人類学の教材として好まれています。ルーシーは現生人類すべての『母』だと思われていますから。もちろんそれは大げさなんですが、それでも優れた教材になります[35]」

新たなルーシーはいるのか。彼女と同じ威光をもつ化石は現れるのだろうか。そうとも、そうでないともいえる。今後さらに多くの化石が発見されて科学論文から文化の世界に入り込み、日常語の仲間入りをすれば、現在のルーシーがもつ国家や科学における地位、そして偶像としての地位を獲得する化石が新たに出てくる可能性はある。あらゆる物体と同じく、ルーシーもさまざまなコンテクストの産物だ。彼女が偶像の地位にまで上り詰めたのは、時と場所によるところもある。化石として埋もれていたときも出土してからも、それらが有利に働いたのだ。こうしたさまざまなコンテクストを意図的につくり上げるのは不可能で、化石が息を吹き返すまでにかかる時間を縮めることはできない。新たなルーシーが現れることはないし、それはありえない。しかし、不可能に挑む化石はこの先も出てくることだろう。

第6章　フロー——古人類界のホビット

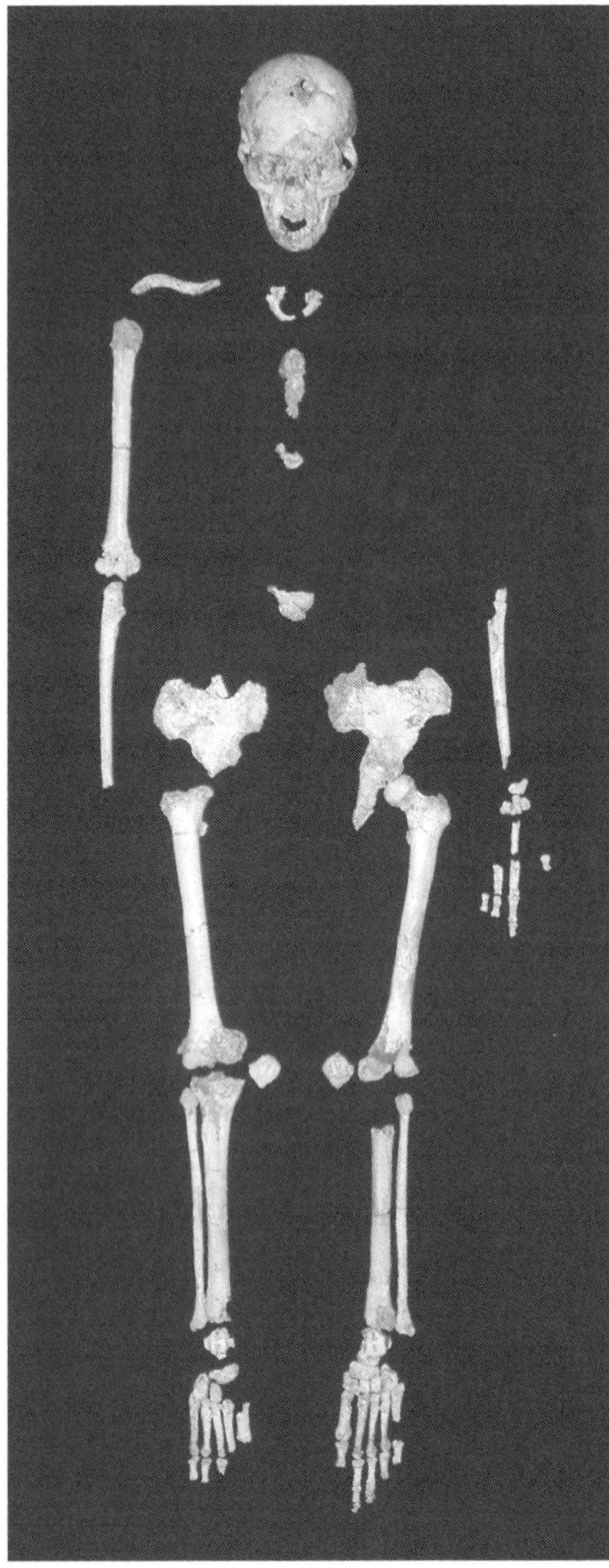

フローレス原人（LB1）のポートレート。（William Jungers. 許諾を得て掲載）

「早朝、現場を訪れて洞窟に着いたとき、このすばらしい瞬間に圧倒されて、ひと言も発することができなかった」。これは考古学者のトマス・スティクナ博士がインドネシアのフローレス島に位置するリャン・ブア洞窟での二〇〇三年の発掘調査を回想した一節だ。(1) 何年もかけて計画し、何カ月にも及ぶ発掘調査の末に、発掘隊は古人類学界に激震をもたらす驚くべき化石を発見した。彼らが発掘した驚くべき化石とはヒトに似た奇妙な標本で、発見されるやいなや科学界で大きな議論が巻き起こり、一〇年にわたって続いた。それは身長が九〇センチほどの小柄な成人で、ホモ・フロレシエンシス（*Homo floresiensis*）という学名が付けられ、調査隊に「フロー」というニックネームで呼ばれていたものの、世界的には古人類界のホビットとしてよく知られている。

リャン・ブア洞窟での二〇〇三年の発掘調査当時の状況を振り返ると、かれこれ一〇年以上も科学論文で化石人類の新種の記載がなかった。科学記録に入ってくる化石は途切れず続いていたのだが、それらはルーシーのアウストラロピテクス・アファレンシスやタウング・チャイルドのアウストラロピテクス・アフリカヌスといった、十分に確立された化石人類の種に容易に分類できた。だから、フローレス島でフローとほかの小柄な八個体の化石が発見されたことは、ヒトの進化の研究を根底から覆す出来事だった。これほど小柄で脳の小さな人類の化石が東南アジアの比較的新しい地層で発見されたことは、ヒトの進化に関する研究者の考え方を揺るがした。人類の進化史でどんな種がいつ、どこにいたのかという問題に対する従来の考え方に異論を突きつけたのだ。言い換えれば、この発見はそれまでになかった予期しないもので、研究者の頭を大いに困惑させた。

ホモ・フロレシエンシス（フローレス原人）の発見は科学界で重視されただけでなく、一般の人々に大きく注目されることになる。二〇〇一～二〇〇三年の映画『ロード・オブ・ザ・リング』三部作の最終章の公開と、化石の発見がうまい具合に重なったのだ。なかでも大きかったのが、俳優のイライジャ・ウッドが特殊メイクで付け耳をつけて演じたホビット、フロド・バギンズの影響だ。そのおかげで、フローレス島で出土した化石が発表される頃には、人々は小さな生き物に大きく注目する準備ができていたのである。この化石が発見されたとき、世界の人々が頭に思い浮かべたのは小さくてかわいい人類の姿だったが、そのイメージはすでに人々の心の中に植えつけられていた。二〇〇四年一〇月に「ネイチャー」誌上でフローレス原人の化石が発表されたとき、私は大学院生で、南アフリカの沿岸部で先史時代の考古学プロジェクトに一学期かけて取り組んでいたところだった。化石の発見を知ってプロジェクトにいた誰もが衝撃を受けた。フィールド責任者は何度もこう言っていた。「こんな大きさしかないんだ!!! 身長なんてこれだけだよ!!! 信じられない。まさにホビットだ!」手を自分の腰の位置に置いてその小ささを示すしぐさを何度も繰り返した。「次は何だ。ガンダルフか？ レゴラスか？ モルドールで発掘調査ができるように、ＮＳＦ〔アメリカ国立科学財団〕に助成金を申請すべきかな?!?」

発見された化石は一つの種に分類される。新種か、あるいは既存の種かのどちらかだ。ルーシーやタウング・チャイルド、さらにはピルトダウンといった多くの有名な発見では、それまでに見つかっていた骨と大きく異なっていたために、新たな種をつくることが妥当と判断された。発見された化石はその後、系統樹に当てはめられる。研究者はその化石が進化史のどこに位置づけられるかを説明して、化石に進化の物語とコンテクストを与える（ほかの種の祖先か？　ほかの種とどの程度似ているのか？）。とはいえ、新たに発見された化石は文化のコンテクストにも当てはまるものだ。タウング・チャイルドのように、人類の進化史に収まるまでの苦闘が文化的なストーリーになっている化石もある。一方、ピルトダウン人のように、化石を文化的な物語に組み込んだこと自体が作り話で、進化論のパラダイムにぴったり収まるようにでっち上げられた結びつきを取り除くことが文化的なストーリーになっている化石もある。それに対して、フローのストーリーはほかの有名な化石とはまったく異なり、有名な化石の新たなモデルとなっている。フローは当時の系統学的なモデルに当てはまらなかった。体があまりにも小さく、その地質学的な年代も新しすぎたため、人類の系統樹に枝分かれの一つとして容易に加えることができなかったのだ。しかも、彼女の文化的なストーリーは実質的にロード・オブ・ザ・リングという既存のテンプレートに当てはめられた。まるで、当時隆盛をきわめていたミームに意味を与えるために発見されたかのようだ。フローは発見前から有名だったのであり、それが文化のなかで具体的な形をとって現れたということが、彼女の名声を独特なものにしている。

＊　＊　＊

時計の針を一九九五年まで巻き戻そう。オーストラリアのニューサウスウェールズ州にあるニューイングランド大学に、マイク・モーウッド博士という考古学者の講師がいた。彼が何年も力を入れて研究していたのが、オーストラリアの先住民であるアボリジニの考古学だ。なかでも、オーストラリア北部のキンバリーに注目していた。更新世（約二六〇万～一万一〇〇〇年前）にアジアからオーストラリアの海岸にたどり着いた最初の人々の上陸地点ではないかと考えられていた場所だ（なお、最新の研究ではオーストラリアに人類が初めて到達した年代は六万～四万年前とされている）。オーストラリア側でホモ・サピエンスの移動ルートを何年もかけて研究した結果、モーウッドはアジアからの最初の移民がどこからどうやって来たのかと考えずにいられなくなった。考えられるどのルートでも、「ウォレス線」と呼ばれる生物地理学的な境界線（目に見えない生物分布の境界線で、アジアの大陸・島々とオーストラリアの動植物相はそれを境にして異なる）を越えることになる。オーストラリアにいたる更新世の移動ルートには、優勢な海流に沿ってニューギニア島西端やアルー諸島（更新世には今より大きかったオーストラリア大陸の海岸線の一部だった）に上陸しながら移動するルートや、ヌサ・トゥンガラ諸島（小スンダ列島）のロンボク島からフローレス島、ティモール島を経由してキンバリーにいたるルートなど、数種類が考えられ、それぞれ同じくらいの可能性がある。モーウッドが研究の重点をオーストラリアから東南アジア、とりわけインドネシアに移そうと考えたのは、最初のオーストラリア人に関する問題を一歩離れて眺め、彼が考古学と古人類学の「大きな問題」とみている問題にいよいよ取り組むためだった。

一九九〇年代半ばには、モーウッドはインドネシアの研究者たちに書簡を送り、初期のホモ属の種がたどったと考えられる三つの移動ルートをウォレス線の地域で検証する共同プロジェクトの可能性を探っていた。しかし、遅々として進まない話に業を煮やしたモーウッドは、首都ジャカルタにみずから赴き、国立考古学研究センターのラデン・パンジ・スヨノ教授に挨拶したうえで、バンドンにある地質研究開発センターの古生物学者ファッハルー・アジズ博士と、プロジェクトに興味を示した二人の男性と面会した。自身の研究チームとともに何年か前からさまざまな遺跡で石器を発見していたアジズは、共同プロジェクトの話にすぐに乗り気になった。まずはフローレス島の周辺で小規模なプロジェクトをいくつか実施し、その調査結果をもとに助成金を獲得して、オーストラリアとインドネシアの共同研究チームによる発掘調査を実現させた。この共同プロジェクトが、二〇〇三年の発掘調査につながる研究の基礎を築いたのだ。

プロジェクトは徐々に拡大し、国立考古学研究センターや地質研究開発センター、ガジャマダ大学、オーストラリアのノースイースタン大学からほかの考古学者たちも加わって、二〇〇一年にフローレス島のソア盆地でのフィールドワークが始まった。研究者たちは盆地にあるリャン・ブアやリャン・ガランといったさまざまな洞窟を訪れた。「初めて洞窟に足を踏み入れたとき、その大きさに目を見張った。とりわけ、人間の居住に向いている点が印象に残った。広々としていて、北側の見晴らしがよく、光が十分に射し込み、床は平らで乾いた粘土に覆われている。暮らすのに快適な場所だっただろう」と、モーウッドはリャン・ブア洞窟を最初に訪れたときの印象を振り返っている。[2]

リャン・ブア洞窟でのプロジェクトの礎となったのは、一九五〇年代にオランダの宣教師でアマチュア考古学者だったセオドール・ヴァーホーヴェン神父が指揮した初期の考古学研究と、一九八

フローレス原人が発見された、リャン・ブア洞窟の発掘現場。
(Photo courtesy of Wikimedia, CC BY-SA-2.5)

〇年代にスヨノ教授をはじめとするプロの考古学者が実施した発掘調査だ。二〇〇一年三月、リャン・ブア洞窟での現代的な発掘調査に向けた準備が本格的に始まった。発掘調査は国立考古学研究センターの権限のもとで行われ、共同論文を発表することが規定された。二〇〇一年四月一〇日、モーウッドは共同研究者たちとともに西ティモールのクパンに飛び、文化、警察、社会政治を担当する各当局から発掘調査の許可を得た。

「リャン・ブア洞窟は調査がとてもしやすい現場だ」とモーウッドは語る。「中に入ると、洞窟の大きさがよくわかる。今ではマンガライ地方の行政府がおせっかいにもコンクリートのアーチと通路を整備したので、施錠されたゲートまで行ける。その先は金網と有刺鉄線の高い柵で阻まれている。ゲートの鍵を保管しているのは、公認の洞窟管理人であるリクス・バンダアルと息子のアグス・マンガだ。二人はこの地方の中心地であるルテンから、はるばるやってくる数少ない観光客のためにガイドも務めている」[3]。ヴァーホーヴェン神父が初めてフローレス島にやってきた頃、リャン・ブア洞窟は小学校として使われていた（神父はフローレス島に宣教師として滞在した一七年間に、先史学者としてもリャン・ブア洞窟をはじめとする数多くの遺跡を発掘した）。一九五〇年、ヴァーホーヴェンはこの洞窟で発掘調査を行えばすばらしい成果が得られるだろうと考えた。ちょうどその頃、もっとありきたりの校舎が完成し、小学校が移転するという幸運に恵まれた。まずは洞窟を入ってすぐの西側の壁で試験的に小規模な発掘を実施した。

二一世紀に行われたリャン・ブア洞窟の初期の発掘調査で、驚くほど多くの遺物が発見された。洞窟の床を覆っていた硬い流華石（フローストーン）をどうにか取り除くと、その下の粘土層には石器や骨、歯といった大量の遺物が眠っていた。一回の発掘調査につき二〇〇トン近くの堆積物を調べた結果、堆積物一立方メートルあたり最大で五〇〇〇点もの遺物が見つかった。この洞窟でかなり古い時代に人間が活動していた証拠だ。問題はどのような種類の人類が暮らしていたかである。深さおよそ六メートルの地点で人間の腕のような骨（橈骨《とうこつ》）の破片が見つかると、発掘調査にはいっそう力が入った。「リャン・ブア洞窟での調査の進み具合を確かめるために、私はルテンにあるホテル・シンダに毎晩電話をかけて調査の進捗や発見、問題の概要を尋ねていた」とモーウッドは書いている。「八月一〇日、トマス［・スティクナ］が連絡を待っていたかのようにすぐに電話に出た。ものすごく興奮した口調で、第七区画の深さ六メートルのところで現生人類ではない子どもの骨格を発見したと言ってきた。彼らはついに見つけた！　ステゴドンの骨や遺物と同じ時代の人類を発見したのだ。プロジェクトの一年目は好調な滑り出しだった」[4]

発掘調査に参加していた考古学者ワヒュ・サプトモは、一〇年後に「ネイチャー」誌のユーエン・キャロウェイのインタビューで発見の瞬間をこのように振り返っている。「マイク・モーウッドが二〇〇三年の発掘調査で一足早く現場を去ろうとしたとき、『どうして今離れるんだ。きみが離れたあと、何か重要なものが見つかるかもしれないよ』と私は言いました。その数日後の九月二日、私が第七区画の現場を監督しているとき、地元の作業員が五・九メートル付近を掘っていると、こての先が頭骨に当たったんです。動物や人間の骨に詳しいメンバーがやってきて、こう言いました。『やったぞ、人間の骨に違いない。でも、ずいぶん小さいな』」。サプトモは発掘隊が見ているであろうものの重要性をすぐに感じとった。「トマスはその日、病気でホテルにいました。私はホテルに帰って彼に会い、こう言いました。『かなり重要なものが出てきた。更新世の地層から初めてヒト科の骨が見つかったんだ[5]』」

人類の骨の発見はリャン・ブア洞窟でのそれまでの発見とはまったく異なり、きわめて重要な瞬間だった。人類の骨が出土するまで、洞窟で発見されたさまざまな石器を特定の種に結びつけること、ましてや石器がどのように使われたかを突き止めようとすることなど実質的に不可能だった。だから実際に人類の骨格が出土したとき、洞窟の堆積物から発掘した石器をようやく化石人類と関連づけられるのだと、研究者たちは思ったことだろう。しかし、骨を発掘するのは驚くほど難しかった。骨のもろさが尋常ではなかったのだ。実際のところ、骨はまだ化石化しておらず、埋まっていた土はかなり湿っていたため、まるで「湿った吸い取り紙」のような骨だったと研究チームは形容している。[6] 骨の保存は難しいだろうと予想され（そして実際に難しかった！）、研究者たちはあまりにも軟らかい骨を壊してはいけないと気が気でなかったのだ。

これまでに、洞窟からは完全な頭骨一点を含めて、九個体分の骨が発掘された。最初に骨が出土したとき、現場にいた研究者や発掘作業員は何の骨を見ているのか正確にはわからなかった。もちろん何らかの「人類」であることはわかったが、大人なのか子どもなのか、ホモ属のどの種に分類されるのか、どれくらい古いのかといった疑問への答えが見つからなかったのだ。モーウッドは同僚の古人類学者ピーター・ブラウン博士にスケッチを送って、標本に関する議論に加わってもらい、フローレス島に来て骨を見てくれないかと誘った。

「マイク［・モーウッド］は人類の骨格には詳しくなかったし、インドネシアの研究者たちもそうでした。私はかなり懐疑的でした。スケッチからすると、ギリシャの骨壺に入っていてもよさそうな骨で、大したものに見えなかったんです」。ブラウンは二〇一四年のキャロウェイのインタビューで当時をこのように振り返っている。「ジャカルタには行きたいと思っていましたよ。訪れてみたい場所でしたし、食べ物も好きです。雰囲気や文化なども気に入っているのですが、何か興味深いものや重要なものを見つけられるとは期待していませんでした。せいぜい成人に近い現生人類の骨格だろうというのが私の考えでした。新石器時代かそれより少し古いぐらいだろうと。あるいは、成長障害を抱えていることも考えられました。現地を訪れたときの期待はこんなところです」[7]。ブラウン、そしてほかの研究者たちも自分の考えがいかに間違っていたか、まもなく知ることになる。フローレス島で見つかった複数の骨格は、ありふれた骨とはほど遠いものだったのだ。

＊　＊　＊

二〇〇四年、リャン・ブア洞窟の研究チームは骨の発見について「ネイチャー」誌上で公式に発表した。「ネイチャー」がメディアに対して解禁日まで報道禁止の措置をとったことで、誌上での発表までに古人類学界に発見の噂が出回ることはなく、発表されると科学界に大きな衝撃が走った。論文では、ＬＢ１（フローー）の解剖学的な特徴が記載され、骨の大きさや形が既存のほかの化石とは大きく異なっていることから、ＬＢ１はホモ・フロレシエンシスという新種の模式標本とされた。研究チームはＬＢ１がほぼ完全な骨格で独特の特徴をもっていることを強調し、身長がおよそ九〇センチで体重が一五～三〇キロの成人女性で、およそ一万八〇〇〇年前に死んだと述べている。ＬＢ１の頭骨は小型でチンパンジーの頭骨ほどしかなく、その形は研究者の頭を悩ませた。まさにホビットのように小柄なフローレス原人は直立二足歩行が可能だったほか、考古学者たちが発見した証拠から、火や槍の穂先を思いどおりに扱うことができ、集団での狩りも可能だったと推定されている。これらはすべて、ホモ・エレクトスでもホモ・ネアンデルターレンシスでもホモ・サピエンスでもない新たな化石人類が行ったとは考えにくい複雑な行動だった。

フローレス島で出土した小柄な人類の骨格は衝撃をもたらしたと同時に、厳しい検証の目にさらされた。発見から一〇周年を迎えた年、この化石の解剖学的研究の多くに参加してきた古人類学者のウィリアム・ジャンガーズ博士はこう振り返った。「まさかエイプリルフールじゃないだろうなと思い、カレンダーを確かめなければなりませんでした。一見あまりにも不合理だったからです。

どのくらいの時間がかかったのかはわかりませんが、これほど小さな人類が東南アジアで孤立して進化し、完新世の直前まで生きていたなんて」[8]。地質年代で完新世の始まりはおよそ一万一〇〇〇年前とされているから、化石記録からするとかなり最近までフローレス原人が生きていたという事実が、ジャンガーズの言葉から浮かび上がる。この化石標本の小ささをどう解釈するのが最も妥当なのか。病気か？　新種か？　それとも、遺伝子の異常なのか？　科学界の見解は分かれ、まもなく古人類学者たちは再び東南アジアに注目するようになった。

古人類学界に化石標本を新たに提示するためには、その化石を特定の分類群に割り当てなければならない。学名を付け、一つの種に分類する。名前を与えるという行為は系統や進化の歴史を暗に示すことでもある。化石をアウストラロピテクス属ではなくホモ属に分類すれば、更新世における人類の移動や拡散に関してまったく違った物語を提示することになる。また、ホモ・エレクトスに分類すれば、一つの種のなかで認められる多様性の度合いに異なる意味を与えることになる。一方、新たな属や種をつくることになれば、化石の形態が既存の種と大きく異なり、以前の発見とフローレス島での発見をつなぐ進化の物語がないということになる。

ほかの研究者による論文審査からのフィードバックを受けて、研究チームはホモ・フロレシエンシスと命名することに決めた。「ネイチャー」のシニアエディターであるヘンリー・ジーは当時を振り返り、標本の分類をめぐってはいくつかの困難があったと語る。「最初に提出された論文では、スンダ地域のフローレス島の人類という意味で、*Sundanthropus floresianus* というラテン語名が付けられていました。しかし、査読者たちはホモ属に含めるべきだと言い、さらに査読者の一人が

floresianus は『花のような肛門』という意味になるので、*floresiensis* とすべきだと指摘しました。こうしてホモ・フロレシエンシスとなったのです[9]」

フローレス島の化石は人類の系統樹を揺るがしただけでなく、二一世紀の古人類学が向かう方向を示した。古人類学でまだ知られていない興味深い化石が眠っていて、そうした化石は思いがけない場所で見つかる可能性があり（きっと見つかるだろう！）、進化に対する考え方に大きな意味をもたらすのだという意識をつくり出したのだ。

＊　＊　＊

フローのストーリーの歴史的背景は、リャン・ブア洞窟での一九五〇年代や初期の発掘調査よりもはるか昔にさかのぼる。東南アジアにおける古人類学のルーツをたどっていくと、ウジェーヌ・デュボアがジャワ原人を発見した一九世紀に行きつく。デュボアの発見を契機に考古学や古人類学の研究の一時代が始まり、研究者たちはインドネシア全域で何十年にもわたる調査に断続的に取り組んできた。多数の島々からなるこの国ではデュボアの最初の調査のあと、一九三一年から三三年にかけてドイツ系オランダ人古生物学者のグスタフ・ハインリヒ・ラルフ・フォン・ケーニヒスワルトがジャワ島で発見した「ソロ人」（ガンドン）など、ほかの人類の発見を誇ることもできたものの、古人類学界を根底から揺るがす大きな発見は一八九一年のジャワ原人以降、出ていなかった。

デュボアは発見した化石を発表してピテカントロプス・エレクトスと名づけたとき、進化史でヒトの古さをはっきりと裏づける太古の祖先「ミッシング・リンク」を見つけたとすかさず主張した

（ピテカントロプス・エレクトスはその後一九五〇年に、生物学者のエルンスト・マイヤーがジャワ島と中国の周口店で出土した標本を精査した結果、ホモ・エレクトスと改名された。時代と場所が異なるとはいえ、両者は骨格が似ていることから同じ化石種であると、マイヤーは結論づけたのだ）。二〇世紀に入ると、人間と類人猿に似た祖先をつなぐ「ミッシング・リンク」を探す機運が高まり、研究者たちは化石の発掘調査に力を入れるようになった。ミッシング・リンクは類人猿のような生物から人間のような生物へいたる連続した変化に沿った解剖学的特徴をもつ種だと考えられた。現在「単系進化」と呼ばれる進化の考え方だ。

古人類学の初期の時代、デュボアはどちらかというと奇妙な立場にあった。十分な専門知識のあるアマチュアとして、つまり大学や研究機関に所属せずに研究に取り組んでいたのだ。とはいえ、解剖学の教育を受け、医学を学んだ経歴の持ち主だったことから（もちろん、ヨーロッパのネアンデルタール人など、一九世紀後半にミッシング・リンクといわれた化石の発見に関する文献を幅広く読んでいたこともある）、デュボアは自分が何を探しているかや、いつそれを見つけたかを判断できるだけの専門知識をもっていた。研究機関からの支援も豊かな私財もないなか、オランダ領東インド諸島（現在のインドネシア）に医師の職を得た。そうすれば、太古の人類の祖先がきっと見つかると考えていたジャワ島に行けるからだ。一八八七年、デュボアは現地で島民を雇って化石探しを始めた。重点的に調査したのは、ジャワ島東部のトリニールと中部のサンギランだ。一八九一年、ソロ川の岸辺を覆った堆積物から、小規模ながら目を見張る化石群が出土した。歯、頭蓋冠、大腿骨がそれぞれ一点というこの化石群は、ネアンデルタール人に次いで古人類学の歴史に加わった種となった。

デュボアは一八九一〜九二年に発見したピテカントロプス（「猿人」の意）に周りの人々が興奮して興味を示すのを喜び、これらの化石は祖先の類人猿と現生人類をつなぐミッシング・リンクの証拠だと主張した。「ジャワ原人」と呼ばれるようになるこの化石は、すぐに研究者の注目の的となり、多数の記事や科学論文が発表された。とはいえ二〇世紀初めまでに、この化石は大きな論争を巻き起こす存在にもなっていた。当時、多くの研究者が「中間型の種」、つまりミッシング・リンクの存在を疑問視していたからだ。仮にそうした化石が存在しても、研究者たちはヨーロッパの外で見つかった化石を中間型の種に認定したがらなかった。ジャワ原人を照らしていたまばゆい光はだんだん弱まり、研究の幕が徐々に下りていった。

実際のところ光はほとんど消えかけていて、新たな化石（北京原人やピルトダウン人）が古人類学界に登場し、研究者たちが進化のパターンに関して異なる仮説を唱え始め、とりわけ「中間型の種」という概念の有効性について疑問を呈するようになると、二〇世紀初めにデュボアが受けていた科学界での名声は、手のひらを返したように消えていった。デュボアはこうした批判を自分自身への攻撃と受け止め、ピテカントロプスの化石とともに家に閉じこもるような格好となり、研究者に対して標本の利用を制限した。科学界が自分を迫害して物笑いにしようとしていると強く感じ、化石の研究利用を拒否して、その後いっさいの研究をさせなかった。化石を研究できなければ、自分の考えを否定するような結論を導き出せないだろうと、デュボアは考えたのだ。

こうした騒動はあったにせよ、デュボアの発見によって、東南アジアがミッシング・リンクを探す有望な地域であるとの評価が確立された。ピテカントロプスの発見で、アフリカやヨーロッパばかりが重視されることはなくなったのだ。デュボアとジャワ原人、初期の古人類学が絡み合ったストーリーは、一〇〇年以上あとに繰り広げられたフローレス島での発見物語にとって歴史の上で先駆けとなった。

＊　＊　＊

興味深いことに、フローの解剖学的な特徴を説明する試みには、ジャワ原人との歴史上の関連のほかにも、一九世紀の古人類学研究と似たような点がある。実際のところ、フローがどうしてあのような姿なのかを説明しようとする試みは、ネアンデルタール人にまつわる初期の研究を思い起こさせる。一八五六年にネアンデル谷でネアンデルタール人の頭骨が発見されたあと、博物学者たちは化石の解釈をめぐって二つの陣営に分かれた。この化石はヒトの変種なのか、それともまったく違った種なのか。変異や頭蓋の形態学的特徴は明らかにホモ・サピエンスのものとは異なると考える学者もいれば、頭蓋の容量の違いは病理学的な変異として簡単に説明でき、奇形あるいは病気のコサック兵と考えれば違いを説明できると主張する学者もいた。新種とする説と、病理学を通して形態を説明する説があったのだ。

フローレス原人の「ホビット」はまさに、この主張の対立を再現している。フローレス原人をめぐる混乱や論争、説明はかつてネアンデルタール人が発見された際に見られたものと同じであり、発見の特徴にも説明の特徴にも過去の事例と類似した点が多いことをそれとなく思い起こさせる。

実際、フローレス原人の骨にまつわる説明がネアンデルタール人とヒトとの差異をめぐるかつての説明とほとんど同じだった。この化石は新種だという見解もあれば、病気あるいは奇形のヒトの亡骸だという見解もあった。大半の研究者はフローが独自の種であると確信していた。

古人類学者がまず直面した問題はフローの体の大きさに関するものだった。なぜこれほど小柄なのか？　フローレス原人を最初に記載した論文の著者らは、フローは人類のまったく新しい種であり、ホモ・エレクトスに似た共通祖先をもっていた可能性があるとし、フローのきわめて小柄な骨格は単に「島嶼《とうしょ》効果による矮小化」の結果であり、世代を経るにつれて体格が小さくなることは島に生息するほかの哺乳類（ゾウやカバ）の系統が証明していると主張した。古人類学者のディーン・フォーク博士は二〇〇五年、フローの脳には小頭症（個体そのものの病状）の証拠が見られず、その形からすると単に「ホモ・エレクトスの矮小化した子孫」のものでもなくて、むしろ、その脳には未発見の祖先から受け継いだ特徴が認められると主張した。つまり、進化の上でフローとホモ属のさらに古い種の架け橋となる未知の祖先が存在するというのだ。この主張に対しては、フィールド博物館のロバート・マーティン博士が二〇〇六年の「サイエンス」誌に発表した論評で反論し、ホモ・エレクトスに似た祖先から体が小さくなっても矮小化は生じないと主張した。フローのような体格は小頭症など、いくつかの重い病気の影響がなければ生まれないというのが、マーティンやほかの研究者の見解だ（小頭症は一連の神経の異常で脳が小さくなった状態）。とはいえ、現在ではたいていの研究者が、フローの体の構造と脳の小ささを説明するためには矮小化の作用が最も妥当だという見解で一致している。

フローの手首と足首の研究から、彼女の骨格には原始的な形質と派生形質が混在していることがわかった。ある部分ではホモ・サピエンスにきわめて似ているが、ほかの部分では大きく異なっている。フローの脳は小さいが、手首の形態学的な研究で得られた証拠から、彼女の種は石器の製作と使用が可能だったことが示された（フローの脳の容量は研究によって幅があるが四〇〇〜四二六ccであるのに対し、現代のホモ・サピエンスの脳容量は一三〇〇〜一三五〇cc）。フローレス原人の初期の調査を本格化させるきっかけとなった石器の存在は、この種には小型のゾウや大型の齧歯《げっし》類の狩猟が可能だったことを示す。獲物になった動物の骨が灰に埋もれて残っていたことは、フローレス原人が火の扱いに熟達していたことを示唆している[10]。

こうした特徴を考え合わせると、興味深い進化の物語が浮かび上がってくる。オーストラリアのウーロンゴン大学の地質年代学者バート・ロバーツ博士は、ヒトの進化のストーリーがだんだん複雑になると、古人類学界に日々寄せられる問い合わせにすぐに影響するのだと、皮肉交じりに語っている。「これまではシンプルでわかりやすいストーリーがありました。現生人類とネアンデルタール人がいて、私たちがネアンデルタール人を絶滅に追いやったのだと。その後、東南アジアに足を踏み入れたときには、ホモ・エレクトスがそこではすでに絶滅していたので、基本的に誰もいませんでした。そうこうしているうちに人類はオーストラリアに到達し、今があるというわけです。すっきりしていてほとんど明快で、納得がいく短いストーリーでした。誰もが満足していたんです。しかしそこに突然、ホビットが現れました[11]」

二〇〇六年、「ネイチャー」誌はある論説で、フローレス原人をめぐる論争が激化してリャン・

ブア洞窟での発掘調査が一時中断されたことを嘆いた。「現代のホビットをめぐる話は、化石を発見した研究者たちの個性によってきわどく味付けされている。なかには、発見の重要性について公の場で、時には礼を失《しっ》した形で互いの説に異議を唱える研究者もいる。加えて、多くの学者たちから激しい反論もある……フローレス原人を独立した種に分類すれば、トールキンが考え出したキャラクターと同じような架空の生き物をつくることになるというのだ。激しい言葉が飛び交った。話のでっち上げもあった。非難の応酬もあった。記者にとって絶好のネタである(12)」

＊　＊　＊

一つの化石の進化史を詳しく理解するためには、研究者たちは化石を調査する必要がある。つまるところ、古人類学は化石やデータを利用できるかどうか（アクセス）に左右される科学なのだ。コレクション、計測値、調査手法へのアクセス、そしてもちろん、人類の化石そのものへのアクセス。「アクセス」の意味や、そこからどのように「良質な科学」を導き出すのか（研究の連携と制限の折り合いをどのようにつけるか）が、古人類学の歴史を通じて何度も問われ、さまざまな答えが提示されてきた。

二〇〇四年、インドネシアの古人類学界で大きな影響力をもち、小頭症の説を支持するガジャマダ大学の主任古生物学者テウク・ヤコブが、フローレス原人の化石を文字どおり独り占めし、リャン・ブア洞窟から研究者を閉め出した。化石は模型をつくるという名目で、首都ジャカルタから、ヤコブの研究室があるジョグジャカルタへ移された。化石は約束より何カ月も遅れてジャカルタに戻ってきたのだが、骨盤と顎骨には損傷の跡がはっきりと見てとれた。顎骨からは切歯がなくなっていたし、顎骨自体も数カ所が割れていて、そのせいで顎骨を復元した形が以前とはかなり違っていた。模型の制作中に破損したと主張するモーウッドとブラウンに対し、テウク・ヤコブは自分が骨を受け取る前から破損していたと言い張った。リャン・ブア洞窟での発掘調査が再開されたのは、ヤコブが他界したあとだった。とはいえ、フローレス原人の物語には、アクセス（そしてアクセスの制限と、アクセスにもとづいた化石の解釈）の問題以外にも、論争を引き起こすさまざまな側面があった。

化石の管理と、誰が化石を調査できるか（調査すべきか）という問題は、古人類学の日々の研究にとって重大な意味をもっている。化石をどのように管理すべきか？　誰が化石を利用するべきか？　そして、専門家の意見はどのような影響力をもつべきか？　化石をめぐる論争の大部分は化石の扱いと、実際の利用許可（または不許可）に起因すると考えられる。

ブラウンが言うように、フローレス原人が発見される以前は「古人類学研究の大まかな傾向は予測できるもの」だと思われ始めていた。しかし、モーウッドが認めるように、フローレス原人の発見後は「ヒトとはこういうものだという既成概念に挑戦」する動きが出てきた。[13]さらに、いくつかの研究チームや何人かの研究者のあいだで、この化石の位置づけについて見解の相違があった。新種なのか？　それとも、単に病気を抱えた更新世後期の現生人類なのか？　「フローレス原人はこれまで発見されたなかで最も極端な人類である」と人類学者のマルタ・ミラゾン・ラーとロバート・フォーリーは述べている。「フローレス原人があの時代に古いタイプの人類として存在していたなら、比較的新しい時代の人類進化にまつわる地理や生物学、文化に対する理解を変える。同様に、ピグミーや小頭症のホモ属だったなら、形態学的な多様性やアロメトリー（生物の異なる二つの部分に見られる量的関係）に対する理解に疑問を投げかける[14]」

多くの研究者は自分自身の研究課題にこだわって身動きが取れなくなった。具体例を一つ挙げると、マッチー・ヘネバーグ博士、ロバート・B・エクハート博士、ジョン・スコフィールド博士は共著書『ホビットのわな　新種はいかにでっち上げられるのか』で、フローは新種ではなく、単に病気を抱えた現生人類であるとはっきり主張している。実際のところ、大半の研究者はホモ・フロレシエンシスを正当な種として受け入れ、病気による異常とは考えていないが、だからといって議論がなくなったわけではない。フローの発見一〇周年で、当時を回顧する文章や解説が発表され、フローの重要性について再び関心が高まると、議論は激しさを増した。「ホビット説」に真っ向から反対するヘネバーグやエクハート、共同研究者のサクダポング・チャヤヴァナヴェス博士やケネス・シュー博士はLB1がダウン症の患者であると主張し、そう考えればフローの骨格の形態を説明できると述べている。しかし、フローを病気と診断すべきだという彼らの主張は、科学界で広く共感を得るにはいたっていない。彼らの論文が発表されるとすぐにののしり合いが始まり、怒りが蔓延した。つまり、ツイッターで炎上が起きたのだ[15]。

＊　＊　＊

研究者たちはホモ・フロレシエンシスという学名を補うために、専門家でない一般の人々に発見を紹介する手段としてニックネームを付けようと考えた。化石の発見が論文として公式に発表された二〇〇四年は映画『ロード・オブ・ザ・リング』の第三部『王の帰還』がアカデミー賞で作品賞を受賞した年で、この化石もホビット映画の熱狂にまもなく乗った。名前の善し悪しは別として「フロー」や「フローレス島の小さな貴婦人」といった愛称に変えようとする努力はなされたのだが、結局「ホビット」というニックネームがぴったりはまった。そして、この愛称に首をひねる人もほとんどいなかった。

ロバーツ博士は愛称を探したときの様子をこのように語っている。「一般向けに名前を考えなければならないことはわかっていました。ホモ・フロレシエンシスと呼ぶわけにはいきませんから。マイクは『ホビットがいいな』と言うので、私は『いいよ。トールキン財団との問題が何も起こらないならね』と答えました。トールキン財団というのが正しい名称かどうかはわかりませんが。商標登録してある単語を勝手に使うと、ひどく攻撃されるようですからね。マイクはLB1を、メアリーのような名前と同じように、定冠詞の『ザ』を付けずに『ホビット』と言いました。一時期、マイクは学名をホモ・ホビタス（*Homo hobbitus*）にしようと、ピーター・ブラウンを説得していたんです。そんなことを提案するなんて、マイクはとんでもないペテン師だと、彼は思ったんじゃないでしょうか」（著書の『ホモ・フロレシエンシス』で、モーウッドは確かに冠詞を何も付けずにこの化石を「ホビット」と呼んでいる）。ピーター・ブラウンはこう語っている。「マイクと私はニックネームについては意見が合いませんでした。私はあの愛称が陳腐だと感じましたし、論文が発表されたら地球上のあらゆる変人が私に電話をかけてくると思ったんです。それは本当でした。

家の裏庭で毛むくじゃらの小さな人を見たという変な電話が、ひっきりなしにかかってきたんですから[16]」

しかし、「ホビット」としてのフローの来歴と地位から得られる文化的な力はある。陳腐に感じられるかもしれないが、フローを「ホビット」と呼ぶことは、科学が文化の真空地帯では機能しないことに気づかせる。フローの物語を大ヒット映画のキャラクターのようなよく知られた何かに結びつけることで、人々がとっつきやすい化石種の「案内役」が生まれる。化石はよく知られた小説のキャラクターと深く関連づけられることによって、人々の意識へ容易に入り込めるのだ。化石はまた、インドネシアという国を特徴づける存在の一つにもなり、はるか昔へとさかのぼる歴史物語をこの国に与えることにもなった。とはいえ、この化石を有名にした要因としてどのような愛称よりも大きいのは、フローレス原人をめぐる論争だった。

特徴や論争はともかく、フローレス原人の化石はルーシーがその数十年前にエチオピアに対して果たした役割と同様に、国家像を形成する象徴として機能することになった。「インドネシア社会にとってきわめて重要なもの」だと、発掘現場の主任考古学者ラデン・パンジ・スヨノは断言していた[17]。ハダールがエチオピアに貢献したように、フローレス島は近年民主化したインドネシアに貢献した。ナショナリズムを象徴する文化的な遺物としてのフローの役割は、ルーシーが果たした役割と重なる。

一方で、フローは単なる比喩としてではなく、「エブゴゴ」の伝説というインドネシアの文化的な結びつきを通して深い共感を集めていったと主張するのは、人類学者のグレゴリー・フォース博士だ。フローレス島の先住民ナゲの人々によると、エブゴゴはインドネシアの森林の奥深くにすむ人間のような生き物なのだという。したがって、フローを「ホビット」と呼ぶことには小説への間接的な言及以上のものがあると、フォースは指摘する。「とりわけ、幅広い人々と効果的にコミュニケーションをとるためには、どうやらホモ・フロレシエンシスを『ホビット』と表現するのは適切だということがわかってきた（これはトールキンの小説をもとにした最近のハリウッド映画に影響を受けているのは明らかだ）」。フォースがこう述べた二〇〇五年は、フローレス原人の化石が科学界や一般社会で基盤を築き始めていた頃だ。フォースはまた、ホモ・フロレシエンシスが人類学に見られる興味深い混淆であるとも指摘している。フローレス島の真ん中で文化と生物学が出合い、エブゴゴのような伝説がホモ・フロレシエンシスといった科学的な分類と出合う。小説への間接的な言及によって名前が（ニックネームではあるが）特定の文化的なイメージを示しているだけでなく、この種を「どうやって理解するか」を語るために使われている証拠にも、私たちの文化的な背景や思い込みが反映されている。この種をどのように語り、どのように名づけるかは、その科学的発見を私たち自身の文化にどう位置づけるかを示している。

フォースはこう続ける。「さらに興味深いのは、命名したのが大衆紙ではなく、化石を発見した研究者たち自身であるということだ。このような名前と結びつけたせいで、人類学的な発見が陳腐化することは避けられず、フローレス島をコナン・ドイルの『失われた世界』みたいなものに変えてしまった。かつて小型のゾウがすみ、今でも巨大なトカゲや巨大なネズミがいて（それぞれコモドオオトカゲとフローレス島に固有のフロレスオニネズミを指している）、ひょっとしたら小さな

洞窟を背景に撮影されたフローレス原人の頭骨の模型。(Science Source)

人類までもが暮らす世界だ」[18]。小説のキャラクターを引き合いに出すことで進化上の現象を物語を通して説明でき、進化について容易に伝えられる(これはSFでネアンデルタール人が使われる理由の一つでもある)。しかし、小説で物語や対立が大げさに描かれるように、ホビットのストーリーとその論争も実際以上に大きくなり、私たちが知らない世界の現象を描くようになる。

＊　＊　＊

フローレス原人は、ほかの有名な人類化石で生み出されたり期待されたりしたような物質文化や商品を生んでいない。私が知る限り、ルーシーやセディバ、ラ・シャペルの老人などのネアンデルタール人とは違って、フローにまつわるTシャツやマグネット、ポスター、俗っぽい装飾品などはない。しかし、フローの復元模型、とりわけジョン・ガーチーの手によるものは、華々しい博物館生活を送っている。ガーチーによるフローレス原人の復元模型は、今はスミソニアンの「人類の起源ホール」に展示されている。ホールの展示の一部として、ルーシーやネアンデルタール人の復元模型の隣に、ガーチーはフローのブロンズ像を制作した。彼女がパニックに襲われた瞬間をとらえたもので、ドレッドヘアのような髪の毛が顔の周りで乱れ、鼻が大きくふくらんで、腕を広げている。イエスの遺体を膝に抱いて嘆く聖母マリア像を思い起こさせ、進化の終焉を描いているかのようだ。見る者には、フローが何らかの危険からもはや逃れられないことがわかる。彼女の顔に表れた恐怖は「聖書的」かつ「古典的」と形容されてきた。

ガーチーが制作した二つ目の復元模型はラテックス素材に着色した彫像で、フローの顔の周りで銀髪が風になびき、その情感のこもった目は展示を見て回る来館者をずっと追っているかのようだ。どちらの作品も、フローがもっていた進化上の弱みを強調している。ガーチーが制作の初期段階で描いたスケッチのなかには、フローが目を閉じて両手で頭を抱えている姿や、避けられない絶滅の危機を追い払おうとするかのように両手を頭上へ掲げている姿がある。たいていの復元模型やジオラマでは、見る者は時が止まった瞬間を「見ている」と信じるように促される。一方で、南アフリカのディソング博物館に展示されているジオラマのように、切り取られた瞬間を見ている感覚は、見る者をその場面に引き込み、物語が目の前で展開されていると思わせるために必要で、利用しやすいフィクションだ。

ガーチーはこうした効果が、とりわけホビットのような人類の場合にはどんなふうになるのか興味があった。「それはリアリズムと戯れ、さらにそれを一歩進める方法なのだ」とガーチーは考える。「フローに私たちが見えたとしたら、どんな表情がふさわしいのか？　現代人を見てどう思うのだろうか？」フローの顔の復元模型につける表情や雰囲気をつくるにあたり、ガーチーは「ナショナルジオグラフィック」誌を象徴する表紙の一つを引き合いに出した。緑の目をした「アフガンの少女」の写真だ。少女の表情には諦めや恐怖、さらには疑念が表れ、一度見たら忘れられない力がある。少女の目を通して、彼女が経験した苦難に思いがいたる。「これこそがフローにつけたいと考えていた表情だ」とガーチーは回想する。「彼女の表情には少なくとも不安が表れているべきだと考えた。激しい動揺の一歩手前ぐらいでもいいかもしれない」[19]。こうした復元模型を通してフローが伝えるのは、進化の上で避けられない厳しい運命に見る者の思いをいたらせる物語だ。

＊＊＊

フローレス原人の化石にまつわる問題や論争は何度も繰り返され、標本の解釈だけでなく取り扱いに関する議論までもがお決まりになった。こうした論争を通じて、化石の名声はますます高まっていく（「フローレス原人、ホビットの化石をめぐり研究者が激突」という二〇一四年八月一六日の「ガーディアン」紙の派手な見出しは、フローレス原人の記事でおなじみのものだ）。いつだって化石に関する論争を挑発し、あおろうとしている感じである。「ネイチャー」誌がフローレス原人の論文の報道を解禁し、著者たちが化石の発見を公に語れるようになった日のことを、古人類学者のディーン・フォークはこう回想している。「ナショナルジオグラフィック」のデヴィッド・ハムリンから電話があり、「電話で話しながら、コンピューターでニュースサイトにアクセスして、ホビットの記事が次々に出てくるのを驚きながら見ていた」[20]という。情報がオンラインで簡単に入手できるようになったために、フローレス原人発見のニュースは、ほかの有名な化石の発見時にはありえなかった速さで、即時に影響力をもつようになった（化石発見のニュースがインターネットに拡散するという状況は、フローレス原人以前の化石にはなかった）。一つの記事がほかの記事を生み、記者たちは引用できる発言を求めてインターネットをあさり、ブログでの論評も盛り上がった。タウング・チャイルドの論文や、ルーシーの発見についてのプレスリリースが発表された当時とはまったく異なる状況だ。

当初はフローレス原人の発見やその意味についてやや懐疑的な見方をしていたピーター・ブラウンは、後年このように述べている。「きわめて小さな体と小さな脳をもった二足歩行する人類がはるかに古い時代、ひょっとしたら三〇〇万年前かそれ以前にアフリカを出たという考え方を、以前よりも受け入れられるようになりました。また、二足歩行する人類の進化に数多くの失敗があったという考え方にも寛容になりました。うまくいったものもあれば、そうでなかったものもある。系統樹は枝分かれだらけです。そんななかで私たちは生き残ったのです」[21]。バート・ロバーツはこう分析している。「私にとって、ホビットの究極の価値はそれ自体にあるのではありません。単に進化の行き詰まりですからね。おそらく現生の生物にはまったくつながっていないでしょう。しかしホビットは人々があらゆる物事をより広い視点で考えるきっかけを与えてくれました。人々の考え方を変えたのです[22]」

「フローレス原人が私たちを悩ませるのは、あまりにも予想外で、人類の進化や行動の仕方、外見はこうあるべきだという多くの先入観に合わないからだ。しかし、状況や背景を考えれば……予想どおりのものだといえる」とモーウッドは二〇〇七年に述べて、この化石のもたらした難題は意外にも予測可能なものだという見解を披露している。「なかには、この可能性を気に入らず、異論を唱えた人もいる。そのせいで発掘後のホビットは数奇な運命をたどることになった[23]」

ホビットのような人類、フローについてはこれまでのところ論争ばかりが目立つ感はあるが、この発見が比較的最近であることを考えれば、これは意外なことではないかもしれない。たとえば、タウング・チャイルドの発掘後の最初の一〇年だけを振り返ると、化石をめぐる論争が目につくだろう。タウング・チャイルドへの風当たりが弱まり、その存在を学界が認めるようになったのは、発見から数十年後（特にピルトダウン人の捏造が発覚したあと）のことだ。古人類学の歴史では多くの化石が、どちらかというと短い期間で、たいていは学界で物議を醸したり激しい議論を巻き起こしたりして名を知られるようになり、それから数十年以内には有名人と同じように世間から忘れ去られてきた。

フローが有名な化石となったのには、主に二つの理由がある。一つは、彼女をめぐる論争が科学界でも大衆のあいだでも絶えないこと。もう一つは、常に大衆の目にとまり、科学界での議論以外で確実に共感を呼ぶ可能性をもっていることだ。彼女の生物学的な特徴と歴史（小柄な体と発見された時期）が、二一世紀初頭の大作映画『ロード・オブ・ザ・リング』とぴったり一致していたために、文化の面でも反響を巻き起こして、ほかの化石よりも確固とした地歩を築いた。フローレス原人は人気テレビ番組にも進出した。アメリカのテレビドラマ『ギルモア・ガールズ』のシーズン

5ではフローレス原人の発見について触れられ、『BONES』ではブレナン博士と大学院生のデイジー・ウィックが「ホビット」の標本をもっと見つけようと、フローレス島を訪れた。

進化のストーリーが違ったら（それほど小柄ではなかったら、もっと大きな脳をもっていたら、死亡した年代がもっと古かったら）、そして、文化的な状況が異なっていたら（世界の人々がトールキン原作の映画にそれほど熱狂していなかったら、科学者たちがあれほど公然と反目して論争しなかったなら）、フローのストーリーは今とはまったく違っていただろう。激しい論争で知られる化石はほかにもあるが、論争を巻き起こしさえすれば、化石が発見の何十年後にも有名であり続けるかというと、そうでもない。フローは従来の系統学的な物語にも文化的な物語にも、なかなか収まることがなかった。つまるところ、フローは進化の歴史をひっくり返し、有名な古人類「パレオセレブ」のストーリーを一変させたのだ。タウング・チャイルドやラ・シャペルの老人といった化石の場合、大衆文化がこうした同時代の科学界での発見に追いつくのには何十年もかかった。しかしフローが発見された頃には、彼女がぴったりはまりそうな紋切り型のキャラクター（ホビット）が大衆文化でほぼ確立されていた。これまでとは正反対の状況がフローの将来にどんな意味をもつのかは、今後数十年の展開を見なければわからない。ルーシーのように博物館に展示され、国民的な象徴になるのか。あるいは、『ロード・オブ・ザ・リング』が何十年にもわたって彼女を支える力がなければ、フローは歴史の孤島に口を開ける洞窟に埋もれてしまうかもしれない。

結局のところ、フローの特徴が論争だけであるならば、彼女はおそらく四〇年先には有名ではなくなり、古人類学の歴史で興味深い脚注としてしか扱われなくなるだろう。さらに五〇年経てば、この化石の文化史は豊かさや深みを増し、今とは違ったものになっていることだろう。

第7章　セディバ——オープンアクセスの化石

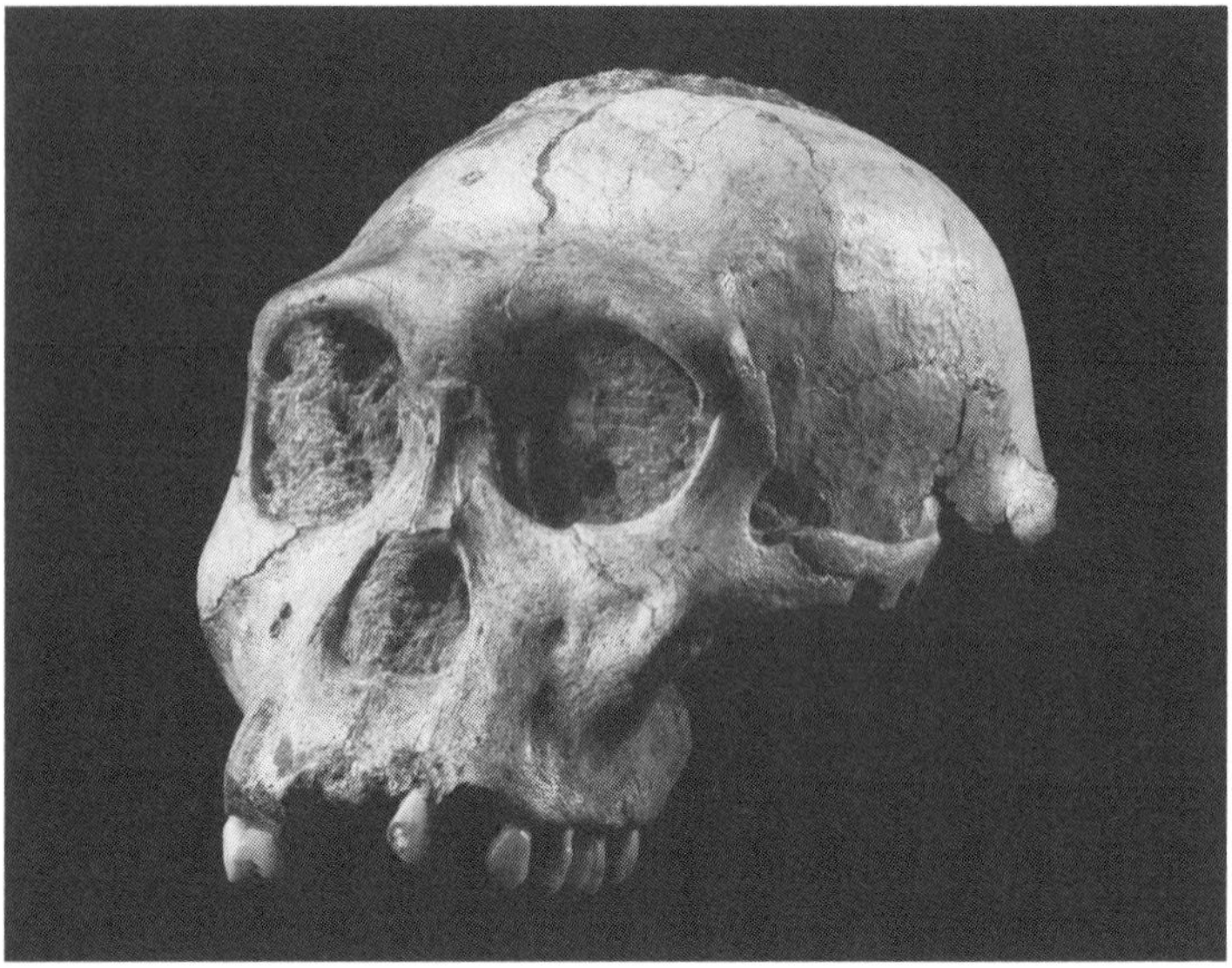

アウストラロピテクス・セディバ（カラボ）の化石のポートレート。
(Photo by Brett Eloff. Courtesy of Lee Berger, University of the Witwatersrand; CC GFDL)

「パパ、化石を見つけたよ！」

二〇〇八年八月一五日、古人類学者のリー・バーガーが九歳の息子マシューを連れて、南アフリカ北部のマラパ自然保護区で野外調査プロジェクトに取り組んでいた。このプロジェクトは、ヨハネスブルクから北に四〇キロほど離れたこの保護区で、既知の化石出土地点や洞窟を調査して地図を作る取り組みの一環だ。愛犬のタウといっしょに保護区をぶらぶら歩いていたマシューは、濃い茶色の角礫岩の塊から何かの化石が突き出ているのを発見した。父親のバーガーは最初に見たとき、とても古いアンテロープの化石の一つだろうと思った。この一帯でよく見かける化石だからだ。

バーガーは化石を含んだ岩塊を拾い上げ、じっくり調べてみると、自分が見ているものが人類の鎖骨だということに気づいた。岩塊を裏返すと、その角礫岩の塊には下顎骨も埋もれていた。「信じられませんでした」と、バーガー博士は「ニューヨークタイムズ」紙のインタビューで興奮気味に語っている。「石を拾い上げて裏返したら、犬歯が一本付いた下顎骨が突き出ていたんです。心臓が止まるほど驚きましたよ。こんなことってあると思います？」(1)

＊　＊　＊

二〇一〇年四月、マシューと彼の父親のチームがマラパの発掘現場で見つけた化石は、アウストラロピテクス・セディバ（*Australopithecus sediba*）という化石人類の新種として「サイエンス」誌に発表された。この化石が驚くべき標本であることは古人類学界で基本的に認められたものの、学名にはある程度の異論が出た。この化石には類人猿のような原始的な形質と、ホモ属のような派生形質が見られたからだ（解剖学的な特徴からすると、アウストラロピテクス属ではなく、ホモ属に分類したほうがよいと、多くの研究者は主張している）。この化石に最もふさわしい分類は何なのか。論文が発表されると、「サイエンス」や「ネイチャー」から「ナショナルジオグラフィック」「ニューヨークタイムズ」にいたるまで、さまざまなメディアが数々の論評を掲載した。

セディバがどの属に分類されるかはさておき、これまでのところ、マラパの発掘現場が重要な化石産地であることは疑いようがない。なにしろ、二二〇点を超える骨の破片が出土し、それらを組み合わせると合計六体分の骨格になる。少年、成人女性、成人男性が一人ずつ、そして三人の幼児だ。全員がおよそ二〇〇万〜一九〇万年前に生きていた。この化石人類が二〇一〇年に記載されたときに大きく注目された（そして今も注目されている）のは、セディバが広大なアフリカの風景のなかでアウストラロピテクス属と初期のホモ属が歩き回っていた時代に生きていただけでなく、考古学的に驚くべき由来をもった複数の個体の化石であるからだ。この化石群は人類の進化史で興味深い時代のものであるほか、同じ種の複数の個体を含んでいるので、古人類学者がこの種の多様性を理解するのにも役立つ。

二〇世紀を通じて、研究分野として新たに生まれた古人類学を形づくるうえで何よりも重要な役割を果たしたのは、ヨーロッパやアフリカ、アジアで発見された化石人類だった。新たな化石はどんなものであれ、発見されるだけである程度の威光を放っていた。それがもとになって、観察結果から仮説や説明が生み出されるからだ。新たな化石は種の定義をつくることもあれば壊すこともあり、どんな新発見にも系統樹を書き換える可能性があった。新しい化石は発見時の状況のなかで社会的な名声を得た。北京原人のように祖先としての重要性が受け入れられたものもあれば、タウング・チャイルドのように退けられたものもあった。

二〇世紀に化石がどんどん発見され、研究論文として記載されるにつれて、化石のコレクションは以前ほど貧弱ではなくなってきた（ネアンデルタール人を例に挙げると、一九世紀にごくわずかだった化石標本は、これまでに四〇〇体を超えるまでになった）。となると、二一世紀の化石発見にはどんな意味があるのか。現代の有名な化石とはどのようなものなのだろうか。フローレス原人はそうした化石の一例で、論争を呼ぶ小さなホビットというイメージだ。だが、セディバの発見は新たな問題を投げかけた。今後の化石発見はどのような歴史上のパターンに従うことになるのか。二一世紀の化石がこたえなければならない文化的な期待、そして科学的な疑問とはどんなものか？

「南アフリカのドロマイト（苦灰岩）の洞窟堆積物から見つかる人類そして哺乳類の進化の記録は、アフリカで最も豊富なのではないだろうか。洞窟堆積物から化石が初めて見つかったのは二〇世紀初めのことだが、こうした洞窟の重要性が認められるようになったのは、一九二四年にバクストン石灰岩採掘場でタウング・チャイルドの頭骨が発見されたときだった」。バーガーはマラパ地域の化石と歴史のガイドブックで、このように説明している。[2] マラパ地域の化石が古人類学界でこれほどすぐに脚光を浴びるようになった背景の一つには、この地域で驚くべき古人類が見つかってきた歴史がある。セディバの成功はこうした南アフリカの遺産によるところが大きい。

とはいえ、セディバが名声を得られたのは、化石がちょうどよい時と場所で見つかり、それを擁護してくれる人物がいたからでもある。その人物は古人類学におけるデータの収集法や仮説の構築法を変えようと力を注ぎ続けた。歴史上の類似例から判断するなら、化石の来歴はそのコンテクストによって何度もつくり変えられる。永続する名声は何十年もの歳月をかけて形成される。セディバは当初「次の目玉」という位置づけで一歩を踏み出したのは確かだが、一世紀後にも現在と同じ名声を保っているかどうかはわからない。

＊　＊　＊

二〇一〇年は人類進化の研究にとって実り多い年で、古人類にまつわる二つの大きな新発見が科学記録に加わった。どちらもアウストラロピテクス属の新しい化石で、およそ二〇〇万年前のものだった。二つの化石はどちらも人類の進化史に対する理解を深めたという点で重要なのではあるが、発見後に歩んだ道は大きく異なる。二つの化石はぱっと見たところ似ているのだが、実際にはまったくといっていいほど違う。出土地は一方はエチオピアで、もう一方は南アフリカ。発表された雑誌も「米国科学アカデミー紀要」と「サイエンス」という違いがある。一方はルーシーと同じアウストラロピテクス・アファレンシスで、もう一方はアウストラロピテクス・セディバという新種。一方は一個体の部分骨格、もう一方は複数の個体が発見された。発見された状況も、一方は国際研究チームのベテランのメンバーが通常の発掘調査中に発見したのに対し、もう一方を見つけたのは九歳の少年とその愛犬だ。「カダヌームー」というニックネームの前者は学会誌で地味に発表され、一般の人々にあまり知られていないが、後者のセディバは国際的に広く知られるようになった。どちらも古人類学界にとって重要なのは間違いない。だが、両者が文化のなかで歩んだ道はその進化の道のりと同じくらいかけ離れている。

なぜ一方の化石だけが有名になったのか。一方だけが一般の人々や研究者に注目されたのはどうしてだろうか？

短く答えればひと言、コンテクストだ。出土地点の地質学的なコンテクストが異なるだけではない（カダヌームーは東アフリカの大地溝帯、セディバは南アフリカ北部の石灰岩の洞窟）。ここでもっと重要なのは、二つの化石がそれぞれの科学研究の歴史についても、研究の伝統についても、その地域で発見された化石が人類の進化史に組み込まれてきた経緯についても、それぞれ異なるコンテクストを受け継いでいるということだ。こうした違いは化石がどのように研究され、不朽の名声を手に入れるかについて多くを語ってくれる。

一方、長く答えようとすると、当然ながら話は複雑になる。ピルトダウン人や北京原人、ルーシーといった多くの有名化石と同じように、化石が有名になる理由の一つに科学的な重要性があるのは確かだが、理由はそれだけではない。古人類学は発見によって中断され、見つかった化石によって築かれる科学だ。新発見がメディアの見出しやツイッターのフィードを席巻するなかで、化石は研究者や一般大衆のイマジネーションをかき立てる。これら二つの化石の発見は文化のなかで好対照をなしている。発見された時期が近いので、当初の状況の比較や対比がしやすいのだ。二つの化石は同じ出発点（同じ発表年）から異なるストーリーを伝え、二一世紀に見つかった化石がどのようにして科学界や一般社会に受け入れられていくかについて、起こりうるシナリオを提供してくれる。

カダヌームー（研究チームは親しみを込めて「ビッグマン」と呼ぶ）についてごく基本的な情報を伝えておくと、これはアウストラロピテクス・アファレンシスに分類される三五〇万年前の部分骨格化石で、標本番号はKSD－VP－1／1だ。最初に発見されたのは、尺骨（肘関節を構成する前腕の一部）の中央に近い部分だった。二〇〇五年二月一〇日に、古人類学者の国際チームで定評のあるメンバーだったアト・アレマエフ・アスフォーが発見した。尺骨を含めたカダヌームーの骨格化石は最初の発見から五年後に、一流の科学刊行物として名高い「米国科学アカデミー紀要」に発表された。著者として名を連ねたのは、アメリカ・オハイオ州のクリーヴランド自然史博物館、ケント州立大学、ケース・ウェスタン・リザーヴ大学、エチオピアのアディスアベバ大学、アメリカのバークリー地質年代学センターのメンバーからなる国際チームだ。

この論文で著者らは、アウストラロピテクス・アファレンシスの知識の基盤を広げたという点でこの化石は「並外れている」と述べた。なかでも重要なのは、歩き方に関する情報が得られることだ。ルーシーが発見されてから数十年にわたり、その直立二足歩行が正確にはどのようなものだったのかについて大きな議論が起きていた。直立した姿勢で二足歩行できたのは確かだが、生活のなかでどの程度の時間を二本脚で歩いていたのか、歩く効率はどの程度だったのか、歩き方は現生人類とどのくらい似ていたのか、といった議論だ。カダヌームーの骨格化石が出土したことで、アフアレンシスの移動の仕方に関する疑問はより詳しくなり、その答えが導き出された。

カダヌームーの骨格化石には完全な肩甲骨（肩の一部）も含まれている。この骨からアファレンシスがどのように樹上を移動し、肩を動かしていたかを調べることができる。「ネイチャー」とのインタビューで、研究者たちはこの新情報の重要性について次のように語っている。「この新たな骨格化石からは、直立二足歩行で完全に走ったり歩いたりできたことや、現生人類に見られる適応の大半を備えていたことがわかります」とチームメンバーで、ケント州立大学の古人類学者オーウエン・ラヴジョイ博士は話す。論文の筆頭著者であるクリーヴランド自然史博物館のヨハネス・ハイレ＝セラシエ博士は「新たな骨格化石の骨盤は現生人類のものにそっくりです」と付け加えている。サイエンスライターのレックス・ダルトンは発見についてこう書いた。「新たに発表された部分骨格化石から、ルーシーの化石で有名なエチオピアの人類種は、ランウェイを歩く現代のファッションモデルと同じように歩けたことがわかった[3]」

カダヌームーは最初の論文でも、ルーシーの名声の影に隠れていた。著者らは論文の要旨の二番目の文でルーシーに直接言及しているうえ、論文に掲載されたカダヌームーの写真は、黒い背景に骨が解剖学的な位置に従って配置されていて、ルーシーの象徴的なポートレートを思い起こさせる典型例だ。カダヌームーの「公式ポートレート」はルーシーを彷彿させるだけでなく、両者の骨格の違いを巧みに浮かび上がらせてもいる。ルーシーは腕や脚の長骨に加えて頭骨の破片や顎の骨もあり、見つかっていない部位を頭の中で容易に想像できるし、そうでなくても、彼女がどのような生き物だったかは少なくともわかる。一方、頭骨のないカダヌームーは首なし騎士のようで、しかも片脚しかない。つまり、頭骨のような特定の骨格要素があれば、化石標本を擬人化するのが容易になる。擬人化が容易であれば、人々が親近感をもつキャラクターをつくるのも簡単だ[4]。

プレスリリースでも、カダヌームーについての公式の説明は読み手になじみ深いルーシーに大きく頼っている。「新しい骨格化石はアディスアベバから北東におよそ三三〇キロ離れた、エチオピアのアファール中央部に位置する大地溝帯で出土した」とダルトンは書いている。「発見されたのは二〇〇五年……ルーシーが発見されたハダールから北へ一日歩いた地点だ……今回の骨格化石は身長が二メートル近いと推定されている。一方、ルーシーの身長は一メートルを少し超えたぐらいだ[5]」。「ナショナルジオグラフィック」のウェブサイトに二〇一〇年に掲載された短い記事「〝ルーシー〟の親戚発見、二足歩行の獲得は通説よりも早かった?」にも、カダヌームーの形態学的特徴や骨格について似たような情報が載っているが、やはりルーシーとの対比がある。性的二形(アウストラロピテクス・アファレンシスの男性と女性の体の違い)の問題を検証する二〇一五年の研究でも、カダヌームーとルーシーが対比されていた。ルーシーの重要性を考えれば意外ではないとはいえ、研究がルーシーに重点を置いていることを見れば、カダヌームーがいかに軽視されているかがわかる。論文のタイトルでもルーシーの名前が先で、研究が進んでいない新しい化石よりも、よく知られた化石に重きが置かれている[6]。カダヌームーの発見で、化石種に対する考え方、特に種間の多様性とアファレンシスの移動様式の微妙な違いに対する考え方の幅が広がった。とはいえ、直立二足歩行でどれほど注目されようとも、カダヌームーは文化の世界では自立できないでいる。

それはなぜか? カダヌームーはアウストラロピテクス・アファレンシスの部分骨格で、この化石人類の起源の物語は古人類学ではすでにおなじみの話だからだ。この化石自体や発見の経緯、科学研究、博物館に所蔵されてからの話で、見る者の心をつかむようなものはない。人類の系統樹を書き換えたり、科学研究のまったく新しい基準をもたらしたりする化石ではないのだ。カダヌームーは新種でも新しいアーキタイプでもない。古人類学に対して新たな疑問を投げかけることもなく、まったく新しい手法に光を当てることもない。

カダヌームーはトゥルカナ・ボーイやミセス・プレスと同じように、ある程度は聞き覚えがあるかもしれないが、すぐに人々の心から消えてしまう化石なのだろう（ミセス・プレスはタウング付近のスタークフォンテンで一九四七年にロバート・ブルームが発見したアウストラロピテクス・ア

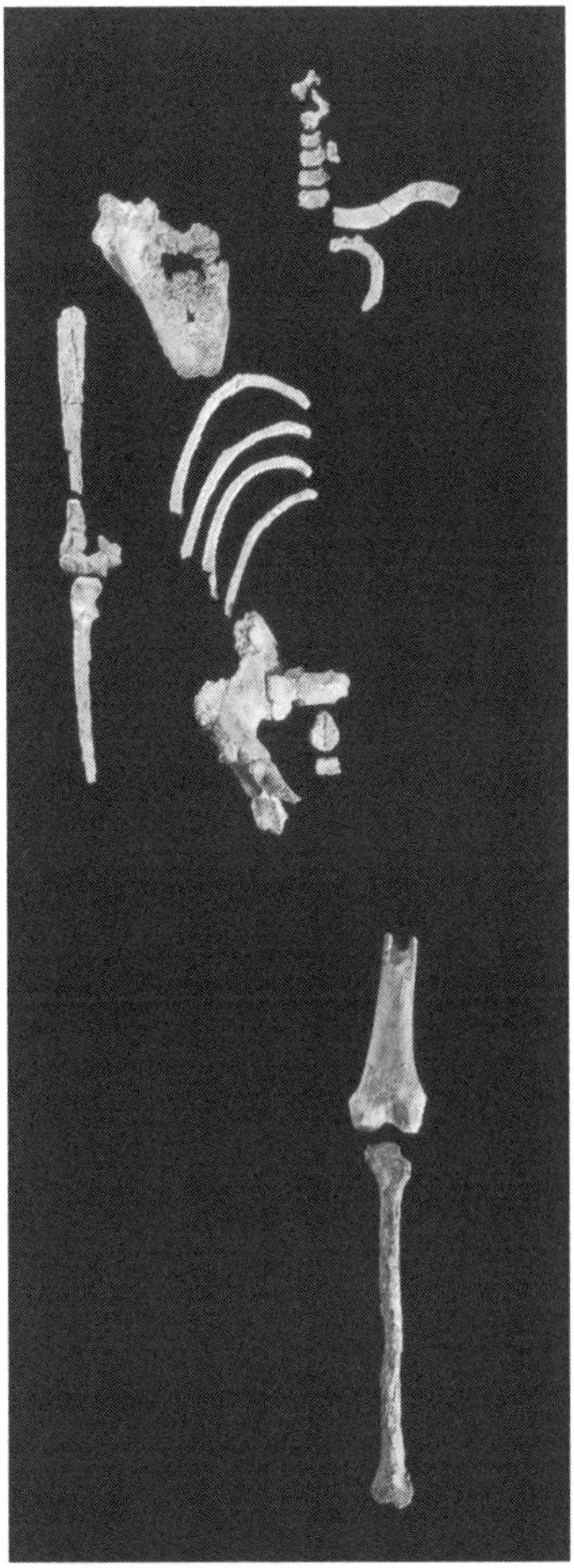

2010年に発表されたカダヌームー（アウストラロピテクス・アファレンシス）のポートレート。（Yohannes Haile-Selassie and Cleveland Museum of Natural History. 許諾を得て掲載）

フリカヌスの成人の化石で、この発見によってタウング・チャイルドは立証された。トゥルカナ・ボーイはリチャード・リーキーらがケニアのトゥルカナ湖近くで発見したホモ・エルガステル（*Homo ergaster*）の化石だ。どちらも古人類学の歴史で重要な発見だが、ほかの化石のような名声は獲得していない）。カダヌームーもミセス・プレスと同様、ほかの化石を支える存在だ。万が一、ルーシーの威光が弱まることがあれば、そばに控えるカダヌームーが救いの手を差し伸べ、自分の小さな威光を差し出すのである。カダヌームーはルーシーの脇役として存在している。アウストラロピテクス・アファレンシスを脇で支えるメンバーであり、代役なのだ。カダヌームーはテレビで何となく見たことがある端役の俳優で、ウィキペディアで三回クリックしてようやく見たことがある理由がわかるような存在だ。ルーシーの影に隠れながら有名な化石になるのは難しい。ただし、ここで言っておきたいのは、どの研究者も化石が有名になってほしいと必ずしも思っているわけではないことだ。偶然か望んでかはさておき、大衆のイマジネーションにまったく入り込まないような化石から、まっとうで重要な科学は生まれるはずだし、実際生み出されている。

＊　＊　＊

一方、セディバはこれとは違った種類の化石で、その社会的な名声のストーリーはカダヌームーとはまったく異なる。セディバとカダヌームーの大きな違いはまず、文化界と科学界における化石の名前だ。有名な化石というのは一般向けの愛称を通じて知られる傾向にあるが、アウストラロピテクス・セディバはそうではない。ほとんどの有名な化石は、ルーシー、タウング・チャイルド、ホビットといった愛称がもつ文化のなかでの持久力に大きく頼って名声を保っているが、そうした強力なニックネームをもっていることは、名声獲得のための必須条件ではないのだ（ピルトダウン人、北京原人といったほかの化石の名前は非公式の略称にすぎない。北京原人は英語でPeking Manと呼ばれるが、デヴィッドソン・ブラックは特定の人類をManと呼ぶのは明らかに性差別であると考え、周口店から出土した最初の北京原人を「ネリー」と呼んではどうかと提唱した）。セディバの場合、結果的に愛称が化石と一般の人々を結びつける役に立っているわけだが、気の利いた名前を付けようとしなかったわけではない。

二〇一〇年に化石の発見が公式に発表された直後にウィットウォーターズランド大学が出したプレスリリースでは、愛称の問題が取り上げられ、化石にはニックネームを付けるべきだとされた。「現場では発掘調査が続けられ、今後も驚くべき発見があることは間違いない」とプレスリリースには書かれている。「この発見を祝うため、この若者の骨格化石に付ける愛称を南アフリカの子どもたちに募集した[7]」。模式標本のMH1とされたこの骨格化石は結局、ヨハネスブルクの一七歳の生徒オムフェメッツェ・ケーピレの案が採用され、「カラボ」（「答え」の意）と名づけられた。ナショナルジオグラフィックから児童書として刊行されたリー・バーガーとマーク・アロンソンの共著書『岩石に埋もれた頭骨　科学者と少年、グーグル・アースがどのようにして人類の起源に新たな窓を開いたか』には、セディバの骨格化石は「カラボ」と命名されたと書かれているが、この名前は化石の名前としても略称としても使われていない。このニックネームは人々の心に響かなかったようだ。この化石は結局、一般に「セディバ」として知られるようになった。

セディバというのはもちろん、化石に付けられた学名であるアウストラロピテクス・セディバを短く縮めた呼び方だ。この化石標本は標本番号でMH1とMH2と呼ばれるが、まとめて「マラパの人類」とも呼ばれる。古人類学界では二一世紀に入って化石の名前に発見地の言語を使うという習慣が生まれつつあり、セディバの場合も南アフリカのソト語から名づけられた。「セディバは南アフリカに一一ある公用語の一つ、ソト語で天然の泉や水源を意味します。ホモ属の起源とも考えられる種の名前としてふさわしいのではないでしょうか」とバーガーは語っている。「アフリカ南部の猿人であるアウストラロピテクス・アフリカヌス（タウング・チャイルドやミセス・プレス）と、ホモ・ハビリスあるいはホモ・エレクトス（トゥルカナ・ボーイやジャワ原人、北京原人）の直接の祖先のあいだに位置する中間型の種としてセディバは有力な候補だと、私は考えています[8]」。名前を発見地と結びつけることによって、セディバは地理と分類学、そして、学名のアウストラロピテクス・セディバが暗示する進化の物語という三つの要素を結びつけている。

セディバの化石は古人類学にとって目新しいものであることは確かなのだが、その出土地を考えればそれほど意外な発見でもないかもしれない。マラパの洞窟は「人類のゆりかご」と呼ばれる南アフリカ北部に位置し、この地域の人類化石遺跡群は一九九九年一二月にユネスコの世界遺産に登録された。「人類のゆりかご」はおよそ七〇〇〇ヘクタールにわたる大規模な石灰岩の洞窟群にあり、一〇〇年近くのあいだ古人類学者の好奇心を刺激する新たな化石や新種が継続的に発見されてきた。それらは進化の物語を書き換えたり組み立てたりする、またとない可能性を秘めている。

「南アフリカの洞窟では、一一以上の異なる洞窟堆積物から出土した一〇〇〇点を超える人類の標本が記録されている……南アフリカの洞窟では少なくとも四種か、おそらくはそれ以上の初期人類が発見されている」と、リー・バーガーは『人類のゆりかごでの研究とガイド』に書いている。前にも書いたが、東アフリカと南アフリカの地質や地形は大きく異なるため、化石発見の経緯も異なるうえ、化石が人類進化のストーリーで示す時代や地理的な場所もそれぞれ異なっている。「南アフリカで出土する人類の化石は、東アフリカで発見された最古級の人類化石の年代よりもかなり新しいのだが（ルーシーをはじめとする東アフリカの化石人類は六〇〇万年前までさかのぼる可能性があるが、南アフリカの化石人類はせいぜい三〇〇万年前までしかさかのぼれないだろう）、南アフリカの化石が重要なのは、東アフリカに比べて保存状態がよいことがほとんどで、幅広い種類の脊椎動物とともに発見されるという点だ。したがって、彼らが生きた時代について数多くの情報が得られる(9)」

マラパの標本がほかの化石と異なる特徴の一つとして、発見から発表までの期間が短いことが挙げられる。カダヌームーは発見から論文発表までに五年もの歳月を要したが、セディバは発見の二年後には論文が発表された。二〇一〇年に「サイエンス」誌に掲載された最初の論文「アウストラロピテクス・セディバ　南アフリカで出土したホモ属に類似したアウストラロピテクス属の新種」はマラソン前の準備運動のようなもので、バーガーの研究チームはその後五年ほどかけて次々に論文を発表した。二〇一一年だけでも、セディバの研究チームはこの化石に関する詳細な論文を「サイエンス」の特別号で五本も発表している。それぞれ異なる解剖学的な要素（骨盤、足首の関節など）を取り上げているほか、化石の地質年代を決定する過程についての論文もあった。

誹謗中傷する人や否定派も含めて、人々はセディバに心を奪われていた。セディバという化石種は、解剖学的な特徴の組み合わせが興味深い。長い腕に、短くて力強い手、非常に進化した骨盤、そして長い脚をもっている。こうした特徴の組み合わせから、セディバはヒトのように大またで歩いたり、ひょっとしたら走ったりすることもできたと思われる。おそらく木登りもできただろう。「どちらも身長は一・二七メートルほどだったと推定されるが、子どもは成長すればさらに身長が伸びただろう。死んだときの体重は女性はおよそ三三キロで、子どもはおよそ二七キロだった」とバーガーは付け加える。「子どもの脳の大きさは四二〇〜四五〇ccと小さいが（ヒトの脳はおよそ一二〇〇〜一六〇〇cc）、ほかのアウストラロピテクス属と比べて脳の形は進化しているように見える[10]」

「これらの有名な化石は古人類学で注目すべき発見であり、ヒトの起源を理解するうえで大きな空白を埋めてくれる。どの化石もきわめて重要だが、こうした最重要の化石のなかでセディバが傑出しているのは、彼らがもたらす情報の圧倒的な量と質によるものだ」と、サイエンスライターのケイト・ウォンは「サイエンティフィック・アメリカン」誌に書いている。「マラパで発見された化石は、古人類学者が求める条件のチェックリストで、ほぼすべての項目を満たしている。骨格の複数の要素が保存されている？　チェック。同時代の個体が複数ある（種内の多様性を知るために重要）？　チェック。化石がほぼ手つかずの状態で、破片の組み合わせ方に不明確な部分がない？　発見地の地質から化石の年代を正確に決定できる？　動物や植物の化石が同時に出土している？　チェック、チェック、チェック[11]」

セディバが文化界で有名な化石という地位に向けて出世街道をひた走った理由を理解するうえで、ウォンお手製のこのチェックリストが重要な点をいくつか教えてくれることは確かだ。しかし、解剖学的な特徴と考古学的に良好な条件があるだけで、化石が有名になるわけではない。有名な化石には、その骨格の要素の組み合わせやコンテクストの重要性を超えた何かがある。名声を獲得できた化石は、科学界の外にいる人々を引きつけ、文化のなかでイメージを確立しているのだ。ルーシーは、古人類学界で初めて記録されたほぼ完全な骨格化石ではあるのだが、彼女を文化の世界に引き入れ、公的なイメージを与える一助となったのは、骨格化石の使われ方や見られ方、研究のされ方、記事や著作物での取り上げられ方だった。セディバはちょうどよい時にちょうどよい発見のストーリーをもったおあつらえ向きの化石で、擁護者となる研究者がいたことも功を奏した。そのストーリーのなかにはタウング・チャイルドの発見という歴史上の出来事を思い起こさせる面もあり、その歴史を活用できる知識を備えたチームの存在も大きかった。

多くの面で、マラパの化石群をオープンにして一般の人々にも利用できるようにしたおかげで、セディバは研究者にもそれ以外の人にもきわめて利用しやすい化石となった。出版物や画像、スキャンデータ、模型という形で容易に利用できるので、マラパの標本について論じやすくなる。「古人類学の研究に対する多くの論評は、さらに多くの化石発見が強く望まれるという言葉で締めくくられる。しかし、今回の場合、マラパのチームはそれを成し遂げている」と古人類学者のフレッド・スプーアは述べている。「発見された化石の解釈については議論が続くかもしれないが、示唆に富む驚くべき標本が人類の化石記録に加わったことは間違いない。この成果は、きわめて複雑な人類進化の研究に大きく貢献するものだ[12]」

古人類学では化石のアクセスをめぐる問題が繰り返し持ち上がる。「この化石は南アフリカ国民のものであり、ヨハネスブルクのウィットウォーターズランド大学が管理している」と、セディバの最初のプレスリリースに書かれている。「二〇一〇年四月一八日まで『人類のゆりかご』地域にあるマロペン・ビジターセンターで一般公開され、四月一九日からはケープタウンで開かれるパレオサイエンス・ウィークの会場で展示され、その後はウィットウォーターズランド大学のオリジンズ・センターで五月に一般公開される。日程は近日中に発表予定[13]」。論文の発表直後に化石が展示されただけでなく、化石の模型が博物館や科学界、一般社会に行き渡っていた。

透明性や利用のしやすさに対するバーガーの取り組みは、化石やその模型の展示にとどまらない。マラパの化石が角礫岩から発掘されているときにはすでに、バーガーは発掘作業をすべてオンラインで公開し、専門家以外の人たちが研究者と対話できる場を設けたいとの意向を示していた。二〇一二年の「ナショナルジオグラフィック」のインタビューにも、化石を社会と共有したいというバーガーの強い思いが表れている。「世界中の人々が発掘調査の様子を生中継で観たり、研究者とやり取りできるようになります。二人分の骨が［岩石の中で］混ざっている可能性もあります。このプロジェクトでおもしろい点の一つは、私たちが発見したものを、世界の人たちが同時に見られることです[14]」

＊　＊　＊

岩石に埋まったままのセディバの化石とマシュー・バーガー。マラパ自然保護区にて。
(Lee Berger; CC-BY-SA-3.0)

化石の論文が発表されて以降、バーガーと彼のチームによるアウトリーチ活動のおかげで、情報がとても入手しやすい状況が続いている。セディバの画像はインターネットにあふれ、化石は科学論文から博物館の展示、ウィキペディアのページまで、あらゆる場所に登場する。公式の写真や発掘現場のスナップ写真が、セディバのストーリーを視覚的に伝える役割を果たしているが、とりわけ強い力をもっているのは、マラパの化石が発見されたときの写真だ。角礫岩に埋まったままの化石を、幼いマシュー・バーガーが披露しているスナップ写真である。この写真はウィキペディアから、「ネイチャー」誌、ケープタウンのイジコ博物館の展示室まで、いたるところで目にする。セディバのイメージは写真や化石の模型、復元模型を通じて、一般社会のさまざまな場所に組み込まれている。マラパの標本群は「人類のゆりかご」と切っても切れない関係にあるので、そのビジターセンターでは大々的に扱われている。

南アフリカでは世界遺産である「人類のゆりかご」の宣伝にひときわ力が入れられ、古人類学に興味をもつ観光客を呼び込もうとしている。「マロペン」と呼ばれるメインのビジターセンターは二〇〇五年一二月七日に当時の大統領タボ・ムベキによって開設された。人類学の面からいうと、マロペンを訪れた人はこの地域の化石や人類進化をひと通り知る機会が得られる。一方、建築の面からいうと、センターの建物は草で覆われていて、南アフリカの荒涼とした風景のなかで、小人の妖精ノームの家が巨大になって立っているように見える。古人類学好きの冒険心あふれる人には、ボートで「タイムトンネル」を通る旅が用意されている。翼竜の甲高い鳴き声がひっきりなしに聞こえる白亜紀から、更新世の火山や海氷に囲まれた世界まで、ディズニーランドのようなボートの旅をゆったりと楽しめる。最後にたどり着くのは、世界各地の古人類が大集合した「人類の起源ホール」だ。ルーシーからタウング・チャイルド、ネアンデルタール人からマラパの化石まで、化石界のあらゆる「ロックスター」がずらりと並ぶ。マロペンをはじめとするこの地域の博物館では、セディバは厳密な科学の世界の遺物から観光客向けの商品へと変身し、3Dプリンターでつくられたセディバの小さな頭骨がネックレスやキーホルダーとしてギフトショップで売られている。セディバについて知りたければ、化石の模型や写真、土産物、博物館の展示を通していつでも簡単に知ることができる。

もっと公的な科学の世界でも、セディバの写真はほかの化石を圧倒してきた。たとえば、「サイエンス」誌の表紙。写真を全面に配置した独特のデザインで、知性の威厳と科学の正当性を何十年にもわたって伝えてきた。写真を表紙に使うようになった一九五九年以降、「サイエンス」は岩石の薄片写真や気象現象から、花粉や専門機器まで、多種多様な写真を表紙で取り上げてきた。そんな学術誌で、セディバは二〇一〇年以降、なんと表紙を三回も飾っている。これほど短い期間にこの偉業を成し遂げた科学の発見はほかにないし、実際のところ、同誌の歴史で三回も表紙を飾った化石もほかにはない。

五〇年以上のあいだに人類化石が表紙を飾ったのは九回だけだ。初めての例はそれほど昔ではなく、一九九八年六月にアウストラロピテクス・アファレンシスの成人Ｓｔｗ５０５の頭蓋内容量を表した二次元と三次元のカラーのコンピューター画像が表紙になった。一九九九年八月には、ケニアのキプサラマンの発掘現場から出土したきわめて古い部分骨格（エクアトリウス）の前肢と顎の骨が表紙を飾った。二〇〇一年三月二日号の表紙になったのは、ジョージアのドマニシで発見された一七〇万年前の人類の男性と女性の復元模型だ。比較的最近発見された、「アルディ」の愛称で知られるアルディピテクス・ラミダスは二〇〇九年の一〇月と一二月に立て続けに表紙に登場した。

一方、セディバは二〇一〇年四月九日号と二〇一一年九月九日号、二〇一三年四月一二日号に表紙を飾るという、「サイエンス」の歴史で空前の記録を打ち立てた。それぞれがセディバの異なる姿を伝えていて、一回目は頭骨、二回目は手、そして三回目は、完全に復元された骨格が左手を少し伸ばして読者を誘っているように見える写真だ（ちなみに古人類関連で最も新しいのは二〇一三年一〇月一八日号の表紙で、ドマニシで見つかり、初期のホモ属とされた一七七万年前の完全な頭骨が掲載された）。こうした表紙それぞれが化石発見の重要性を伝えている。セディバが登場した「サイエンス」の表紙は大きく引き伸ばされて額装され、ウィットウォーターズランド大学の進化研究所のホールに飾られている。まるでモデル事務所が人気の所属モデルの写真を誇らしげに掲げているかのようだ。

＊　＊　＊

私は六月のある朝、ウィットウォーターズランド大学でセディバの化石と対面する機会に恵まれた。大学のアーカイブ棟からキャンパスを歩いてパレオサイエンス・センターにある進化研究所に赴いた。そこでリー・バーガー博士がマラパのプロジェクトや「人類のゆりかご」での古人類学研究の歴史、有名な化石の資質といったことについて快く話してくれた。研究室のレイアウトはセディバをはじめとして、あらゆる種類の化石を研究できるように考えられている。作業台は化石の模型だけでなく本物もじっくり調べられるほど幅が広く、データ処理中のコンピューターのモニターにはスクリーンセーバーが映し出され、学生や博士研究員がさまざまな研究プロジェクトについて話している。日当たりのよい研究室は人々の会話や作業の音で満たされ、活気づいていた。マラパの化石が古人類学の世界で高い評価を得ているのは明らかだ。

研究室の端にはかなり大きな化石保管庫がある。バーガーはロック解除のキーを慣れた手つきで入力しながら、古人類学の大きな問題に対して南アフリカが貢献できる可能性はまだまだどこかに隠れているのだと、熱く語ってくれた（このときの彼の主張は正しいことがのちにわかる。二〇一三年一〇月、バーガーは研究チームとともにライジング・スター洞窟で発掘調査を始め、一二〇〇点を超える人類化石の破片を発見した。その後、二〇一四年四月の調査では一七二四点の人類化石の破片が出土し、二〇一五年九月に発表された最初の論文でこの人類をホモ・ナレディという新種に分類した）[15]。ウィットウォーターズランド大学の研究室を訪れたとき、バーガーはマラパの化石が入ったケースを保管庫から取り出し、テーブルの上に置いた。そこに共同研究者のスティーヴン・チャーチルがやってくる。バーガーが開けたケースをのぞき込むと、そこにはあの有名なセディバの標本があった。大きな骨、小さな骨、さらに小さな骨の破片。一つひとつの化石が発泡素材を型抜きしてつくられた専用の型に収められ、それぞれに標本番号のラベルが貼られていた。

研究室の片隅には大きなスキャナーが置かれている。マラパで周囲の岩石ごと発掘された化石をスキャンするのに使っているのだと、バーガーが教えてくれた。化石を含んだ石灰質の角礫岩の大きな塊がマラパで発掘されてくると、研究室で岩塊から細かい粒子を取り除いて化石を取り出す作業が行われる。岩塊を切断する際に化石を傷つけないように、スキャナーを利用してその内部の状況を事前に把握することができる。

バーガーはそれぞれの化石について、解剖学的な特徴を強調しながら、ほかの人類との違いを説明してくれた。ところどころでチャーチルが口を挟む、というか、意見を述べる（歴史家であるあなたには化石が有名になるかどうかを予測できるかと、バーガーは冗談めかして私に尋ねてきた）。

バーガーの話から、彼が本物の化石やその模型を研究に利用できるように心を砕いていることがよくわかる。新しい化石に対する情熱は（新種の発見ならなおさら）明白だ。しかし、さらに強く印象に残ったのは、このプロジェクトがほかとは異なるという感覚だ。彼らの周りで繰り広げられている科学が、いささか変わったものだからである。少なくとも化石をめぐっては、これまでとは違う科学が実践されている。

古人類学はその歴史の大部分において、数少ない貴重な化石と、そのわずかな化石にアクセスできる者が知識を得られるという暗黙のヒエラルキーが支配する分野となってきた。誰がどの化石をいつ調べられるかをコントロールすることは、この分野を支配する科学的・社会的な物語の内容をコントロールする手段でもあったのだ。非常に大きなスケールで見ると、人類進化についての知識は化石の研究（計測や比較、統計的な分析）によって形成される。事実上、化石をコントロールする人物が、その分野の知識の形成をコントロールしているのだ。コントロールとは、門番の役割をする（変わり者を寄せつけない）か、監視役になる（反対意見を出させない）かのどちらかになる。アクセスの制限にはよい面も悪い面もあるということだ。

バーガーのチームは化石へのアクセスの問題に疲れ果て、うんざりしていたので、セディバの標本に関しては、こんなことが起きないようにすると誓っている。「バーガーと共同研究者たちの研究のやり方と、成果を広める手法は、古人類学の研究でありがちな非公開主義との決別を示している」とケイト・ウォンは述べる。「バーガーは専門家たちの大規模なチームを結成して化石の研究に取り組み、そのプロジェクトをオープンアクセスにして、本物の化石を見たいと要請してきた古人類学者には許可を与える方針だ。バーガーはまた、数多くの化石の模型を世界中の組織や研究機関に送っているし、専門家の会合があれば、まだ公式に発表していない化石であっても常に模型を持参してほかの研究者と共有する。これによってプロジェクトから得られる科学の質が向上するだけでなく、ほかの研究チームにも刺激を与え、自分たちのデータも進んで提供しようという動きにもつながるだろう(16)」

この「変化」と、それが古人類学にもたらす意味に対しては明らかな反響がある。しかし、セディバの化石に関するこの熱心な取り組みからは、古人類学のような科学分野で起こる変化とはどのようなものか、それをどのように理解すればいいのか、科学知識を生み出す手法の変化にどんな結果を期待するのが妥当なのかといった疑問が浮かんでくる。なぜなら、知識は化石の利用権限をもっている者からトップダウンで生み出さなければならないというパラダイムへの挑戦こそが、セディバのような化石に対して求められているからだ。

確かに、科学における変化の問題については、科学史や科学哲学においてこれまでも検討や研究が多く行われてきた。科学の変化を大きなスケールで見てみると、壮大なアイデアにもとづいた変化というのは、科学史の専門家トマス・クーンが言うところの「科学革命」や「パラダイムシフト」の一環として起きていることがわかる。一方、科学哲学者や科学史家のなかには（とりわけクーンがそう提唱したあとの数十年間には）、変化は少しずつゆっくりと時間とともに起きるのだと主張する者もいた。新しい考え方や手法はまるで進化するかのように広まり、研究が一連の研究課題として理解されるようになり、それぞれの課題がその研究分野にとっての重要度に従って解決されるというのだ。

二一世紀初めのこの時代に、古人類学という分野のなかには大きな変化を示す目印がいくつもあり、そうした変化は新たに発見された人類に対する研究手法に反映される。タウング・チャイルドが古人類学の学説の変化の歴史を示しているように、マラパ（そして、その後のライジング・スター発掘調査）で出土した化石は、古人類学の方法論における新たな流れを考えるうえで役に立つ。新たな流れとは、幅広い人々がアクセスできるような形で化石を発表したり、化石自体の3Dスキャンを公開したりして、専門家以外の人も含めたほかの人々を科学知識の構築に参加するよう勧めることだ。

実際のところ、セディバの化石は古人類学における知識の構築方法がはっきり変化したことを示しているが、必ずしも新しい研究課題に関与しているわけではない。セディバが示している科学の変化は、壮大なアイデアというよりも、化石を研究するツールによるものだ。学者のなかにはクーンのように、新しい壮大なアイデアが科学に変化をもたらす第一の原動力だと考える人もいたが、一方で、二一世紀に入った今、新たなツールや手法のほうが変化を引き起こす力が強いと考える人もいる。これこそがまさに、セディバが示している科学の変化だ。具体的には、新たな手法（新しい模型制作技術や3Dスキャン、3Dプリント）で生み出された古人類にまつわる知識、そして、タイムリーに研究成果を発表したり、化石をオープンアクセスにして利用しやすくしたりするといった、化石のアクセスにまつわる新たな取り組みだ。こうした要素がセディバとカダヌームーの違いを際立たせる。

マラパをはじめとする「人類のゆりかご」での発掘プロジェクトは、ほかの「ビッグ・サイエンス」（巨大科学）以後の科学が知識を生み出すプロセスの手本になりつつあるように思える。生化学や物理学といったほかの科学では、扱うデータの量が膨大で、実験も複雑すぎるため、一人の人間や一つの研究機関だけでは発見を成し遂げられない。古人類学で最近起こった変化には、化石やデータの利用のしやすさ、手法の透明性、模型制作や3Dプリントや情報伝達技術の向上、タイムリーな研究発表、一般の人々の参加といったものがある。こうした新しい特徴は、「科学する」方法を見直すよう古人類学界に広く呼びかけているかのように思える。たとえば、ライジング・スター発掘調査はマラパやセディバの成功がもたらした名声と富からじかに発展したものだ。化石を利用できる機会を与え、さまざまな分野の専門家の興味を引きつけて幅広い研究者の見解をもとに知識を生み出そうとしているだけでなく、専門家以外の人々にもブログやツイッターを通じて科学研究の過程を包み隠さずわかりやすく伝えようとしている。科学知識を生み出すプロセスにかかわる人の数を増やし、プロセスの透明性を高めようとしているのだ。

＊　＊　＊

セディバが有名な化石として興味深いのは、そのストーリーが最近始まったばかりで、まだ進行中だからでもある。比較と対照（とりわけカダヌームーとの比較）を通じてセディバの化石を考えてみると、化石が一般社会や科学界で一歩を踏み出したときの状態が重要な役割を果たすことがよくわかる。しかし、セディバで最も興味深い側面の一つ、ひょっとしたら強みの一つは、発見以降まだそれほど歳月が経っていないとはいえ、化石を有名にするほぼすべての要素が揃っていることだ。

興味深いことに、どちらの論文の筆頭著者も（ヨハネス・ハイレ＝セラシエもリー・バーガーも）二〇一〇年に発表した化石発見を契機に、さらなる発見を成し遂げている。ハイレ＝セラシエはアウストラロピテクス属の新種であるアウストラロピテクス・デイレメダ（*Australopithecus deyiremeda*）に関する二〇一五年五月の論文で筆頭著者を務めているし、バーガーはマラパからそれほど遠くない洞窟で始まった二〇一三年のライジング・スター発掘調査を率いている。[17] 二〇一五年には、二〇一〇年を再現するような現象があった。一方の発見は有名になり（ホモ・ナレディのプレスリリースや化石のツアーは科学系のメディアを席巻した）、もう一方はそれほど知られなかったという現象だ。この対照的な出来事が際立たせるのは、ストーリーや周囲の状況によって有名になる発見はほかとどれくらい違うのかという問題だ。バーガーとそのチームはツイッターで発掘調査の様子を実況したり、ウィキペディアの多くのページに入念に手を入れたりするなど、ソーシャルメディアをうまく使ったが、もう一方の発見はそうしなかったというだけの問題なのか。それとも、一方は発見時の楽しいアクシデントを通じて有名になったのか。

セディバは科学界でホモ属の祖先の候補として解釈されてきた。類人猿に似た特徴とヒトに似た特徴が混在しているという形態は、タウング・チャイルドやルーシー、さらにはラ・シャペルの老人といった、歴史上繰り広げられてきた数多くの系統学的な議論を思い起こさせる。セディバはまた、有名な化石にまつわるほかの物語や側面も思い起こさせる。まるでタウング・チャイルドやラ・シャペルの老人、北京原人、ルーシーの来歴の最良の部分を集め、一組の標本に抽出したかのようだ（いうまでもないが、さいわいにもセディバが組み込まなかった有名な化石のストーリーはピルトダウン人のものだけだ）。古人類学の歴史でじつにさまざまなタイプの有名化石が発見されたいま、以前の発見と比較できるという点で、新しい発見について語るのがとても楽になった。「［バーガーが］南アフリカで示したのは、政府といっしょにオープンアクセスに取り組めば、その国に多大な恩恵をもたらすということだ」と古人類学者のジョン・ホークス博士は述べている。「南アフリカはセディバによって大きく注目された。ルーシーの発見以降、これほど注目された国はほかにない。そうした積極的な注目はなかなか得られない[18]」

セディバのような化石は、パレオセレブにいたる軌道に乗り続けるために「ふさわしい」要素をすべて備えている。まず、セディバが古人類学に貢献していることは明らかだ。人類の系統樹で複雑な進化の時代に生きた新種として、セディバはこの先何十年にもわたって無数の研究者に研究される立場にある。もう一方では、もう少しわかりにくいレベルだが、社会の世界観、つまり古人類学という科学分野の基盤となっている科学の機械的な「やり方」に異議を申し立てる立場にもある。ケイト・ウォンはこう書いている。「この戦略は効果をあげた。研究者たちは化石を研究しようと南アフリカに次々にやってきて、バーガーの研究チームは八〇人を超えた。化石を発掘してからほんの数年のあいだに、研究チームは注目を集める論文を数多く発表したほか、執筆中の論文もまだまだある[19]」

フローなど、最近発見されたほかの化石と同じく、セディバのストーリーもまだ発展する途上にある。とはいえ、セディバのストーリーがほかの化石と違うのは、科学知識を生み出すプロセスについてたくさんの疑問を投げかけていることだ。セディバは明らかに文化的な威光を獲得している。セディバがどのような種類の名声を得るのかはあと一〇〇年経たないとわからない（将来は未定だ）。しかし、セディバに関しては名声がもうすぐそこにあるような気がする。

おわりに　少しの幸運と、少しの力量

作家で思想家のアイン・ランドはロシアから移住して三年後の一九二九年、映画会社ＲＫＯピクチャーズの衣装部門で下働きをしていた。それは小説『水源』が世に出る一四年前、『肩をすくめるアトラス』が出版される二八年前のことだ。彼女はまだ小説家志望にすぎず、短編を執筆しながら、家賃を払うために映画スタジオで一日何時間も働いていた。ランドはＲＫＯの衣装部門で時間を過ごすのは嫌だったが、誇大に宣伝するハリウッドのやり方は短編「彼女の二度目の出世」を執筆するうえでいい素材となった。クレア・ナッシュという架空の映画スターにまつわる物語だ。

クレア・ナッシュは周りから見れば、いかにもハリウッドの映画界で成功を収めたスターといった感じだ。ビヴァリーヒルズに構えた邸宅、ロールスロイス二台、そして、スクリーンでは「愛くるしい処女」といったイメージで何千人ものファンから賞賛の声が絶えない（「彼女のために、五人の紳士が自殺を図り――そのうち一人は亡くなった――彼女の名前にちなんだ朝食のシリアルも発売されている」）[1]。ナッシュはハリウッドで最高の女優だと思われていた。スターをめざす若手女優にとっての目標であり、憧れの的だった。

この短編に登場する架空の脚本家ウィンストン・エアーズは、ナッシュが成功（名声）を偶然手に入れたという考え方をめぐって彼女と言い争っている。「［映画の女優は］一〇〇〇人に一人の逸材じゃない。一〇〇〇人のなかから、たまたま選ばれただけなんだ。映画で役を得たいともがいている女の子はごまんといる。きみと同じくらいきれいな子もいるし、もっときれいな子だっている。演技だってきみと同じくらいできる。彼女たちにも、名声やスターの座を射止める権利は、きみと同じぐらいあるんだよ」。そしてエアーズはナッシュにこう迫る。「きみは出世した。どうやって成し遂げたかは聞かないが。有名だし、すごいし、憧れの的だ。世界的な天才の一人だと思われている。だが、この出世に二度目はないよ」[2]。エアーズはもう一度有名になってみろと、彼女にけしかける。ナッシュはみずからの才能と人柄の力だけで再び簡単に出世できることを示そうと、その挑戦を受けて立った。

しかし予想どおり、彼女は二度と出世できなかった。ハリウッドで一からやり直し、最初と同じぐらいの富や名声を獲得するという二度目の成功はつかめなかったのだ。

＊　＊　＊

有名になった化石のストーリーには、ランドが創作した架空の女優クレア・ナッシュに似た部分もある。本書で取り上げた七つの化石は名声のはかなさや、有名になることの偶然性を少なからず教えてくれる。二〇世紀から二一世紀にかけて、化石人類の発見は少しの幸運と少しの力量に左右されてきた。とりわけ文化のなかで有名になる局面ではそれが大きい。化石の物語（有名になるまでの道のり）は歴史で偶然がもたらす力をめぐって大きな議論を呼ぶテーマの一つだ。

進化生物学者のスティーヴン・ジェイ・グールドは、進化とは何かを説明するにあたって偶然性の力を探究した。進化がテープに記録された物語だと見立て、それをいったん過去に巻き戻してから再生したらどうなるかと問いかけた。生命は再び同じように進化するのか、それとも、進化の仕方はまるきり異なるのか。進化のテープを再生することで一つひとつの生物種の進化史が「二度目の出世」を達成できるかどうかを問いかけているかのようだ。生物種の系統発生を再生するというグールドのメタファーは、生物種の進化史が決して繰り返せない出来事の連なりであることを教えてくれる。

グールドはまた、一九八五年の著書『フラミンゴの微笑』で偶然性の概念をさらに深く探究している。グールドによれば、フラミンゴは嘴の形と採食行動が独特な生き物だという。ほとんどの鳥は嘴の下の部分を上下に動かして食物を食べる。しかし、フラミンゴの場合、頭部を水に漬けて採食するとき、嘴の上下の位置が逆になる。つまり、頭が逆さまになるので、「普段どおりに」食べることができないのだ。しかし、フラミンゴの嘴はきわめて興味深い特徴を進化によって獲得した。嘴には移動可能な球関節があり、嘴の動かす部分を行動に応じて変えられるようになっているのだ。羽づくろいをするときには頭が通常の位置にあるので嘴の下の部分が動くが、採食するときには頭が逆さまになるので嘴の上の部分が動く。グールドによれば、フラミンゴは頭を逆さまにしても暮らせるように自然な機能をうまくひっくり返した優れた事例だという。機能を逆転させたフラミンゴの進化史から嘴の優れた適応が見てとれるが、グールドが強調しているように、フラミンゴがこの嘴を獲得するまでの同じ道のりが再び繰り返されることはないだろう。「自然は驚くほど奇妙な事象を何種類も隠しもっているので、私たちにはほとんど予測できない」とグールドは結論づけている。(3)

本書で取り上げた七つの化石の場合、その進化史と同じように、文化のなかでの歴史にも紆余曲折がある。これらの有名な化石は古人類学のストーリーのなかで小道具やマスコット、シンボル、アバターとして存在する一方で、文化のなかでそれぞれ独特の道のりを歩んでいる。その道のりは化石が属する種の進化と同じように独特で、二度と繰り返されることのないものだ。七つの化石は発見後、進化モデルの説明のためにある研究者にこっちへ押しやられたかと思ったら、ほかの何かを説明するために別の研究者にあっちへ引っ張られ、あちらこちらへ行く羽目になった。良い科学の手本として挙げられたり、科学がうまくいかなかったときの例として嘲笑されたりする。しかし、何よりも大事なのは、化石がそうしたストーリーの集合だということだ。化石の名声は偶然の産物であり、歴史の上でたまたま起きた出来事であり、人々が意図的に下した小さな決定が積み重なってできたものである。

歴史の上でこうした思いがけない出来事が起こるのは、化石が発見されたときだけだ。その発見者たちは一躍脚光を浴びることになる。とりわけこれら七つの化石の場合、その発見者たちは専門家としてのキャリアを通じて代弁者や解釈者の役割を果たし、善かれ悪しかれ化石に関して最終決定権を握る。化石の社会的な管理者というこの立場は独特の名声をもたらし、発見者たち自身を有名にする。社会学者のデクラン・ファーイは著書『新しい有名科学者　研究室を飛び出してスポットライトのなかへ』で、名声は前向きな力をもたらしうると述べている。「有名人は象徴となり、表向きのリーダーの役目を果たす……長く人気を保って注目を集め続ける有名人は、その時代の深遠な問題や緊張状態、対立を映し出すものだ。有名人は彼ら独自の時代や場所の文化や社会を体現するようになる。人々が世界を理解しやすくする手助けをするのだ(4)」

こうして研究者と彼らが発見した化石のあいだに切り離しがたい結びつきができる。何十年ものあいだに化石を受け入れる環境がころころ変わるに従って、発見者の境遇も浮き沈みする。タウング・チャイルドとそれが分類されるアウストラロピテクス・アフリカヌスがヒトの正当な祖先としてようやく受け入れられると、レイモンド・ダートも再び科学界に温かく迎えられるようになった。周口店遺跡でホモ属の祖先が発見された熱狂のなかで、デヴィッドソン・ブラックとヨハン・グンナル・アンデションは組織的な支援を得られ、北京に本格的な研究室を構えることができた。ルーシーの発見でドナルド・ジョハンソンは出世した。セディバが広く知られたことで、リー・バーガーの「次の目玉」であるホモ・ナレディの発掘調査にも研究者や一般の人々が注目して、今のところ大きな成功を収めている。有名な化石として成功を収めるということは、メディア、一般社会への浸透、象徴という要素が常にぶつかり合う不安定な三重点のバランスを保つことなのだ。

有名な研究者はたいてい、みずからが成し遂げた化石発見のおかげでその地位を保っているが、有名な化石はいくつもの決断が積み重ねられた結果として生まれたものだ。化石をどのように研究するか、どのように自分に取り入れるかといった決断が積み重なるにつれ、化石を見る人が何を重視するかが見えてくる。優れた発見のストーリーは、有名な化石を名声への最初の軌道に乗せるものであり、一般の人々が化石やその発見者に共感できるようにしてくれる。とはいえ根本的には、ウィンストン・エアーズがクレア・ナッシュに諭したように、化石は偶然発見されるものであり、二度と繰り返されない種類の科学的な発見だ。その歴史もまた同じである。

ウィンストン・エアーズがスターをめざす何千人もの若手女優について言っていたように、もしかしたらほかの化石にも名声を得るチャンスが与えられるべきかもしれない。ここで、有名な化石についてどのように書くかについて、私の同僚が投げかけた疑問が頭をよぎる。「有名な化石についての本を書くのに、ほかの重要な化石について書かないなんてありえる⁇」もちろん、古人類学の歴史には重要な化石がほかにもあるのだが、そうした化石は大衆受けするような共感を得られなかったので名声を獲得するにはいたらなかった。有名な化石は文化のなかでイメージや象徴性をもった存在だ。それが伝えるストーリーは発見や観察、学説を伝えるだけのものではない。化石がもつ重層的なストーリーを理解すればするほど、私たちは科学と歴史、大衆文化の相互作用についてどう考えればよいか、明解に考察できるようになる。

骨は（もちろん化石も）複雑な来歴を伝えるのにとりわけ適していると、人類学者のエリザベス・ハラムは的確に述べている。「骨はその持ち主が死んだ後、さまざまな道をたどる。狩りの記念品や、思い出の品、知識の源泉、所有や取引の対象、科学データになることもあれば、亡くなった親戚や、かつて生きていた人物の代わりになることもある……骨は感情として感じられ、観察によって理解され、収集や展示がなされ、埋葬や掘り起こし、改葬すべきものと見なされる。保存されることもあれば、消し去られることもある。公の場で追悼される骨があるかと思えば、隠されて存在を消される骨もある」[5]。本書で取り上げた有名な化石は、その死後の道のりを歩むなかで感情的な要素と経験的な要素のあいだを容易に行き来する。博物館の展示で「本物の化石」を目の当たりにして実物の信頼性を感じる人もいれば、映画『マン・オブ・スティール』の冒頭でジョー＝エルがコデックスを取り戻したときに化石人類（ミセス・プレスの頭骨がもとになっている）だと認識する人もいる。

こうした有名な発見の伝え方には、化石のストーリー（科学的な価値や文化的な威光）がどのように構築されるかが表れている。本書で取り上げた七つの化石はもちろん科学研究の対象となる物体だが、同時に、私たちが大衆文化のなかで科学や科学的な発見をどのように考えているかを伝えてもいる。結局のところ、重要なのは価値（あるいは必要性？）だ。今から五〇年か一〇〇年経ったら、そこそこの化石のなかに有名になるものもあるだろう。だが、それらは今のところ有名ではない。

神話学者のジョーゼフ・キャンベルは著書『千の顔をもつ英雄』にこう書いている。「これはよく知られた話だが、その語られ方は一〇〇〇通りもある」[6]。有名な科学的発見にまつわるストーリー、物語、そしてどんどん増え続ける意味の記録や短命な印刷物は、何千とはいわないまでも何百通りもの方法で繰り返し語られ、化石の神話を形成し、単なる物体には得られない来歴を化石に与える。人類進化を伝える化石をどのように理解するか、つまり私たち自身の起源をどのように理解するかは、化石の文化史で不可欠な部分だ。私たちは自分自身がかかわる状況のなかで、そして、こうした人類化石との出合いを通じて、化石のストーリーの形成に加わるだけでなく、さらに興味深いことに、そうしたストーリーの執筆に積極的に携わってもいる。化石のストーリーはこれからも続く。

何年か前、南半球のヨハネスブルクで冬らしい六月の朝、トバイアス教授が私たち化石好きの学部生にあの有名なタウング・チャイルドを披露してくれたときのことを思い出す。もちろん、博士は解剖学や生物学の見地から化石を解説してくれたし、脳の化石がいかに独特か、それが三〇〇万年前のヒトの祖先について何を教えてくれるかを語ってくれた。博士はまた、タウング・チャイルドが属するアウストラロピテクス・アフリカヌスの進化上の重要性も説明してくれた。さらに、未解決の研究課題についても博士は解説してくれた。そうした疑問があるがゆえに、この化石は発見から一〇〇年近く経ってもまだ、人類の起源にまつわる現在の疑問を解こうとしている研究者にとって重要な証拠と考えられているのだ。

しかし、トバイアス博士の講義でもっと重要だったのは、この化石が歴史的そして文化的な意味に満ち満ちているのだと教えられたことだ。実際、博士がまさにその講義を行うことによって意味はつくり出されていたし、それまで何百回も行った講義によっても意味は生み出されてきた。博士自身の指導教官だったレイモンド・ダートにまつわるストーリーや、「ミッシング・リンク」をめぐるダートの冒険もまた、化石の3Dスキャンやノギスによる計測値、数々の博物館に出回った何百もの模型と同じように、化石のストーリーに含まれる。化石を題材にした物語風の詩や、ダートの妻がロンドンでタクシーの車内に置き忘れた小さな木箱は（そしてもちろん、トバイアスがタウング・チャイルドを使って披露した腹話術のような芸も）化石の歴史で重要な一部であり、化石の物語の一章となる。そして、私もこの化石を最初に化石保管庫で、その後、博物館で模型を見たことによって、同じ行動をとったほかの人たちと同じように、化石の歴史に加わったのだ。

「［タウング・チャイルドのことを］美しいと考えることもできる。科学的な重要性という意味でも、芸術作品を思い起こさせる美的な特徴という意味でも美しい。この化石は見る者の心を動かす。化石を手に取るたびに鳥肌が立つのだ」[7]と、ウィットウォーターズランド大学で化石の管理人を務めるバーナード・ジップフェルは述べている。ルーシーやフロー、ラ・シャペルの老人といった化石と同じように、タウング・チャイルドのストーリーもまだまだ終わらない。一つひとつの新たな科学研究、博物館の展示、大衆文化での言及――それぞれの新たなストーリーが、化石の来歴で次章の始まりとなる。

彼らの未来はまだ決まったわけではない。

謝辞

本書のような書籍は多様な分野や観点をもとにして書かれている。このプロジェクトを進めるにあたっては、ここに挙げた数多くの同僚や専門家、友人からのフィードバックや会話、助言、支援、そして熱意に支えられた部分が大きい。ジャスティン・アダムズ、ステイシー・エイク、リー・バーガー、ヤン・エベスタド、ケヴィン・イーガン、ジャン・フリードマン、ヨハネス・ハイレ＝セラシエ、ロナルド・ハーヴィー、ジョン・ホークス、チャールズ・D・ハイム、チャールズ・J・D・ハイム、リンジー・ハンター、デヴィッド・ジョーンズ、ウィリアム・ジャンガーズ、ジョン・カルブ、ジョン・カプルマン、リンダ・キム、スコット・ノールズ、ロバート・クルシンスキー、ターニャ・クリック、ケヴィン・カイケンダール、シウ・クワン・ラム、クリスティ・リュートン、クリストファー・マニアス、エリザベス・マリマ、ジョン・ミード、ナンシー・オーデガード、スヴェン・ウーズマン、タミー・ピーターズ、ジュリアン・リエル＝サルヴァトーレ、サラ・

シェクナー、キャロリン・シンドラー、シュク・オン・シャム、エイミー・スレイトン、フランシス・サッカリー、ダーク・ヴァン・トゥレンハウト、カーステン・ヴァニックス、ミルフォード・ウォルポフ、バーナード・ジップフェル。

また、以下に挙げた数多くの研究機関には、調査にあたってインタビューへの対応や、アーカイブの利用、刊行物のコピー、金銭的な支援といった形で大変お世話になった。「ジ・アペンディクス」誌、ボーン・クローンズ社、ロンドン自然史博物館、ペンノーニ・オナーズ・カレッジ（ドレクセル大学）、サイエンス・ソースおよびサイエンス・フォト・ライブラリー、スミソニアン協会アーカイブ、テキサス大学オースティン校図書館、テキサス大学オースティン校の歴史学研究所、ウィットウォーターズランド大学（アーカイブ）、ウプサラ大学の進化博物館。

エージェントのジェリ・トーマ、編集者のメラニー・トートトロリはこのプロジェクトに関心を寄せてくれ、アイデアを書籍という形にするために尽力してくれた。ホリー・ゼムスタは初期段階の草稿を何度も読み、意見やフィードバックを寄せてくれた。両親はいつも化石の話に熱心に付き合ってくれた。この七つの化石にうんざりしていなかったらいいのだが。そして、いつも楽観的でこのプロジェクトに熱意を示してくれたスタン・サイバートにも心から感謝したい。

訳者あとがき

確かあれはホワイトデーの頃だっただろうか。インターネットのニュースサイトを見ていて、こんな見出しに目がとまった。

「ミカン買いに行き、海岸の石蹴ったら恐竜の歯が出た」

和歌山県の地層から肉食恐竜、スピノサウルスの歯の化石が見つかったニュースを伝える記事で、朝日新聞が二〇一九年三月一四日に配信したものだった。ほかの報道もあわせて情報をまとめてみると、西日本でスピノサウルスの化石が見つかったのは初めてで、国内でもこれが三例目だという。発見したのは、大手家電メーカーに勤める化石収集家の男性だ。

このニュースには、「西日本で初めて」とか「サラリーマンが発見」とか、見出しに使えそうな要素がいくつかある。実際、そういった要素を盛り込んだ見出しもあるし、「スピノサウルス」という恐竜の名前をストレートに使った見出しもある。

しかし、私が目をとめた見出しには、こうした要素は一つも入っていない。そこで伝えられているのは、化石の発見にいたるストーリーだ。記事によれば、二〇一八年一〇月、大阪在住の男性が和歌山県へミカンを買いに行き、途中で立ち寄った海岸で目にとまった石を蹴ったら、歯の一部が見えたのだという。

ストーリーを前面に出したこの見出しが、発見の事実だけを伝える見出しと比べてどのぐらい多くの読者を獲得したかはわからないが、少なくとも私の目をとめ、記事を最後まで読ませたのは確かだ。もしかしたら「西日本で初めて」や「スピノサウルス」を使った見出しでも、私は記事へのリンクをクリックしたかもしれない。しかし、このニュースで印象に残ったのは、化石自体の情報よりも、そこにいたるストーリーや発見者の経歴だった。

スピノサウルスの歯は発見されて以降、大学の研究者と共同で調査され、およそ半年後に広く報道された。白亜紀前期に世を去ったスピノサウルスの歯が、一億年以上の歳月を経て和歌山県でサラリーマンに発見され、科学の世界で半年間過ごしたのちに、メディアで大きく取り上げられたというわけだ。この発見を伝える記事を読んだとき、化石が科学の外の世界へ一歩踏み出した瞬間を目の当たりにしたような気がした。

数ある化石のなかで、恐竜とともに報道されることが多いのが、古人類の化石だ。北京原人やルーシーといった名前は、古人類に興味のない人でも聞いたことがあるだろう。これはつまり、こうした古人類の化石が、科学論文だけでなく、テレビや新聞、雑誌、書籍といった一般の人たちが目にするメディアでも取り上げられているということだ。科学界の外へ進出して、世界中に広く知られている化石である。いわば世界的な「有名人」であり、古人類学の研究で繰り返し参照され、テレビや新聞でも話題になる「スター」ともいえる。

では、北京原人やルーシーはなぜ、どのようにして広く知られるようになったのか。人類化石が有名になるまでのストーリーを振り返り、古人類界のスターが誕生した要因を分析したのが、本書『7つの人類化石の物語』だ。

七つの化石には、それぞれニックネームがついている。ラ・シャペルの老人、ピルトダウン人、タウング・チャイルド、北京原人、ルーシー、フロー、セディバ。どれも有名な化石とされているが、日本の読者にはなじみのない名前もあるかもしれない。それぞれ簡単に説明しておこう。

「ラ・シャペルの老人」は一九〇八年にフランスで発見されたネアンデルタール人の骨格化石。ネアンデルタール人に対する旧来のイメージを確立したとされる。

「ピルトダウン人」は二〇世紀初頭にイギリスで発見された頭骨や顎骨で、ヒトと類人猿をつなぐ証拠だとして脚光を浴びたが、のちに捏造だったことが判明した。

「タウング・チャイルド」は一九二四年に南アフリカで発見されたアウストラロピテクス・アフリカヌスの化石。数十年にわたる論争の末に人類の祖先としてようやく学界に認められた。

「北京原人」は二〇世紀前半に北京郊外の周口店遺跡で出土した古人類の化石群を指し、第二次世界大戦の混乱のなかで、その大量の化石が忽然と姿を消したことで有名だ。

「ルーシー」は一九七四年にエチオピアで発見されたアウストラロピテクス・アファレンシス（アファール猿人）の全身骨格化石。

「フロー」は、二〇〇三年にインドネシアで見つかった小柄な古人類で、日本では「フローレス原人」と呼ばれている。

「セディバ」は、二〇〇八年に南アフリカで発見されたアウストラロピテクス・セディバを指し、化石の情報を広く公開して研究を促す手法で注目されている。

これら七つの化石は、古人類学に大きな影響を及ぼしただけでなく、科学界の外へ進出し、広く知られるようになったという共通点をもっている。学界で重要な発見とされている化石はほかにも数多くあるのに、なぜ七つの化石は有名になったのだろうか。その経緯はそれぞれ違う。ぜひ本編を読んでその違いを見つけてみてほしい。

有名化石にいたる道のりは一つひとつ違うとはいえ、それぞれが印象深いストーリーをもっている点は似ているように思う。ピルトダウン人には捏造という衝撃的な結末にいたる物語があるし、ルーシーはビートルズの曲から名づけられたエピソードが有名だ。北京原人は化石の行方はおろか、失われた経緯さえはっきりせず、消失をめぐる謎が人々の好奇心をかき立てる。北京原人がどんな古人類かは知らなくても、化石が消えた事件のことは知っているという人もいるだろう。化石にまつわるストーリーのほうが、人々の印象に残るのだ。

ニックネームが定着していく過程も興味深い。たとえばルーシーには「ディンキネシュ」や「ヒーロマリ」という愛称も提案されたのだが、結局はルーシーという名前が広く使われている。セディバも同様で、当初「カラボ」という愛称がつけられたが、定着したのは学名の一部であるセディバのほうだ。ニックネームというのは誰かが正式に決めるようなものではなく、文章や会話のなかで使われていくうちに自然と決まっていくものなのかもしれない。

それと、「フロー」はその小柄な体から「ホビット」と呼ばれることもあるが、日本では「フローレス原人」と呼ばれている。日本には「原人」や「猿人」という独特の呼び名があるからだ。英語にはない言葉だが、日本の読者にはなじみがあると思い、訳文ではこの呼び名も使っている。

個人的にはこの日本独特の呼び名が気に入っている。「フローレス原人」と聞くと「原始的な人類なんだな」と思うし、「アファール猿人」と聞くと「きっと類人猿に似た人類だろうな」と想像がふくらむ。原人よりも猿人のほうが古そうだと予想もつくから、その古人類が人類進化の歴史で置かれた位置までおおまかにわかる。呼び名が伝える情報の量が、英語のニックネームよりもはるかに多いのだ。

人類化石が有名になっていく道のりが本書のテーマではあるが、七つのストーリーはそれぞれ時代背景も伝えていて、全体を通して読むと、二〇世紀初めから現在までの古人類学の変遷がよくわかる。一つの学問分野がたどった道のりを伝える一冊としても、興味深く読めるだろう。さまざまな視点で本書を堪能していただけたら嬉しい。

最後になりましたが、白揚社の阿部明子さんには、二年近くにわたる長丁場で編集の労をとってくださり、ていねいに訳文をチェックしていただきました。この場を借りて御礼申し上げます。

二〇一九年四月

藤原多伽夫

おわりに　少しの幸運と、少しの力量

1. Ayn Rand and Leonard Peikoff, *The Early Ayn Rand: A Selection from Her Unpublished Fiction* (New York: New American Library, 1984), p. 89.
2. Ibid., pp. 93–94.
3. Stephen Jay Gould, *The Flamingo's Smile: Reflections in Natural History* (New York: W. W. Norton, 1985), p. 26.（スティーヴン・ジェイ・グールド『フラミンゴの微笑』新妻昭夫訳、早川書房）
4. Declan Fahy, *The New Celebrity Scientists: Out of the Lab and into the Limelight* (Lanham, MD: Rowman & Littlefield, 2015), p. 7.
5. Elizabeth Hallam, "Articulating Bones: An Epilogue," *Journal of Material Culture* 15, no. 4 (December 1, 2010), pp. 465–66.
6. Joseph Campbell, *The Hero with a Thousand Faces*, reprint (San Francisco: New World Library, 2008), p. 334.（ジョーゼフ・キャンベル『千の顔をもつ英雄』倉田真木ほか訳、早川書房）
7. Brenner, Burroughs, and Nel, *Life of Bone*, p. 3.

Human Evolution (Oakland: University of California Press, 2012), p. 78.
21. Callaway, "Discovery of *Homo Floresiensis*."
22. Ibid.
23. Morwood and Oosterzee, *A New Human*, p. xii.

第７章　セディバ——オープンアクセスの化石

1. Celia W. Dugger and John Noble Wilford, "New Hominid Species Discovered in South Africa," *New York Times*, April 8, 2010.
2. Lee R. Berger, *Working and Guiding in the Cradle of Humankind* (Johannesburg: Prime Origins, 2005).
3. Rex Dalton, "Africa's Next Top Hominid," *Nature News*, June 21, 2010.
4. Yohannes Haile-Selassie et al., "An Early *Australopithecus Afarensis* Postcranium from Woranso-Mille, Ethiopia," *Proceedings of the National Academy of Sciences* 107, no. 27 (July 6, 2010), pp. 12121–26.
5. Dalton, "Africa's Next Top Hominid."
6. Philip L. Reno and C. Owen Lovejoy, "From Lucy to Kadanuumuu: Balanced Analyses of *Australopithecus Afarensis* Assemblages Confirm Only Moderate Skeletal Dimorphism," *PeerJ* 3 (April 28, 2015), p. e925.
7. "Wits Scientists Reveal New Species of Hominid," University of the Witwatersrand, April 8, 2010.
8. Ibid.
9. Berger, *Working and Guiding*.
10. "Wits Scientists Reveal New Species of Hominid," University of the Witwatersrand.
11. Kate Wong, "Is *Australopithecus Sediba* the Most Important Human Ancestor Discovery Ever?," *Scientific American*, April 24, 2013.
12. Fred Spoor, "Palaeoanthropology: Malapa and the Genus *Homo*," *Nature* 478, no. 7367 (October 6, 2011), pp. 44–45.
13. "Wits Scientists Reveal New Species of Hominid," University of the Witwatersrand.
14. Ker Than, "Surprise Human-Ancestor Find— Key Fossils Hidden in Lab Rock," *National Geographic News*, July 14, 2012.
15. "Rising Star Empire Cave 2014 Annual Report," SAHRA.
16. Wong, "Is *Australopithecus Sediba* the Most Important Human Ancestor Discovery Ever?"
17. Yohannes Haile-Selassie et al., "New Species from Ethiopia Further Expands Middle Pliocene Hominin Diversity," *Nature* 521, no. 7553 (May 28, 2015), pp. 483–88.
18. Kate Wong, "Could a Renewed Push for Access to Fossil Data Finally Topple Paleoanthropology's Culture of Secrecy?," *Scientific American*, May 8, 2012.
19. Ibid.

第６章　フロー――古人類界のホビット

1. Ewen Callaway, "The Discovery of *Homo Floresiensis*: Tales of the Hobbit," *Nature* 514, no. 7523 (October 23, 2014), pp. 422–26.
2. M. J. Morwood and Penny Van Oosterzee, *A New Human: The Startling Discovery and Strange Story of the "Hobbits" of Flores, Indonesia* (New York: Smithsonian Books/Collins, 2007), p. 27.（マイク・モーウッド、ペニー・ヴァン・オオステルチィ『ホモ・フロレシエンシス』仲村明子訳、馬場悠男監訳、ＮＨＫブックス）
3. Ibid., p. 31.
4. Ibid., p. 85.
5. Callaway, "Discovery of *Homo Floresiensis*."
6. Tabitha Powledge, "Skullduggery: The Discovery of an Unusual Human Skeleton Has Broad Implications," *EMBO Reports* 6 (2005), pp. 609–12.
7. Callaway, "Discovery of *Homo Floresiensis*."
8. Ibid.
9. Ibid.
10. Michael Hopkin, "Wrist Bones Bolster Hobbit Status," *Nature News*, September 20, 2007; Matthew W. Tocheri et al., "The Primitive Wrist of *Homo Floresiensis* and Its Implications for Hominin Evolution," *Science* 317, no. 5845 (September 21, 2007), pp. 1743–45.
11. Callaway, "Discovery of *Homo Floresiensis*."
12. "Rude Palaeoanthropology," *Nature* 442, no. 7106 (August 31, 2006), p. 957.
13. Quotes from Marta Mirazon Lahr and Robert Foley, "Palaeoanthropology: Human Evolution Writ Small," *Nature* 431 (October 28, 2004), p. 1043; Michael Hopkin, "The Flores Find," *Nature News* (October 27, 2004).
14. Mirazon Lahr and Foley, "Palaeoanthropology," pp. 1043–44.
15. Lachlan Williams, "Academia Is 'Bitchy': Fight Erupts over 'Hobbit' Fossil," 9 Stories, NineMSN, September 23, 2014; Maciej Henneberg et al., "Evolved Developmental Homeostasis Disturbed in LB1 from Flores, Indonesia, Denotes Down Syndrome and Not Diagnostic Traits of the Invalid Species *Homo Floresiensis*," *Proceedings of the National Academy of Sciences* 111, no. 33 (August 4, 2014), 201407382.
16. Callaway, "Discovery of *Homo Floresiensis*."
17. Rex Dalton, "Little Lady of Flores Forces Rethink of Human Evolution," *Nature* 431, no. 1029 (October 28, 2004).
18. Gregory Forth, "Hominids, Hairy Hominoids and the Science of Humanity," *Anthropology Today* 21, no. 3 (June 1, 2005): pp. 13–17.
19. John Gurche, *Shaping Humanity: How Science, Art, and Imagination Help Us Understand Our Origins* (New Haven, CT: Yale University Press, 2013), pp. 270–71.
20. Dean Falk, *The Fossil Chronicles: How Two Controversial Discoveries Changed Our View of*

11. Lewin, *Bones of Contention*, p. 271.
12. "Forty Years After Lucy's Ethiopia Discovery: A Conversation with Donald Johanson," *Tadias*, November 24, 2014.
13. Lewin, *Bones of Contention*, p. 270.
14. Richard Brilliant, *Portraiture* (London: Reaktion Books, 2003), p. 8.
15. Ibid., p. 61.
16. Pyne, "Ditsong's Dioramas."
17. Ann Gibbons, "Lucy's Tour Abroad Sparks Protests," *Science* 314, no. 5799 (October 27, 2006), pp. 574–75.
18. Ibid.
19. Ibid.
20. ダーク・ヴァン・トゥレンハウト、著者によるインタビュー、2012年11月15日と2015年5月12日。
21. Ibid.
22. Ibid.
23. Juliet Eilperin, "In Ethiopia, Both Obama and Ancient Fossils Get a Motorcade," *Washington Post*, July 27, 2015.
24. William Yardley, "They Didn't Love Lucy," *New York Times*, March 13, 2009.
25. ナンシー・オーデガード、著者による電話インタビュー、2015年6月25日。
26. Ibid.
27. ロナルド・ハーヴィー、著者による電話インタビュー、2015年6月26日。
28. Ibid.
29. Eilperin, "In Ethiopia, Both Obama and Ancient Fossils."
30. ナンシー・オーデガード、著者による電話インタビュー、2015年6月25日。
31. Donald Johanson and James Shreeve, *Lucy's Child: The Discovery of a Human Ancestor* (New York: Harper Perennial, 1990).（ドナルド・ジョハンスン、ジェイムズ・シュリーヴ『ルーシーの子供たち』堀内静子訳、馬場悠男監修、早川書房）
32. E. F. K. Koerner, *Ferdinand de Saussure: Origin and Development of His Linguistic Thought in Western Studies of Language: A Contribution to the History and Theory of Linguistics, Schriften zur Linguistik* 7 (Braunschweig: Vieweg, 1973)（E・F・K・ケルナー『ソシュールの言語論』山中桂一訳、大修館書店）; Carol Sanders, ed., *The Cambridge Companion to Saussure* (New York: Cambridge University Press, 2004).
33. ロナルド・ハーヴィー、著者による電話インタビュー、2015年6月26日。
34. クリスティ・リュートン、著者による電子メールと電話でのインタビュー、2014年2月28日と2014年3月3日。
35. ボーン・クローンズ、著者による電子メールでのインタビュー、2015年5月14日。

20. "Financier Is Charged with Fraud in Search for Bones of Peking Man," Reuters, February 26, 1981; Stephen Miller, "Colorful Chicagoan's Biggest Stunt, Detective Mission to Find Peking Man, Led to Fraud Plea," *Wall Street Journal*, February 28, 2009.
21. Miller, "Colorful Chicagoan's Biggest Stunt."
22. Jane Hooker, "Letter from China: The Search for Peking Man," *Archaeology*, March/ April 2006.
23. Lydia Pyne, "To Russia, with Love," *Appendix* 2, no. 4 (October 2014).
24. Raymond Dart Archive, University of the Witwatersrand.
25. Amir D. Aczel, *The Jesuit and the Skull: Teilhard de Chardin, Evolution, and the Search for Peking Man* (New York: Riverhead, 2007), p. 154.（アミール・D・アクゼル『神父と頭蓋骨』林大訳、早川書房）
26. "Reproducing Our Ancestors," *Expedition Magazine* 29, no.1 (March 1987); www.penn.museum/sites/expedition/reproducing-our-ancestors/
27. Ibid.
28. Jia and Huang, *Story of Peking Man*, pp. 174–75; Harry L. Shapiro, *Peking Man: The Discovery, Disappearance and Mystery of a Priceless Scientific Treasure* (New York: Simon & Schuster, 1974), p. 30.（ハリー・L・シャピロ『謎の北京原人』西俣総平訳、徳間書店）
29. Yen, "Constructing the Chinese," pp. 10–11.
30. Waara, "Unique Tooth Reveals Details of the Peking Man's Life."

第５章　ルーシー――偶像の誕生

1. Donald Johanson and Maitland Edey, *Lucy: The Beginnings of Humankind* (New York: Simon & Schuster, 1981).（ドナルド・C・ジョハンソン、マイトランド・A・エディ『ルーシー』渡辺毅訳、どうぶつ社）
2. "Ancient *Homo Sapiens* Found in Central Afar," *Ethiopian Herald*, October 26, 1974.
3. Johanson and Edey, *Lucy*, p. 18.
4. Lauren E. Bohn, "Q& A: 'Lucy' Discoverer Donald C. Johanson," *Time*, March 4, 2009.
5. "In Central Afar: Most Complete Remains of Man Discovered," *Ethiopian Herald*, December 21, 1974.
6. Ibid.
7. Jon E. Kalb, *Adventures in the Bone Trade: The Race to Discover Human Ancestors in Ethiopia's Afar Depression* (New York: Copernicus, 2001), pp. 150–51.
8. Ibid.
9. D. C. Johanson and M. Taieb, "Plio-Pleistocene Hominid Discoveries in Hadar, Ethiopia," *Nature* 260, no. 5549 (March 25, 1976), pp. 293–97.
10. Ibid.

33. クリスティ・リュートン、著者による電子メールと電話でのインタビュー、2014年2月28日と2014年3月3日。

第4章　北京原人——闇に包まれた化石

1. Anneli Waara, "Unique Tooth Reveals Details of the Peking Man's Life," Uppsala University; Jan Petter Myklebust, "Tooth of 'Peking Man' Found Again After 90 Years," University World News, March 20, 2015.
2. Lanpo Jia and Weiwen Huang, *The Story of Peking Man: From Archaeology to Mystery* (Oxford: Oxford University Press, 1990), p. 10.（賈蘭坡・黄慰文『北京原人匆匆来去』北京・外文出版社訳、日本経済新聞社）
3. Peter C. Kjaergaard, "The Missing Links Expeditions—Or How the Peking Man Was Not Found," *Endeavour* 36, no. 3 (September 2012), pp. 97–105.
4. Ibid., p. 98.
5. Johan Gunnar Andersson, *Children of the Yellow Earth: Studies in Prehistoric China*, reprint (Cambridge, MA: MIT Press, 1973).（Ｊ・Ｇ・アンダーソン『黄土地帯』松崎寿和訳、六興出版）
6. Kjaergaard, "Missing Links Expeditions," p. 97.
7. Jia and Huang, *Story of Peking Man*, p. 20.
8. Ibid., p. 49.
9. Ibid., pp. 63–64.
10. Ibid., pp. 64–65.
11. Ibid., p. 65.
12. Ibid., p. 66.
13. Hsiao-pie Yen, "Constructing the Chinese: Paleoanthropology and Anthropology in the Chinese Frontier, 1920–1950," doctoral dissertation, Harvard University, 2012.
14. Rockefeller Foundation, RG 1.2, Series 601D (China), Box 1, Folder 4: China, PUMC: Davidson Black (courtesy of Christopher Manias).
15. クリストファー・マニアス、著者による電子メールでのインタビュー、2015年5月20日。
16. Grace Yen Shen, *Unearthing the Nation: Modern Geology and Nationalism in Republican China* (Chicago: University of Chicago Press, 2013), p. 5.
17. クリストファー・マニアス、著者による電子メールでのインタビュー、2015年5月20日。
18. Jia and Huang, *Story of Peking Man*, p. 175, as quoting Ruth Moore.
19. Christopher G. Janus and William Brashler, *The Search for Peking Man* (New York: Macmillan, 1975).（クリストファー・Ｇ・ジェイナス／ウィリアム・ブラッシャー『消えた北京原人』宇田道夫訳、白金書房）

11. Anne Clendinning, "On the British Empire Exhibition, 1924–25," Branch Collective.
12. 1925年7月9日付の博覧会委員長からの手紙（公開済）、Raymond Dart Archive, University of the Witwatersrand.
13. Raymond Dart Archive, University of the Witwatersrand.
14. 1925年7月9日付の博覧会委員長からの手紙（公開済）、Raymond Dart Archive, University of the Witwatersrand.
15. Raymond Dart Archive, University of the Witwatersrand; Arthur Keith, "Letter to Editor," *Nature* 116 (September 26, 1925), pp. 462–63.
16. Raymond Dart Archive, University of the Witwatersrand.
17. 1930年5月3日付のジョゼフ・リドルからの手紙、Raymond Dart Archive, University of the Witwatersrand.
18. Dart and Craig, *Adventures with the Missing Link*, as contextualized by Reader, *Missing Links*.
19. Manisha R. Dayal et al., "The History and Composition of the Raymond A. Dart Collection of Human Skeletons at the University of the Witwatersrand, Johannesburg, South Africa," *American Journal of Physical Anthropology* 140, no. 2 (2009), pp. 324–35.
20. Dart and Craig, *Adventures with the Missing Link*; Reader, *Missing Links*.
21. Reader, *Missing Links*.
22. Lewin, *Bones of Contention*, p. 47.
23. Raymond Dart Archive, University of the Witwatersrand.
24. Ibid.
25. C. K. Brain et al., "New Evidence of Early Hominids, Their Culture and Environment, from Swartkrans Cave, South Africa," *South African Journal of Science* 84 (1988), pp. 828–35.
26. Charles K. Brain et al., *Staatsmuseum 100: National Cultural History Museum, Museum of the Geological Survey, Transvaal Museum*, National Cultural History Museum, 1992; ディソング博物館のアーキビスト、テルシア・ペレギル、著者による電子メールでのインタビュー、2014年1月。
27. Lydia Pyne, "Ditsong's Dioramas: Putting a Body on a Fossil and a Fossil in a Narrative," *Appendix* 2, no. 2 (April 2014).
28. 以下の文献にはほかの作家やアーティストも寄稿している。*Life of Bone: Art Meets Science*; Brenner, Burroughs, and Nel, *Life of Bone*, p. 9.
29. Brenner, Burroughs, and Nel, *Life of Bone*.
30. クリスティ・リュートン、著者による電子メールと電話でのインタビュー、2014年2月28日と2014年3月3日。
31. Brenner, Burroughs, and Nel, *Life of Bone*, p. 3.
32. リー・バーガー、著者によるインタビュー、2013年6月27日、ウィットウォーターズランド大学。

17. Joseph Sidney Weiner, Kenneth Page Oakley, and Wilfrid Edward Le Gros Clark, *The Solution of the Piltdown Problem* (London: British Museum, 1953), p. 53.
18. Charles Blinderman, *The Piltdown Inquest* (Buffalo, NY: Prometheus Books, 1986), p. 66.
19. Weiner, Oakley, and Clark, *The Solution of the Piltdown Problem*, p. 53.
20. Karolyn Schindler, "Piltdown's Victims: Arthur Smith Woodward," *Evolve* 11 (2012), pp. 32–37.
21. F. J. M. Postlethwaite, "Letter to Editor," *The Times* (London), November 25, 1953.
22. Piltdown Collection, Natural History Museum, London.
23. N. P. Morris, "The Piltdown Story," June 1954, Piltdown Collection, Natural History Museum, London.
24. Blinderman, *Piltdown Inquest*, p. 79.
25. Rosemary Powers, "Memo to Dr. Oakley," April 28, 1967, Piltdown Misc., Piltdown Collection, Natural History Museum, London.
26. Kenneth L. Feder, *Frauds, Myths, and Mysteries: Science and Pseudoscience in Archaeology* (Boston: McGraw-Hil Mayfield, 2001), p. 55.（ケネス・L・フィーダー『幻想の古代史』福岡洋一訳、楽工社）
27. Claude Levi-Strauss, *Myth and Meaning: Cracking the Code of Culture* (New York: Schocken, 1978), pp. 40–41.（クロード・レヴィ＝ストロース『神話と意味』大橋保夫訳、みすず書房）
28. Schindler, "Piltdown's Victims," p. 37.

第3章　タウング・チャイルド——国民のヒーロー誕生

1. Raymond A. Dart with Dennis Craig, *Adventures with the Missing Link* (New York: Harper and Brothers, 1959), pp. 6–7.（レイモンド・ダート『ミッシング・リンクの謎』山口敏訳、みすず書房）
2. As quoted in Roger Lewin, *Bones of Contention: Controversies in the Search for Human Origins*, second edition (Chicago: University of Chicago Press, 1997), p. 50.
3. Dart and Craig, *Adventures with the Missing Link*, p. 4.
4. Ibid., pp. 6–7.
5. Raymond Dart, "*Australopithecus Africanus*: The Man-Ape of South Africa," *Nature* 115, no. 2884 (1925), pp. 195–99; Reader, *Missing Links*, p. 82.
6. Dart and Craig, *Adventures with the Missing Link*, p. 10.
7. Dart, "Australopithecus"; 強調は原著によるもの。
8. Ibid., pp. 198–99.
9. Dart and Craig, *Adventures with the Missing Link*, pp. 6–7.
10. 1928年10月17日付のF・O・バーローからの手紙、Raymond Dart Archive, University of the Witwatersrand.

28. Almudena Estalrrich and Antonio Rosas, "Handedness in Neandertals from the El Sidrón (Asturias, Spain): Evidence from Instrumental Striations with Ontogenetic Inferences," *PLOS ONE* 8, no. 5 (May 6, 2013), e62797; L. V. Golovanova et al., "Mezmaiskaya Cave: A Neanderthal Occupation in the Northern Caucasus," *Current Anthropology* 40, no. 1 (February 1999), pp. 77–86; Julien Riel-Salvatore, "A Spatial Analysis of the Late Mousterian Levels of Riparo Bombrini (Balzi Rossi, Italy)," *Canadian Journal of Archaeology* 37, no. 1 (2013), pp. 70–92; ジュリアン・リエル＝サルヴァトーレ、著者によるインタビュー、2014年9月24日。

第2章　ピルトダウン人――化石なき名前

1. Frank Spencer, *The Piltdown Papers, 1908–1955: The Correspondence and Other Documents Relating to the Piltdown Forgery* (New York: Natural History Museum Publications and Oxford University Press, 1990), p. 17.
2. Ibid.
3. 1912年12月22日（日）の「ニューヨークタイムズ」紙には、こんな見出しが躍った。「ダーウィンの説は正しかった。サセックスで発見された頭骨から、人類の祖先が類人猿であることが証明されたと、英国の科学者たちが主張。骨はこれまで推測でしかなかった人類進化の一段階を示している」
4. Dawson and Smith Woodward, as quoted in Spencer, *Piltdown Papers*, p. 15.
5. Ibid., p. 16.
6. Ibid., p. 17.
7. Arthur Smith Woodward, *The Earliest Englishman* (London: Watts, 1948), pp. 9–10.
8. Ibid.
9. Spencer, *Piltdown Papers*, p. 20.
10. "The Piltdown Bones and 'Implements,' " *Nature* 174, no. 4419 (July 10, 1954), pp. 61–62.
11. William Boyd Dawkins, "The Geological Evidence of Britain as to the Antiquity of Man," *Geology Magazine* 2: 464–66 (1915).
12. Henry Fairfield Osborn, *Men of the Old Stone Age, Their Environment, Life and Art* (New York: C. Scribner's Sons, 1925), p. 130.
13. *A Guide to the Fossil Remains of Man in the Department of Geology and Palaeontology in the British Museum (Natural History)* (London: British Museum, 1918), p. 14.
14. Raf De Bont, "The Creation of Prehistoric Man: Aimé Rutot and the Eolith Controversy, 1900–1920," *Isis* 94, no. 4 (December 2003), pp. 604–30.
15. Grafton Elliot Smith, *The Evolution of Man: Essays* (London: Oxford University Press, H. Milford, 1927), as quoted in John Reader, *Missing Links: The Hunt for Earliest Man* (London: Penguin, 1981), p. 68.
16. Reader, *Missing Links*, p. 71.

1909, p. 11.
9. Marianne Sommer, *Bones and Ochre: The Curious Afterlife of the Red Lady of Paviland* (Cambridge, MA: Harvard University Press, 2007), p. 176.
10. Lydia Pyne, "Neanderthals in 3D: L'Homme de La Chapelle," *Public Domain Review*, February 11, 2015.
11. Marcellin Boule, *L'Homme Fossile de La Chapelle-aux-Saints* (Paris: Masson, 1911), p. 11.
12. Sommer, "Mirror, Mirror."
13. Richard Milner and Rhoda Knight Kalt, *Charles R. Knight: The Artist Who Saw Through Time* (New York: Harry N. Abrams, 2012).
14. Lydia V. Pyne and Stephen J. Pyne, *The Last Lost World: Ice Ages, Human Origins, and the Invention of the Pleistocene* (New York: Viking, 2012).
15. J. H. Rosny, *The Quest for Fire* (New York: Ballantine, 1982), p. 6.（J・H・ロニー・エネ『人類創世』長島良三訳、角川書店）
16. Lydia Pyne, "Quests for Fire: Neanderthals and Science Fiction," *Appendix* 2, no. 3 (July 2014); Lydia Pyne, "Our Neanderthal Complex," *Nautilus* 24 (May 14, 2015).
17. Boule, *L'Homme Fossile*, p. 10.
18. "Human Skull from Fontéchevade, France: Abstract," *Nature*. www.nature.com/articles/163435b0
19. William L. Straus, Jr., and A. J. E. Cave, "Pathology and the Posture of Neanderthal Man," *Quarterly Review of Biology* 32, no. 4 (December 1, 1957), pp. 348–63.
20. Pamela Jane Smith, "Professor Dorothy A. E. Garrod: 'Small, Dark, and Alive!,' " *Bulletin of the History of Archaeology* 7, no. 1 (May 20, 1997).
21. C. Loring Brace et al., "The Fate of the 'Classic' Neanderthals: A Consideration of Hominid Catastrophism," *Current Anthropology* 5, no. 1 (February 1, 1964), pp. 3–43.
22. N. C. Tappen, "The Dentition of the 'Old Man' of La Chapelle-aux-Saints and Inferences Concerning Neandertal Behavior," *American Journal of Physical Anthropology* 67, no. 1 (May 1, 1985), p. 43.
23. Ibid.
24. William Rendu et al., "Evidence Supporting an Intentional Neandertal Burial at La Chapelle-aux-Saints," *Proceedings of the National Academy of Sciences* 111, no. 1 (January 7, 2014); 強調を加えた。
25. J. Gurche, *Shaping Humanity: How Science, Art, and Imagination Help Us Understand Our Origins* (New Haven, CT: Yale University Press, 2013).
26. M. Boule, *Fossil Men: A Textbook of Human Palaeontology* (Oak Brook, IL: Dryden Press, 1957).
27. William Shakespeare, *The Tempest*, Act I, Scene 2, lines 296–98, 363–65.（ウィリアム・シェイクスピア『テンペスト』小田島雄志訳、白水社ほか）

註

はじめに　有名な化石、隠された歴史

1. Joni Brenner, Elizabeth Burroughs, and Karel Nel, *Life of Bone: Art Meets Science* (Johannesburg: Wits University Press, 2011), p. 84.
2. Daniel J. Boorstin, *The Image: A Guide to Pseudo-Events in America* (New York: Vintage, 2012), p. 61.（ダニエル・J・ブーアスティン『幻影の時代』星野郁美・後藤和彦訳、東京創元社）
3. Samuel Alberti, ed., *The Afterlives of Animals: A Museum Menagerie* (Charlottesville: University of Virginia Press, 2011), p. 1.
4. Brenner, Burroughs, and Nel, *Life of Bone*, p. 12.

第１章　ラ・シャペルの老人――先史時代の長老

1. Lynn Barber Cardiff, *The Heyday of Natural History* (New York: Doubleday, 1984); Peter Dear, *Revolutionizing the Sciences: European Knowledge and Its Ambitions, 1500–1700*, second ed. (Princeton, NJ: Princeton University Press, 2009) .（ピーター・ディア『知識と経験の革命』高橋憲一訳、みすず書房）
2. J. C. Fuhlrott, "Teilen des menschlichen Skelettes im Neanderthal bei Hochtal," *Verhandlungen des Naturhistorischen Vereins der preussischen Rheinlande und Westphalens* 14 (1856), p. 50; H. Schaaffhausen, ibid., pp. 38–42 and 50–52.
3. Ian Tattersall, *The Last Neanderthal: The Rise, Success, and Mysterious Extinction of Our Closest Human Relatives*, revised ed. (New York: Basic Books, 1999), pp. 74–77.（イアン・タッターソル『最後のネアンデルタール』高山博訳、日経サイエンス社）
4. Ibid.
5. Fuhlrott and Schaaffhausen, "Teilen des menschlichen Skelettes."
6. Thomas Henry Huxley, *Man's Place in Nature* (Ann Arbor: University of Michigan Press, 1959), p. 205.（ハクスレイ『自然界に於ける人間の位置』平林初之輔訳、春秋社ほか）
7. Marianne Sommer, "Mirror, Mirror on the Wall: Neanderthal as Image and 'Distortion' in Early 20th-Century French Science and Press," *Social Studies of Science* 36, no. 2 (April 1, 2006), pp. 207–40.
8. Jean Bouyssonie, "La Sepulture Moustérienne de La Chapelle-aux-Saints," *Cosmos*, July 9,

of the Piltdown Problem. London: British Museum (Natural History), 1953.

Williams, Lachlan. "Academia Is 'Bitchy': Fight Erupts over 'Hobbit' Fossil." 9 Stories, NineMSN, September 23, 2014. https://www.9news.com.au/9stories/2016/09/30/12/07/academia-is-bitchy-fight-erupts-over-hobbit-fossil

"Wits Scientists Reveal New Species of Hominid." University of the Witwatersrand, April 8, 2010. http://kim.wits.ac.za/index.php?module=news&action=viewstory&id=gen11Srv0Nme53_81569_1270732348（リンク切れ）

Wong, Kate. "Could a Renewed Push for Access to Fossil Data Finally Topple Paleoanthropology's Culture of Secrecy?" *Scientific American*, May 8, 2012.

———. "Is *Australopithecus Sediba* the Most Important Human Ancestor Discovery Ever?" *Scientific American*, April 24, 2013. https://blogs.scientificamerican.com/observations/is-australopithecus-sediba-the-most-important-human-ancestor-discovery-ever/

Woodward, Arthur Smith. *The Earliest Englishman*. London: Watts, 1948.

Yardley, William. "They Didn't Love Lucy." *New York Times*, March 13, 2009. www.nytimes.com/2009/03/19/arts/artsspecial/19bust.html?_r= 0

Yen, Hsiao-pei. "Constructing the Chinese: Paleoanthropology and Anthropology in the Chinese Frontier, 1920–1950." Doctoral dissertation, Harvard University, 2012. http://dash.harvard.edu/bitstream/handle/1/10086027/Yen_gsas.harvard_0084L_10240.pdf? sequence= 1

Zipfel, Bernhard. リディア・パインによるインタビュー。2013年7月1日（対面）

Shapiro, Harry L. *Peking Man: The Discovery, Disappearance and Mystery of a Priceless Scientific Treasure*. New York: Simon & Schuster, 1974.（ハリー・L・シャピロ『謎の北京原人』西俣総平訳、徳間書店）

Shen, Grace Yen. *Unearthing the Nation: Modern Geology and Nationalism in Republican China*. Chicago: University of Chicago Press, 2013.

Smith, Grafton Elliot. *The Evolution of Man: Essays*. London: Oxford University Press, 1927.

Smith, Pamela Jane. "Professor Dorothy A. E. Garrod: 'Small, Dark, and Alive!' " *Bulletin of the History of Archaeology* 7, no. 1 (May 20, 1997). doi:10.5334/bha.07102.

Sommer, Marianne. *Bones and Ochre: The Curious Afterlife of the Red Lady of Paviland*. Cambridge, MA: Harvard University Press, 2007.

———. "Mirror, Mirror on the Wall: Neanderthal as Image and 'Distortion' in Early 20th-Century French Science and Press." *Social Studies of Science* 36, no. 2 (April 1, 2006): 207–40. doi:10.1177/0306312706054527.

Spencer, Frank. *The Piltdown Papers, 1908–1955: The Correspondence and Other Documents Relating to the Piltdown Forgery*. New York: Natural History Museum Publications and Oxford University Press, 1990.

Spoor, Fred. "Palaeoanthropology: Malapa and the Genus *Homo*." *Nature* 478, no. 7367 (October 6, 2011): 44–45. doi:10.1038/478044a.

Straus, William L., Jr., and A. J. E. Cave. "Pathology and the Posture of Neanderthal Man." *Quarterly Review of Biology* 32, no. 4 (December 1, 1957): 348–63.

Tappen, N. C. "The Dentition of the 'Old Man' of La Chapelle-aux-Saints and Inferences Concerning Neandertal Behavior." *American Journal of Physical Anthropology* 67, no. 1 (May 1, 1985): 43–50. doi:10.1002/ajpa.1330670106.

Tattersall, Ian. *The Last Neanderthal: The Rise, Success, and Mysterious Extinction of Our Closest Human Relatives*, revised ed. New York: Basic Books, 1999.（イアン・タッターソル『最後のネアンデルタール』高山博訳、日経サイエンス社）

Than, Ker. "Surprise Human-Ancestor Find—Key Fossils Hidden in Lab Rock." *National Geographic News*, July 14, 2012. http://news.nationalgeographic.com/news/2012/07/120712-human-ancestor-fossils-sediba-science-berger-live.

Tocheri, Matthew W., et al. "The Primitive Wrist of *Homo Floresiensis* and Its Implications for Hominin Evolution." *Science* 317, no. 5845 (September 21, 2007): 1743–45. doi:10.1126/science.1147143.

Van Tuerenhout, Dirk. リディア・パインによるインタビュー。2012年11月15日と2015年5月12日（いずれも対面）

Waara, Anneli. "Unique Tooth Reveals Details of the Peking Man's Life." Uppsala University. http://www.uu.se/en/research/news/article/?id=4266&typ=artikel

Weiner, Joseph Sidney, Kenneth Page Oakley, and Wilfrid Edward Le Gros Clark. *The Solution*

2015. https://publicdomainreview.org/2015/02/11/neanderthals-in-3d-lhomme-de-la-chapelle/
———. "Our Neanderthal Complex." *Nautilus* 24 (May 14, 2015).
———. "Quests for Fire: Neanderthals and Science Fiction." *Appendix* 2, no. 3 (July 2014). http://theappendix.net/issues/2014/7/quests-for-fire-neanderthals-and-science-fiction.
———. "To Russia, with Love." *Appendix* 2, no. 4 (October 2014). http://theappendix.net/issues/2014/10/to-russia-with-love.
Pyne, Lydia V., and Stephen J. Pyne. *The Last Lost World: Ice Ages, Human Origins, and the Invention of the Pleistocene*. New York: Viking, 2012.
Rand, Ayn, and Leonard Peikoff. *The Early Ayn Rand: A Selection from Her Unpublished Fiction*. New York: New American Library, 1984.
Reader, John. *Missing Links: The Hunt for Earliest Man*. London: Penguin, 1981.
Rendu, William, et al. "Evidence Supporting an Intentional Neandertal Burial at La Chapelle-aux-Saints." *Proceedings of the National Academy of Sciences* 111, no. 1 (January 7, 2014): 201316780. doi:10.1073/pnas.1316780110.
Reno, Philip L., and C. Owen Lovejoy. "From Lucy to Kadanuumuu: Balanced Analyses of *Australopithecus Afarensis* Assemblages Confirm Only Moderate Skeletal Dimorphism." *PeerJ* 3 (April 28, 2015): e925. doi:10.7717/peerj.925.
"Reproducing Our Ancestors." *Expedition Magazine*. www.penn.museum/sites/expedition/reproducing-our-ancestors/
Riel-Salvatore, Julien. "A Spatial Analysis of the Late Mousterian Levels of Riparo Bombrini (Balzi Rossi, Italy)." *Canadian Journal of Archaeology* 37, no. 1 (2013): 70–92.
———. リディア・パインによるインタビュー。2014年9月24日（電話）
"Rising Star Empire Cave 2014 Annual Report." SAHRA. www.sahra.org.za/sahris/heritage-reports/rising-star-empire-cave-2014-annual-report.
Rosny, J. H. *Quest for Fire*. New York: Ballantine, 1982.（J・H・ロニー・エネ『人類創世』長島良三訳、角川書店）
"Rude Palaeoanthropology." *Nature* 442, no. 7106 (August 31, 2006): 957. doi: 10.1038/442957b
Sanders, Carol, ed. *The Cambridge Companion to Saussure*. New York: Cambridge University Press, 2004.
Sawyer, Robert J. *Hominids*. New York: Tor, 2003.（ロバート・J・ソウヤー『ホミニッド——原人』内田昌之訳、早川書房）
Schaaffhausen, H. "Teilen des menschlichen Skelettes im Neanderthal bei Hochtal." *Verhandlungen des Naturhistorischen Vereins der preussischen Rheinlande und Westphalens* 14 (1856): 38–42, 50–52.
Schindler, Karolyn. "Piltdown's Victims: Arthur Smith Woodward." *Evolve* 11 (2012): 32–37.
Shakespeare, William. *The Tempest*.（ウィリアム・シェイクスピア『テンペスト』小田島雄志訳、白水社ほか）

Liddle, Joseph. Letter dated May 3, 1930. Raymond Dart Archive, University of the Witwatersrand.

Lieberman, Philip, and Edmund S. Crelin. "On the Speech of Neanderthal Man." *Linguistic Inquiry* 2, no. 2 (April 1, 1971): 203–22.

Manias, Christopher. Interview by Lydia Pyne, e-mail, May 20, 2015.

Miller, Stephen. "Colorful Chicagoan's Biggest Stunt, Detective Mission to Find Peking Man, Led to Fraud Plea." *Wall Street Journal*, February 28, 2009. www.wsj.com/articles/SB123579056359499267.

Milner, Richard, and Rhoda Knight Kalt. *Charles R. Knight: The Artist Who Saw Through Time*. New York: Harry N. Abrams, 2012.

Mirazon Lahr, Marta, and Robert Foley. "Palaeoanthropology: Human Evolution Writ Small." *Nature* 431, no. 7012 (October 28, 2004): 1043–44. doi:10.1038/4311043a.

Morris, N. P. "The Piltdown Story." June 1954. Piltdown Collection, Natural History Museum, London.

Morwood, M. J., and Penny Van Oosterzee. *A New Human: The Startling Discovery and Strange Story of the "Hobbits" of Flores, Indonesia*. New York: Smithsonian Books/Collins, 2007.（マイク・モーウッド、ペニー・ヴァン・オオステルチィ『ホモ・フロレシエンシス』仲村明子訳、馬場悠男監訳、ＮＨＫブックス）

Myklebust, Jan Petter. "Tooth of 'Peking Man' Found Again After 90 Years." University World News, March 20, 2015. www.universityworldnews.com/article.php?story=20150320082920613.

Odegaard, Nancy. リディア・パインによるインタビュー。2015年6月25日（電話）

Osborn, Henry Fairfield. *Men of the Old Stone Age, Their Environment, Life and Art*. New York: C. Scribner's Sons, 1925.

Perregil, Tersia, Ditsong Museum. リディア・パインによるインタビュー。2014年1月（電子メール）

"The Piltdown Bones and 'Implements.' " *Nature* 174, no. 4419 (July 10, 1954): 61–62. doi:10.1038/174061a0.

Postlethwaite, F. J. M. "Letter to Editor." *The Times*, November 25, 1953.

Powers, Rosemary. "Memo to Dr. Oakley." April 28, 1967. Piltdown Misc., Piltdown Collection, Natural History Museum, London.

Powledge, Tabitha. "Skullduggery: The Discovery of an Unusual Human Skeleton Has Broad Implications." *EMBO Reports* 6 (2005): 609–12.

Pyne, Lydia. "Ditsong's Dioramas: Putting a Body on a Fossil and a Fossil in a Narrative." *Appendix* 2, no. 2 (April 2014). http://theappendix.net/issues/2014/4/ditsongs-dioramas-putting-a-body-on-a-fossil-and-a-fossil-in-a-narrative.

———. "Neanderthals in 3D: L'Homme de La Chapelle." *Public Domain Review*, February 11,

（ハクスレイ『自然界に於ける人間の位置』平林初之輔訳、春秋社ほか）
"In Central Afar: Most Complete Remains of Man Discovered." *Ethiopian Herald*. December 21, 1974.

Janus, Christopher G., and William Brashler. *The Search for Peking Man*. New York: Macmillan, 1975.（クリストファー・G・ジェイナス／ウィリアム・ブラッシャー『消えた北京原人』宇田道夫訳、白金書房）

Jia, Lanpo, and Weiwen Huang. *The Story of Peking Man: From Archaeology to Mystery*. Translated by Yin Zhiqi. Oxford: Oxford University Press, 1990.（賈蘭坡・黄慰文『北京原人匆匆来去』北京・外文出版社訳、日本経済新聞社）

Johanson, D. C., and M. Taieb. "Plio-Pleistocene Hominid Discoveries in Hadar, Ethiopia." *Nature* 260, no. 5549 (March 25, 1976): 293–97. doi:10.1038/260293a0.

Johanson, Donald, and Maitland Edey. *Lucy: The Beginnings of Humankind*. New York: Simon & Schuster, 1981.（ドナルド・C・ジョハンソン、マイトランド・A・エディ『ルーシー』渡辺毅訳、どうぶつ社）

Johanson, Donald, and James Shreeve. *Lucy's Child: The Discovery of a Human Ancestor*. New York: Harper Perennial, 1990.（ドナルド・ジョハンスン、ジェイムズ・シュリーヴ『ルーシーの子供たち』堀内静子訳、馬場悠男監修、早川書房）

Johanson, Dr. Donald, and Kate Wong. *Lucy's Legacy: The Quest for Human Origins*. 1 ed. New York: Broadway Books, 2010.

Kalb, Jon E. *Adventures in the Bone Trade: The Race to Discover Human Ancestors in Ethiopia's Afar Depression*. New York: Copernicus, 2001.

Keith, Arthur. "Letter to Editor." *Nature* 116 (September 26, 1925): 462–63.

Kjaergaard, Peter C. "The Missing Links Expeditions—Or How the Peking Man Was Not Found." *Endeavour* 36, no. 3 (September 2012): 97–105. doi:10.1016/j.endeavour.2012.01.002.

Koerner, E. F. K. *Ferdinand de Saussure: Origin and Development of His Linguistic Thought in Western Studies of Language: A Contribution to the History and Theory of Linguistics. Schriften zur Linguistik* 7. Braunschweig: Vieweg, 1973.（E・F・K・ケルナー『ソシュールの言語論』山中桂一訳、大修館書店）

Letter (Published) from the Exhibition Commissioner, dated July 9, 1925. Raymond Dart Archive, University of the Witwatersrand.

Levi-Strauss, Claude. *Myth and Meaning: Cracking the Code of Culture*. New York: Schocken, 1978.（クロード・レヴィ＝ストロース『神話と意味』大橋保夫訳、みすず書房）

Lewin, Roger. *Bones of Contention: Controversies in the Search for Human Origins*, second ed. Chicago: University of Chicago Press, 1997 [1986].

Lewton, Kristi. リディア・パインによるインタビュー。2014年2月28日（電子メール）、2014年3月3日（電話）

Cave: A Neanderthal Occupation in the Northern Caucasus." *Current Anthropology* 40, no. 1 (February 1999): 77–86. doi:10.1086/515805.

Gould, Stephen Jay. *The Flamingo's Smile: Reflections in Natural History*. New York: W. W. Norton, 1987.（スティーヴン・ジェイ・グールド『フラミンゴの微笑』新妻昭夫訳、早川書房）

A Guide to the Fossil Remains of Man in the Department of Geology and Palaeontology in the British Museum (Natural History). British Museum (Natural History), Department of Geology. London: Trustees of the British Museum, 1918.

Gurche, John. *Shaping Humanity: How Science, Art, and Imagination Help Us Understand Our Origins*. New Haven, CT: Yale University Press, 2013.

Haile-Selassie, Yohannes, Luis Gibert, Stephanie M. Melillo, Timothy M. Ryan, Mulugeta Alene, Alan Deino, Naomi E. Levin, Gary Scott, and Beverly Z. Saylor. "New Species from Ethiopia Further Expands Middle Pliocene Hominin Diversity." *Nature* 521, no. 7553 (May 28, 2015): 483–88. doi:10.1038/nature14448.

Haile-Selassie, Yohannes, Bruce M. Latimer, Mulugeta Alene, Alan L. Deino, Luis Gibert, Stephanie M. Melillo, Beverly Z. Saylor, Gary R. Scott, and C. Owen Lovejoy. "An Early *Australopithecus Afarensis* Postcranium from Woranso-Mille, Ethiopia." *Proceedings of the National Academy of Sciences* 107, no. 27 (July 6, 2010): 12121–26. doi:10.1073/pnas.1004527107.

Hallam, Elizabeth. "Articulating Bones: An Epilogue." *Journal of Material Culture* 15, no. 4 (December 1, 2010): 465–92. doi:10.1177/1359183510382963.

Harvey, Ronald. リディア・パインによるインタビュー。2015年6月26日（電話）

Henneberg, Maciej, Robert B. Eckhardt, Sakdapong Chavanaves, and Kenneth J. Hsü. "Evolved Developmental Homeostasis Disturbed in LB1 from Flores, Indonesia, Denotes Down Syndrome and Not Diagnostic Traits of the Invalid Species *Homo Floresiensis*." *Proceedings of the National Academy of Sciences* 111, no. 33 (August 4, 2014): 201407382. doi:10.1073/pnas.1407382111.

Henze, Paul B. *Layers of Time: A History of Ethiopia*. New York: St. Martin's, 2000.

Hooker, Jane. "Letter from China: The Search for Peking Man." *Archaeology*, March/April 2006. http://archive.archaeology.org/0603/abstracts/letter.html.

Hopkin, Michael. "The Flores Find." *Nature News*, October 27, 2004. doi:10.1038/news041025-4.

———. "Wrist Bones Bolster Hobbit Status." *Nature News*, September 20, 2007. doi:10.1038/news070917-8.

"Human Skull from Fontéchevade, France: Abstract." *Nature*. www.nature.com/articles/163435b0

Huxley, Thomas Henry. *Man's Place in Nature*. Ann Arbor: University of Michigan Press, 1959.

Skeletons at the University of the Witwatersrand, Johannesburg, South Africa." *American Journal of Physical Anthropology* 140, no. 2 (2009): 324–35. doi:10.1002/ajpa.21072.

Dear, Peter. *Revolutionizing the Sciences: European Knowledge and Its Ambitions, 1500–1700*, second ed. Princeton, NJ: Princeton University Press, 2009.（ピーター・ディア『知識と経験の革命』高橋憲一訳、みすず書房）

De Bont, Raf. "The Creation of Prehistoric Man: Aimé Rutot and the Eolith Controversy, 1900–1920." *Isis* 94, no. 4 (December 2003): 604–30. doi:10.1086/386384.

Dugger, Celia W., and John Noble Wilford. "New Hominid Species Discovered in South Africa." *New York Times*, April 8, 2010. www.nytimes.com/2010/04/09/science/09fossil.html.

Eilperin, Juliet. "In Ethiopia, Both Obama and Ancient Fossils Get a Motorcade." *Washington Post*, July 27, 2015. www.washingtonpost.com/news/post-politics/wp/2015/07/27/in-ethiopia-both-obama-and-ancient-fossils-get-a-motorcade/

Estalrrich, Almudena, and Antonio Rosas. "Handedness in Neandertals from the El Sidrón (Asturias, Spain): Evidence from Instrumental Striations with Ontogenetic Inferences." *PLOS ONE* 8, no. 5 (May 6, 2013): e62797. doi:10.1371/journal.pone.0062797.

Fahy, Declan. *The New Celebrity Scientists: Out of the Lab and Into the Limelight*. Lanham, MD: Rowman & Littlefield, 2015.

Falk, Dean. *The Fossil Chronicles: How Two Controversial Discoveries Changed Our View of Human Evolution*. Oakland: University of California Press, 2012.

Feder, Kenneth L. *Frauds, Myths, and Mysteries: Science and Pseudoscience in Archaeology*. Boston: McGraw-Hill Mayfield, 2001.（ケネス・L・フィーダー『幻想の古代史』福岡洋一訳、楽工社）

"Financier Is Charged with Fraud in Search for Bones of Peking Man." Reuters, February 26, 1981. www.nytimes.com/1981/02/26/us/financier-is-charged-with-fraud-in-search-for-bones-of-peking-man.html.

Fiskesjö, Magnus. *China Before China: Johan Gunnar Andersson, Ding Wenjiang, and the Discovery of China's Prehistory*. Stockholm: Museum of Far Eastern Antiquities, 2004.

Forth, Gregory. "Hominids, Hairy Hominoids and the Science of Humanity." *Anthropology Today* 21, no. 3 (June 1, 2005): 13–17. doi: 10.1111/j.0268-540X.2005.00353.x.

"Forty Years After Lucy's Ethiopia Discovery: A Conversation with Donald Johanson." *Tadias*, November 24, 2014. www.tadias.com/11/24/2014/forty-years-after-lucys-ethiopia-discovery-a-conversation-with-donald-johanson/

Fuhlrott, J. C. "Teilen des menschlichen Skelettes im Neanderthal bei Hochtal." *Verhandlungen des Naturhistorischen Vereins der preussischen Rheinlande und Westphalens* 14 (1856): 50.

Gibbons, Ann. "Lucy's Tour Abroad Sparks Protests." *Science* 314, no. 5799 (October 27, 2006): 574–75. doi:10.1126/science.314.5799.574.

Golovanova, L. V., John F. Hoffecker, V. M. Kharitonov, and G. P. Romanova. "Mezmaiskaya

Museum (South Africa), and Transvaal Museum. *Staatsmuseum 100: National Cultural History Museum, Museum of the Geological Survey, Transvaal Museum*. National Museum of Cultural History, 1992.

Brain, C. K., C. S. Chrucher, J. D. Clark, F. E. Grine, P. Shipman, R. L. Susman, A. Turner, and V. Watson. "New Evidence of Early Hominids, Their Culture and Environment, from Swartkrans Cave, South Africa." *South African Journal of Science* 84 (1988): 828–35.

Brenner, Joni, Elizabeth Burroughs, and Karel Nel. *Life of Bone: Art Meets Science*. Johannesburg: Wits University Press, 2011.

Brilliant, Richard. *Portraiture*. London: Reaktion Books, 2003.

Callaway, Ewen. "The Discovery of Homo Floresiensis: Tales of the Hobbit." *Nature* 514, no. 7523 (October 23, 2014): 422–26. doi:10.1038/514422a.

Campbell, Joseph. *The Hero with a Thousand Faces*, reprint. San Francisco: New World Library, 2008 [1949].（ジョーゼフ・キャンベル『千の顔をもつ英雄』倉田真木ほか訳、早川書房）

Cardiff, Lynn Barber. *The Heyday of Natural History*. New York: Doubleday, 1984.

Carlisle, Ronald C., and Michael I. Siegel. "Some Problems in the Interpretation of Neanderthal Speech Capabilities: A Reply to Lieberman." *American Anthropologist* 76, no. 2 (June 1, 1974): 319–22. doi:10.1525/aa.1974.76.2.02a00050.

Chojnacki, Stanislaw. *Ethiopian Icons: Catalogue of the Collection of the Institute of Ethiopian Studies, Addis Ababa University*. Milan: Skira, 2000.

Clendinning, Anne. "On the British Empire Exhibition, 1924–25." Branch Collective. www.branchcollective.org/?ps_articles=anne-clendinning-on-the-british-empire-exhibition-1924-25

Dalton, Rex. "Africa's Next Top Hominid." *Nature News*, June 21, 2010. doi:10.1038/news.2010.305.

———. "Little Lady of Flores Forces Rethink of Human Evolution." *Nature* 431, no. 1029 (October 28, 2004). doi:10.1038/ 4311029a.

Dart, Raymond. "*Australopithecus Africanus*: The Man-Ape of South Africa." *Nature* 115, no. 2884 (1925): 195–99. doi:10.1038/115195a0.

Dart, Raymond A., with Dennis Craig. *Adventures with the Missing Link*. New York: Harper and Brothers, 1959.（レイモンド・ダート『ミッシング・リンクの謎』山口敏訳、みすず書房）

Dawkins, William Boyd. *Early Man in Britain and His Place in the Tertiary Period*. London: Macmillan, 1880.

———. "The Geological Evidence in Britain as to the Antiquity of Man. *Geology Magazine* 2: 464–66 (1915).

Dayal, Manisha R., Anthony D. T. Kegley, Goran Štrkalj, Mubarak A. Bidmos, and Kevin L. Kuykendall. "The History and Composition of the Raymond A. Dart Collection of Human

参考文献

＊ URL は 2019 年 2 月に確認

Aczel, Amir D. *The Jesuit and the Skull: Teilhard de Chardin, Evolution, and the Search for Peking Man*. New York: Riverhead, 2007.（アミール・D・アクゼル『神父と頭蓋骨』林大訳、早川書房）

Alberti, Samuel, ed. *The Afterlives of Animals: A Museum Menagerie*. Charlottesville: University of Virginia Press, 2011.

"Ancient Homo Sapiens Found in Central Afar." *Ethiopian Herald*. October 26, 1974.

Andersson, Johan Gunnar. *Children of the Yellow Earth: Studies in Prehistoric China*, reprint. Cambridge, MA: MIT Press, 1973 [1934].（J・G・アンダーソン『黄土地帯』松崎寿和訳、六興出版）

Barlow, F. O. Letter dated October 17, 1928. Raymond Dart Archive, University of the Witwatersrand.

Berger, Lee R. *Working and Guiding in the Cradle of Humankind*. Johannesburg: Prime Origins, 2005.

———. リディア・パインによるインタビュー。2013 年 6 月 27 日（対面）

Blinderman, Charles. *The Piltdown Inquest*. Buffalo, NY: Prometheus, 1986.

Bohn, Lauren E. "Q& A: 'Lucy' Discoverer Donald C. Johanson." *Time*, March 4, 2009. http://content.time.com/time/health/article/0,8599,1882969,00.html

Bone Clones. Interview by Lydia Pyne, e-mail, May 14, 2015.

Boorstin, Daniel J. *The Image: A Guide to Pseudo-Events in America*, reprint. New York: Vintage, 2012 [1961].（ダニエル・J・ブーアスティン『幻影の時代』星野郁美・後藤和彦訳、東京創元社）

Boule, Marcellin. *Fossil Men: A Textbook of Human Palaeontology*. Oak Brook, IL: Dryden Press, 1957.

———. *L'Homme Fossile de La Chapelle-aux-Saints*. Paris: Masson, 1911.

Bouyssonie, Jean. "La Sepulture Moustérienne de La Chapelle-aux-Saints." *Cosmos*, July 9, 1909.

Brace, C. Loring, et al. "The Fate of the 'Classic' Neanderthals: A Consideration of Hominid Catastrophism." *Current Anthropology* 5, no. 1 (February 1, 1964): 3–43.

Brain, Charles Kimberlin, National Cultural History Museum (South Africa), Geological Survey

リディア・パイン（Lydia Pyne）
アリゾナ州立大学で歴史学と人類学の学位、ならびに科学史・科学哲学の博士号を取得した著述家・歴史研究家。南アフリカ、エチオピア、ウズベキスタン、イランなどで野外調査や文献調査に取り組む。「アトランティック」「ノーチラス」「パブリックドメイン・レビュー」ほか数々の紙誌に寄稿。テキサス州オースティン在住。

藤原多伽夫（ふじわら・たかお）
翻訳家、編集者。静岡大学理学部卒業。自然科学、探検、環境、考古学など幅広い分野の翻訳と編集に携わる。訳書に『酒の起源』『戦争の物理学』（白揚社）、『探偵フレディの数学事件ファイル』（化学同人）、『昆虫は最強の生物である』（河出書房新社）、『ヒマラヤ探検史』（東洋書林）などがある。

SEVEN SKELETONS
The Evolution of the World's Most Famous Human Fossils
by **Lydia Pyne**

7つの人類《じんるい》化石《かせき》の物語《ものがたり》

二〇一九年六月二十五日　第一版第一刷発行

著　者　リディア・パイン
訳　者　藤原《ふじわら》多伽夫《たかお》
発行者　中村幸慈
発行所　株式会社　白揚社　©2019 in Japan by Hakuyosha
〒101-0062　東京都千代田区神田駿河台1-7
電話03-5281-9772　振替00130-1-25400
装　幀　bicamo designs
印刷・製本　中央精版印刷株式会社

ISBN 978-4-8269-0210-6